W. Berger   V. Dietz   A. Hufschmidt
R. Jung   K.-H. Mauritz   D. Schmidtbleicher

Haltung und Bewegung beim Menschen

Physiologie, Pathophysiologie,
Gangentwicklung und Sporttraining

Mit 70 Abbildungen und 2 Tabellen

Springer-Verlag
Berlin Heidelberg New York Tokyo 1984

Dr. Wiltrud Berger Professor Dr. Richard Jung
Professor Dr. Volker Dietz Priv.-Doz. Dr. Karl-Heinz Mauritz
Dr. Andreas Hufschmidt

Klinikum der Albert-Ludwigs-Universität
Abteilung Klinische Neurologie und Neurophysiologie
Hansastraße 9. 7800 Freiburg i. Br.

Dr. Dietmar Schmidtbleicher

Institut für Sport und Sportwissenschaft der Universität Freiburg
Schwarzwaldstraße 175. 7800 Freiburg i. Br.

ISBN-13: 978-3-642-47521-4   e-ISBN-13: 978-3-642-47519-1
DOI: 10.1007/978-3-642-47519-1

CIP-Kurztitelaufnahme der Deutschen Bibliothek
Haltung und Bewegung beim Menschen: Physiologie. Pathophysiologie. Gangentwicklung u. Sporttraining/
W. Berger . . . – Berlin; Heidelberg; New York; Tokyo: Springer, 1984.

NE: Berger, Wiltrud [Mitverf.]

2125/3130-543210

Vorwort

Dieses Buch entstand aus 8jähriger Zusammenarbeit von Neurophysiologen, Neurologen und Sportphysiologen. Die menschliche Fortbewegung und Standregulierung wurde mit Stoß- und Wurfleistungen und dem Krafttraining durch moderne Methoden untersucht. Damit soll das noch wenig bearbeitete Gebiet des motorischen Lernens, das auch für das Sporttraining von Bedeutung ist, einer Erforschung zugänglich werden.

Die Bewegungsphysiologie wurde nach Marey über 100 Jahre fast nur mit ihren Einzelmechanismen und Reflexen im Labormilieu studiert, und das Gesamtbild wurde vernachlässigt. Neuere telemetrische Methoden erlauben jetzt Registrierungen von vielen Muskeln beim sich bewegenden Menschen. Damit werden auch komplexe erlernte Bewegungsabläufe und Sportleistungen exakt analysierbar.

Der Zweibeingang des Menschen ist eine über Jahre erlernte motorische Leistung mit komplexen Gleichgewichtsregulationen. Daher ist die Entwicklung des Ganges beim Kleinkind physiologisch interessant und wird in diesem Buch mit einigen neurologischen Gangstörungen dargestellt.

Die Autoren hoffen, daß diese Ergebnisse dazu anregen werden, die Bewegungsleistungen des ganzen Organismus in Neurophysiologie, Neurologie und Sportmedizin weiter zu erforschen, und daß dies auch zu praktischen Anwendungen für die Therapie der Bewegungsstörungen führen kann.

Freiburg i.Br., Herbst 1983   W. Berger, V. Dietz, A. Hufschmidt, R. Jung,
                                        K.-H. Mauritz, D. Schmidtbleicher

Inhaltsverzeichnis

Inhaltsübersicht 1

General Summary 5

Kapitel 1. Zur Bewegungsphysiologie beim Menschen:
Fortbewegung, Zielsteuerung und Sportleistungen
Von R. Jung. Mit 20 Abbildungen 7

I.   Einleitung: Entwicklung der Bewegungsphysiologie 7
    Methoden der Bewegungsforschung 7
    Sportphysiologie 10

II.   Aufrechte Haltung, Stützmotorik und Körpergleichgewicht 11
    Stand- und Gleichgewichtskontrolle 11
    Zielmotorik und Stützmotorik 14
    Funktion und Mechanismen der Stützmotorik 16

III. Fortbewegung: Gang, Lauf und Sprung 18
    Gehen, Laufen, Springen 18
    Entwicklung und Mechanismen des aufrechten Ganges 23
    Lokomotion, motorische Rhythmen und Reflexe 26

IV. Armzielbewegungen: Zeigen, Greifen und Fauststoß 29
    Bewegungsvorbereitung und Steuerung von Zielbewegungen 30
    Zeigen, Greifen und Stoßen 34

V.   Sportleistungen mit Ball und Kugel: Wurf und Stoß 34
    Ballwerfen und Kugelstoßen 35
    Bilateraler Kraftschub und einseitiger Abwurf 37

VI. Motorisches Lernen: Spiel, Training und Willkürbewegungen 41
    Motorik, Trieb und Lernen 41
    Bewegungsantriebe, Willen, Übung und Automatisierung 43
    Mensch, Hirnmechanismen und Maschine 47

VII. Zerebrale Korrelate der Willkürbewegungen: Bereitschaftspotentiale,
    Zielbewegungspotentiale und Schreibpotentiale 49
    Vorbereitungs- und Kontrollpotentiale 50
    Hirnpotentiale beim Schreiben und bei der Sprachverarbeitung 53
    Hirnmechanismen und Hirnpotentiale 55

VIII. Zusammenfassung und Übersicht   57
        Zusammenfassung   57
        Summary   58
        Übersicht   59
Literatur   60

Kapitel 2. Physiologie und Pathophysiologie des aufrechten Stehens
Von A. Hufschmidt und K.-H. Mauritz. Mit 14 Abbildungen

und 2 Tabellen   65

Physiologie des aufrechten Stehens   65
        Methodik der Körperschwankungsmessung   66
        Die Sinnesorgane der Standregulation: Propriozeptoren, Labyrinth und Auge   68
        Mechanik des Stehens   71
        Reflexe bei der Standregulation   71
        Haltungsregulation bei Willkürbewegungen   72
Pathophysiologie der Standregulation   74
Zusammenfassung   82
Summary   83
Literatur   83

Kapitel 3. Elektrophysiologie komplexer Bewegungsabläufe:
Gang-, Lauf-, Balance- und Fallbewegungen
Von V. Dietz. Mit 15 Abbildungen   87

Einleitung   87
Methodik   88
Regulation der Fortbewegung: EMG-Aktivität beim Gehen und Laufen   89
Zentral vorprogrammierte versus reflexausgelöste Aktivierung bei automatisierten
Bewegungsabläufen   91
        Funktionen spinaler Dehnungsreflexe: Schnelle Korrektur und Anpassung
        der Muskelaktivität   94
        Mechanische Eigenschaften der Wadenmuskeln bei der Spannungsentwicklung   97
        Funktionen spinaler Dehnungsreflexe an Armstreckermuskeln   99
Standregelung bei erschwerten Bedingungen: Balancieren   102
        Rasche Kontrolle der Balancierbewegungen   102
        Die Rechts-links-Koordination beim Balancieren auf getrennten Wippen . .   108
Schlußfolgerungen   110
        Funktionelle Bedeutung des spinalen Dehnungsreflexes   110
        Wechselbeziehung zwischen vorprogrammierter und reflexinduzierter
        EMG-Aktivität sowie mechanischen Muskeleigenschaften bei der Kontrolle
        automatisierter Bewegungsabläufe   111
                Willkürlich kontrollierte versus reflexinduzierte Muskelaktivität   111
                Neurophysiologische Regelung des Balancierens   112

Zusammenfassung 113
   Neurophysiologie der menschlichen Fortbewegung: Vorprogrammierte
   versus reflexinduzierte Regulation 113
   Vorprogrammierte und reflexinduzierte Aktivierung der Armmuskeln
   bei Fallversuchen 113
   Standregelung unter erschwerten Bedingungen (Balancieren) 114
Summary 115
   Neuronal Mechanisms of Human Locomotion 115
   EMG Activity of Triceps Brachii During Landing from Forward Falls 115
   Neuronal Mechanisms of Balancing 116
Literatur 116

Kapitel 4. Entwicklung des Zweibeinganges beim Kleinkind
   Von W. Berger. Mit 3 Abbildungen 119

Neurophysiologie der Gangentwicklung 119
   Das kindliche Gangmuster 123
   Gangkontrolle und Gangmuster des Kleinkindes 123
Zusammenfassung 125
Summary 125
Literatur 126

Kapitel 5. Störungen von Gang und Balance nach spinalen und Hirnläsionen
   Von W. Berger. Mit 12 Abbildungen 127

Einleitung 127
Pathophysiologie der Gangstörungen bei Patienten mit erhöhtem Muskeltonus . . 128
   Parkinson-Syndrom 128
   Paraspastik 130
   Hemiparese 132
   Zerebralparetische Kinder mit Diplegie und spastischer Hemiparese 135
      Aktivitätsmuster bei infantiler Zerebralparese 136
   Schlußfolgerungen 140
Balancierregulation als Test bei Erkrankungen des motorischen Systems 143
   Periphere motorische Störungen 143
   Spastische Paresen 144
   Schlußfolgerungen 149
Zusammenfassung 150
   Pathophysiologie des Ganges von Patienten mit Muskeltonuserhöhung . . . 150
   Pathophysiologie des Balancierens bei Patienten mit senso-motorischen
   Störungen 150
Summary 151
   Pathophysiology of Gait in Patients with Muscle Hypertonia 151
   Pathophysiologie of Posture in Patients with Sensorimotor Disorders 152
Literatur 152

Kapitel 6. Sportliches Krafttraining und motorische Grundlagenforschung
            Von D. Schmidtbleicher. Mit 6 Abbildungen 155

Bedeutung der Elektromyographie für sportmotorische Fragestellungen 155
Neuromuskuläre Veränderungen nach Krafttraining 157
            Nachgebendes und überwindendes Krafttraining 158
            Reaktives Training – Schlagmethode 163
Berücksichtigung spinaler Dehnungsreflexe bei sportlichen Bewegungsfertigkeiten 166
            Bestimmung individueller Belastungsgrößen für ein Tiefsprungtraining . . . 166
            Landung auf unterschiedlichen Sportmatten 171
Berücksichtigung der intermuskulären Koordination bei der Umsetzung
konditioneller Fähigkeiten in spezifische Bewegungsfertigkeiten 175
            Innervationsmuster der Beinstreckermuskulatur bei Bergaufläufen 176
Zusammenfassung 181
Summary 183
Literatur 184

Sachverzeichnis 189

Namenverzeichnis 193

Inhaltsübersicht

1. Das Buch behandelt die physiologischen Grundlagen der menschlichen Haltung und Bewegung mit ihren Störungen bei einigen neurologischen Erkrankungen. Die neurophysiologischen Kontrollen des aufrechten Ganges und des Standes auf zwei Beinen sind spezifische Leistungen der menschlichen Motorik, die durch mechanische, elektromyographische (EMG) und hirnelektrische (EEG) Registrierungen untersucht werden. Diese Methoden sind auch für das Sporttraining verwendbar.

2. Zweibeinstand. Die *aufrechte Haltung* braucht eine koordinierte *Aktivierung der Stützmuskeln* von Rumpf und Beinen, die an die jeweilige Körperstellung angepaßt wird. Die Gleichgewichtskontrolle des Stehens wird durch vestibuläre, visuelle und propriozeptive Meldungen unterstützt. Neben spinalreflektorischen Regelungen werden vor und während Willkürbewegungen auch zerebrale Programmierungen eingesetzt, um bewegungsbedingte Gleichgewichtsstörungen zu verhindern. Diese modulieren die haltungsstabilisierenden tonischen Muskelkontraktionen.

3. Balance. Im Stand wird das Gleichgewicht bei Rumpfbewegungen durch gegenläufige reziproke Modulation der koaktivierten Beinstrecker und Beuger kompensiert (Balancierbewegungen). Unerwartete Störungen werden zunächst überwiegend spinal über rasche Dehnungsreflexe reguliert. Kurze einseitige Störreize werden durch gleichzeitige Aktivierung homologer Muskeln *beider* Beine ausgeglichen. Wahrscheinlich können spinale Interneuronensysteme solche einfachen Balancebewegungen regeln, bevor zerebrale Gleichgewichtssteuerungen einsetzen.

4. Gang. Beim Gehen und Laufen werden antagonistische Beinmuskeln in rhythmischer Schrittfolge *reziprok* aktiviert und gehemmt. Beim Gang werden gleiche Beinmuskeln beider Seiten *alternierend* aktiviert, im Gegensatz zur gleichzeitigen Aktivierung beim Balancieren. In der Schwungphase werden die Motoneurone der Beinstrecker zunächst antagonistisch gehemmt, aber beim Lauf *vor* dem Bodenkontakt erneut aktiviert. In der Standphase wird die Fußstreckeraktivität durch spinale *Dehnungsreflexe* in ihrer Abstoßkraft verstärkt und an Bodenunebenheiten angepaßt. Der Beitrag der Dehnungsreflexe zur Beinstreckeraktivierung ist beim aufrechten Gang des Menschen stärker als beim Vierfüßlergang und erreicht beim Laufen, Springen und Hüpfen die höchsten Werte.

5. Fall. Beim Vorwärtsfallen werden die Armstrecker zum Abfangen des Körpers schon *vor* dem Bodenkontakt aktiviert. *Nach* Bodenberührung verstärken ähnliche spinale Dehnungsreflexe wie in der Standphase des Laufens die Kraft der Streckmuskeln.

6. Gangentwicklung. Bei Säuglingen und Kleinkindern reift das angeborene Gang-muster durch mehrjährige Übung zum programmierten Gang des Erwachsenen. Bis zum 2. Lebensjahr sind die Dehnungsreflexe noch nicht in die zentral vorprogrammierte Muskelaktivität integriert, so daß im Beginn der Standphase nach Muskeldehnung noch große synchronisierte Eigenreflexpotentiale auftreten. Kinder bis zu 5 Jahren gehen mit einer, die aufrechte Haltung stabilisierenden Kokontraktion antagonistischer Beinmuskeln. Dieses unreife Gangmuster persistiert bei Kindern mit frühkindlicher Hirnschädigung bis ins Erwachsenenalter.

7. Zielbewegung und zerebrale Programmierung. Zielgerichtete Bewegungen brauchen einen Bewegungsentwurf mit *Haltungsvorbereitung und Zielkontrolle.* Einseitige Armbewegungen werden durch beidseitige Stützaktivierung von Rumpf- und Bein-muskeln vorbereitet. Dieser programmierten und erlernten *Bereitschaftsinnervation* gehen doppelseitige oberflächennegative Hirnpotentialverschiebungen über beiden Großhirnhemisphären *(Bereitschaftspotentiale)* voraus. Die Bereitschaftspotentiale werden während der Bewegung und Zielkontrolle vergrößert zu negativen *Zielbewe-gungspotentialen.* Beim Schreiben und Zeichnen entstehen komplexere langsame negativ-positive Hirnpotentiale (Schreibpotentiale), die bei verschiedenen Personen variieren, aber intraindividuell relativ konstante Formen haben.

8. Motorisches Lernen. Erlernte Bewegungen benutzen zunächst vorgebildete Pro-gramme und Reflexschaltungen, bevor neue Programmierungen entwickelt werden. Beim *Training* werden primär bewußte willkürliche Steuerungen sekundär zu unbe-wußten *automatisierten Bewegungsfolgen* verändert.

9. Sportleistungen. Ballwerfen und *Kugelstoßen* werden vor der einseitigen Arm-bewegung durch *Körperrotation* und von den Beinen aufsteigende bilaterale Muskel-aktivierungen eingeleitet. Dadurch kann die kinetische Energie des *ganzen* Körpers auf Ball und Kugel übertragen werden.

10. Sporttraining. Das Krafttraining wird durch EMG-Analysen im Sport bei Tiefsprün-gen, Bergaufläufen und Fallbewegungen untersucht. Dabei ergibt sich eine Optimie-rung der Stärke und des zeitlichen Einsatzes von zentral programmierter und durch Reflexe induzierter EMG-Aktivität durch *exzentrisches Krafttraining.* Dadurch kön-nen verbesserte Trainingsbedingungen für Sprunghöhe, Steigungen der Bergaufläufe und Auffangen des Körpers auf Sportmatten mit optimaler Ausnutzung der Reflex-aktivität ermittelt werden.

11. Neurologische Systemläsionen. Einige Störungen des Ganges und der Gleichge-wichtsregulation nach Ausfällen sensomotorischer Systeme werden besprochen. Bei peripherer *Nervenleitungsverlangsamung* entstehen stärkere Körperschwankungen des Balancierens. Bei *Kleinhirnwurmerkrankungen* finden sich langsame unwillkürliche Körperschwankungen in anterior-posteriorer Ebene. Nach *Pyramidenläsionen* fehlen rasche Balancereaktionen, und der Muskeltonus wird spastisch verstärkt.

12. Frühkindliche und spät erworbene Spastik. Beim Gang der spastischen Zerebral-parese fehlt eine ausgeprägte reziproke Antagonistenhemmung der Fußheber in der Standphase. Bei späteren Hirnläsionen, die zu spastischen Paresen nach Ausreifung des Gangmusters führen, bleibt eine reziproke Hemmung der Beinmuskeln in der

Schwungphase erhalten. Mit der Reflexsteigerung entstehen bei erwachsenen Spastikern wie bei den Zerebralparesen in der Standphase verstärkte Eigenreflexzacken im
EMG der Streckmuskeln. Die spastische Tonusvermehrung kann nicht durch die vermehrte Reflexaktivität der Streckmuskeln allein erklärt werden, sondern ist teilweise
durch sekundäre mechanische Veränderungen der Muskelfasereigenschaften bedingt.

General Summary

1. This book deals with the physiological bases of human posture and movement and their applications to athletic performance and motor disturbances in certain neurological disorders. The control of upright gait and bipedal stance is a specific function of the human motor system. It has been studied by mechanical, electromyographic (EMG) and electroencephalographic (EEG) methods.

2. Posture. Upright stance needs a coordinated activation of the postural muscles of the trunk and legs that changes with posture. The spinal control of stance is aided by vestibular, visual and proprioceptive cues. These trigger cerebral motor programs that maintain equilibrium during movement. The programming assists and modulates the execution of the simpler spinal balancing movements.

3. Balancing. During stance, unexpected disturbances of leg position are first compensated for by rapid stretch reflexes. Any unilateral disturbances are counterbalanced by bilateral reciprocal activation of the homologous leg muscles. These primitive balancing movements are probably regulated by spinal interneural systems, before higher cerebral compensations of equilibrium become involved.

4. Gait. In walking and running, antagonistic leg muscles are reciprocally activated in a rhythmic alternating step sequence. This is in contrast to the bilaterally simultaneous muscle activation occurring during balancing movements. During the swing phase, the leg extensors are first inhibited and then reactivated before making ground contact. During the stance phase, the force of these extensor muscles is enhanced by segmental stretch reflexes and thus can be adapted to unequal ground structures. The contribution of stretch reflexes to leg extensor activity is stronger in human upright gait than in quadruped locomotion and becomes maximal in running, jumping and hopping.

5. Falling. During a forward fall with arms extended, the arm extensor muscles are activated before ground contact. After touching the ground their force is increased by spinal stretch reflexes similar to those activated during the stance phase of running.

6. Development of Gait. In infants and small children the innate gait pattern develops into the adult gait program by exercise. In children up to 2 years of age the stretch reflexes are not yet integrated into the preprogrammed muscular activity and largely synchronized, short latency reflexes appear in the extensor muscles after ground contact is made during the stance phase. Children up to 5 years of age walk with a coactivation of antagonistic leg muscles to help stabilize their upright posture. This immature gait pattern persists in children with cerebral palsy.

7. Aiming Movements and Cerebral Programming. All goal-directed movements need postural preparation and visual control. Unilateral arm movements are prepared by bilateral activation of the trunk and leg muscles. These preprogrammed and acquired readiness innervations are preceded by bilateral, surface-negative, brain potential shifts over both cerebral hemispheres (readiness potentials). During goal-directed movements the negative readiness potentials are enlarged into aiming potentials. These reverse their polarity after the goal is reached. During writing and drawing, complex slow negative and positive brain potentials (writing potentials) can be recorded. These vary from one individual to the next, but are relatively constant in any one individual.

8. Motor Learning. Learned actions are first realized by preformed programs and reflex patterns. Later new, specific programs are developed. During motor training, conscious voluntary control is replaced by automatic movement sequences.

9. Athletics. During ball throwing and shot putting, the unilateral arm extension is preceded by rotation of the trunk and ascending bilateral muscle activation. By this preparation, the kinetic energy of the entire body is transmitted to the ball or the shot.

10. Athletic Training. Muscular strength is studied by EMG analysis in drop jumps, uphill running against different gradients, and landing on rebound and soft floor mats. The strength and temporal relation of central preprogrammed and reflex-induced EMG activity is optimized by eccentric force training. Monitoring EMG activity may therefore lead to improved training conditions with optimal utilization of reflex activity for these athletic performances.

11. Lesions of the Motor System. Some disorders of gait and postural equilibrium due to lesions of sensory-motor systems are discussed. Slowing of motor nerve conduction velocity leads to increased body sway when balancing. Following lesions of the anterior cerebellar vermis, regular pendular body sway occurs in the anterior-posterior plane; following pyramidal tract lesions, a deficiency of rapid balancing reactions occurs, in addition to a spastic increase in muscle tone.

12. Cerebral Palsy in Infants and Spasticity in Adults. In children with cerebral palsy, the reciprocal antagonist inhibition of foot flexors during the standing phase is lacking. In contrast, in individuals with spastic paresis, acquired after the maturation of the gait pattern (5 to 6 years), the pattern of the reciprocal inhibition of leg muscles is preserved. The enhanced reflexes in adult spastic patients, as well as in children with cerebral palsy, produce large reflex spikes in the extensor EMG at the beginning of the stance phase. Spasticity after pyramidal tract lesions is not completely explained by enhanced stretch reflex activity. It must be partly caused by secondary mechanical changes of the muscle fibre properties.

Kapitel 1

Zur Bewegungsphysiologie beim Menschen: Fortbewegung, Zielsteuerung und Sportleistungen

R. JUNG

Dieses Buch beschränkt sich auf die *menschliche Motorik*. Daher sind neben der Physiologie von Gang und Stand auch die für den Menschen charakteristischen Bewegungsvorgänge zu besprechen: willkürliche Zielsteuerung und erlernte Handlungen, wie sie in Handwerk und Sport vorkommen. Reflexe und andere Regelungen der Fortbewegung, die erst sekundär in die Bewegungssteuerung eingreifen, treten gegenüber dem geplanten Bewegungsentwurf und dem motorischen Lernen zurück.

Nachdem der französische Physiologe Marey schon vor über 100 Jahren komplexe menschliche Bewegungsleistungen sowie Schwimm- und Flugbewegungen bei Tieren registrierte, wurde dies lange Zeit vernachlässigt. Die Physiologen interessierten sich mehr für Reflexe und die Einzelmechanismen von Rückenmark und Gehirn und die Sportphysiologen für Kreislauf und Atmung. Erst im letzten Jahrzehnt wurde das Studium der Lokomotionsbewegungen wieder aufgenommen.

Für die Analyse komplexer Bewegungsmuster haben wir heute mit elektrobiologischen Methoden, Telemetrie und Zeitlupenfilmen vielseitige Möglichkeiten. Die Ergebnisse werden im folgenden vor allem für die *Fortbewegung des Menschen*, für die *Standregulierung* und für *Stoß- und Wurfleistungen* dargestellt.

I. Einleitung: Entwicklung der Bewegungsphysiologie

Bewegungsforschung beim Menschen. Im 18. Jahrhundert erkannte Herder [40] den *aufrechten Gang* mit dem Freiwerden der Hände als Vorbedingung der menschlichen Kulturentwicklung und betonte die Differenzierung der *Handmotorik* im Gegensatz zum vierfüßigen Tier. In der Physiologie begann eine methodische Analyse des menschlichen Ganges und erlernter Handbewegungen erst 1870, als E.J. Marey [72, 73] die photographischen Registrierungen von Lauf- und Sprungbewegungen entwickelte.

Methoden der Bewegungsforschung

Photoanalysen der Fortbewegung. Durch seine „Chronophotographie" mit zeitlich gekoppelten Photoapparaten konnte Marey schon vor dem Film bis zu 25 Bilder pro Sekunde aufnehmen und damit die motorische Koordination des Laufens und Springens registrieren (Abb. 1.1). Seine Bilder zeigten die feine Zusammenarbeit von Rumpf- und Extremitätenbewegungen durch am Körper befestigte Leuchtstreifen

Berger et al., Haltung und Bewegung beim Menschen
© Springer-Verlag Berlin Heidelberg 1984

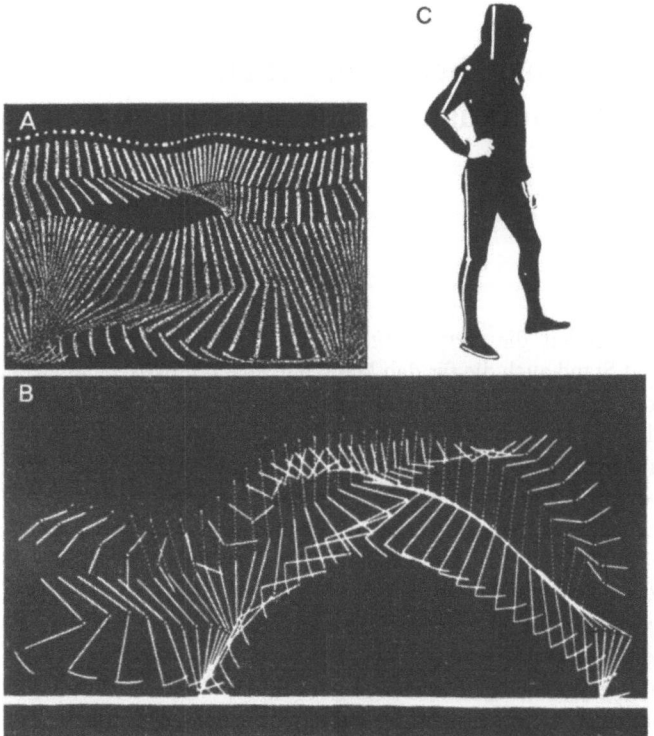

Abb. 1.1 A–C. Bewegungsaufnahmen von Gang und Sprung beim Menschen (Nach Marey 1873/94 [72, 73]). **A** Gang: Die dem Körpergleichgewicht dienenden Armmitbewegungen sind mit den Beinbewegungen korreliert: Vorschwingen des gleichseitigen Armes in der Schwungphase nach Abstoß und Rückwärtsbewegung in der Standphase. Das Absinken des Schulterpunktes in der Schwungphase entspricht der Körperschwerpunktserniedrigung der Abb. 1.3. **B** Sprung: Die koordinierten Mitbewegungen der Arme und die Kniebeugung sind stärker als beim Lauf. Bei Lauf und Sprung ist die gesamte Körpermotorik mit komplizierten Stellungsänderungen beteiligt. **C** Weiße Punkte und Linien auf dunklem Grund markieren die jeweilige Stellung und Bewegung in **A** und **B** (ohne Kopflinie)

und -punkte. Die fast gleichzeitig mit diesen physiologischen Analysen begonnenen Photostudien von Muybridge [79] an trainierten Sportlern und ungeübten Personen ergaben Hinweise für die Bedeutung von Lernvorgängen und Training (s. Abb. 1.13). In den zwanziger und dreißiger Jahren hat der russische Physiologe N.A. Bernstein [5] die Ganganalyse mit mechanischen Kraftregistrierungen wieder aufgenommen und monographisch dargestellt. Eine neuere deutsche Übersetzung [6] bringt eine gute Übersicht von Bernsteins Bewegungsphysiologie.

EMG-Analyse. Neben diesen Photo- und Filmstudien wurden seit 1900 auch die *Muskelaktionsströme beim Menschen* (Elektromyographie – EMG) durch den Berliner Physiologen H. Piper zur Analyse der Motorik verwendet. Pipers Schüler Paul Hoffmann, 1924–1955 Physiologe in Freiburg, benutzte das EMG zur genaueren

Reflexanalyse, die eine klare Darstellung der rasch ablaufenden Eigenreflexe als einfachste spinale Regelung über eine Synapse brachte [48]. Wachholder und Altenburger haben mehrfache EMG-Ableitungen in den 20er Jahren zur Untersuchung der menschlichen Willkürmotorik und ihrer neurologischen Störungen verwendet. Wachholder mußte sich auf zwei Ableitungen von Agonist und Antagonist beschränken und konnte nur einfache Bewegungen im EMG durch Nadelelektroden erfassen. Seine gute Monographie von 1928 [88] ist auch heute noch als gründliche EMG-Analyse der menschlichen Motorik lesenswert. Neuere EMG-Studien der Stützmotorik und Reflexe verwenden aufsummierte gleichgerichtete Muskelpotentiale mit oder ohne telemetrische Übertragung [14, 55, 74, 80]. Muskelspindelafferenzen können in peripheren Nerven registriert werden [87].

Telemetrische Registrierung. Moderne Untersuchungsmethoden der drahtlosen *Telemetrie* erlauben eine störungsfreie vielfache Ableitung von Muskelaktionsströmen und Hirnpotentialen bei komplexen Bewegungen und Sportleistungen des Menschen. Nach ersten Analysen der Stoß- und Wurfbewegung [59] haben Dietz und Mitarbeiter vor allem die Laufbewegung beim Menschen studiert. Dies brachte neue Einblicke in die Zusammenarbeit von Vorprogrammierung und Reflexen [14, 55]. Die Ergebnisse werden in den folgenden Kapiteln beschrieben und mit den spinalen Mechanismen der Laufuntersuchungen beim Tier verglichen, die Grillner 1981 zusammenfassend dargestellt hat [32].

Plattform-Standanalysen. Gurfinkels Gruppe in Moskau begann seit 1953 mit Gleichgewichts- und Stützmotorikanalysen durch Kraftregistrierung auf einer verschieblichen Plattform [4, 37, 38]. Diese Methode wurde in USA durch Nashner [10, 80] und in Deutschland durch Dichgans, Mauritz und ihre Mitarbeiter [52] ausgebaut (vgl. Kap. 2, S. 64).

Bewegungsmechanik von Muskeln und Gelenken. Die seit Marey von Physiologen, Orthopäden und Gymnastikschulen weitergeführten Untersuchungen über die *Mechanik des menschlichen Körpers* sind 1930 in dem Handbuchbeitrag von Steinhausen klar zusammengefaßt worden [85]. Dort findet man auch quantitative Analysen der Schwerpunktverschiebungen mit Geschwindingkeitskurven einzelner Körperteile beim Gehen, Laufen und Springen aus den Arbeiten von O. Fischer [21, 22] und N.A. Bernstein [5, 6]. Ein Beitrag des amerikanischen Handbuchs berichtet 1981 über neuere biomechanische Arbeiten [3], ohne die vorangehenden Analysen von Marey und Bernstein zu erwähnen.

Motorisch-vegetative Korrelationen. Die engen Wechselwirkungen zwischen Bewegung, Muskelarbeit, Stoffwechsel, Atmung und Kreislauf sind für die motorische Leistung sehr wichtig, aber noch weitgehend ungeklärt. Sie wurden meist von Kreislaufphysiologen untersucht, die aber wenig auf neurophysiologische Korrelate achteten. Sicher ist nur, daß jede motorische Aktivierung schon *vor* der Bewegung den Kreislauf durch Herzbeschleunigung, Blutdruckanstieg und periphere Vasokonstriktion verändert und die Atmung vertieft. Diese auch emotional induzierte Aktivierung entspricht der *vegetativen Bewegungsbereitschaft* von Hess [43]. Neuere Computerversuche von Smith [84] bringen interessante, aber noch unbewiesene Hypothesen über diese motorisch-vegetativen Koordinationen und die Raumordnung von Bewegung und Wahrnehmung.

Die Aktivierung von Kreislauf und Atmung mit der Motorik wurde seit 1913 von Krogh als „Irradiation" des motorischen Kommandos auf das Vegetativum erklärt [66]. Eine irradiierende Erregungsausbreitung ist zwar für solche komplexen vegetativen Begleitsymptome von Emotions- und Willensvorgängen zu einfach gesehen, mag aber als *zentrale Steuerung* der Triebe, Affekte und Zielintentionen die frühe Koordination psychischer, vegetativer und motorischer Funktionen verständlich machen. Die einzelnen Mechanismen der motorisch-vegetativen Zusammenarbeit sind noch nicht geklärt, können aber mit Hess [43] als eine Aktivierung des *ergotropen Systems* zur *Leistungsbereitschaft* verstanden werden. Dies führt in der Peripherie zu einer Sympathikus-Erregung und zur Hemmung parasympathischer (nach Hess trophotroper) Funktionen. Zwei extreme Verhaltensweisen entsprechen diesen antagonistischen psychisch-vegetativen Funktionen: Wut und Aggressivität sind ergotrope, Schlaf und Passivität trophotrope Aktivierungen [44].

Sinneskontrolle, Reflexe und Bewegung. Seit Exner [20] 1891 die Bezeichnung „Sensomobilität" prägte und Sherrington [83] die Integration der Reflexe in das Bewegungsverhalten darstellte, ist die Kontrollfunktion von Sinnesmeldungen und Reflexen allgemein anerkannt. Die Physiologie der sensomotorischen Kontrolle wurde mit den Ergebnissen der letzten Jahrzehnte in Monographien [13, 31, 88], Lehr- und Handbüchern [8, 54, 61, 85] zusammengefaßt.

Sportphysiologie

Bewegungsforschung und Sport. Nach Marey [72, 73] und DuBois-Reymond [15] brachten A.V. Hills Untersuchungen über Muskelmechanik [46], Leistungsgrenzen und Rekorde im Sport [47] 1925 wichtige Anregungen für die Sportphysiologie, die in den letzten Jahrzehnten weiterentwickelt wurden. Hills grundlegende Befunde über die Bestleistungen von Männern und Frauen, die Zweckmäßigkeit einer gleichmäßigen Geschwindigkeit beim Laufen und Schwimmen und die Einschränkung überschüssiger Gleichgewichtsbewegungen für eine sparsame Motorik wurden zum Teil für praktische Fragen des Sports verwendet. Neben Gehen, Laufen, Springen und Radfahren wurden damals auch schon Eislauf und Rudern untersucht und durch Zeit-Geschwindigkeits-Kurven dargestellt [47]. Für die langsame maximale Armbeugungskraft des Ruderers stimmte die empirische Erfahrung optimaler Sportleistung etwa mit physiologischen Prämissen überein. Andere physikalische Grenzen gelten mehr für schnelle Bewegungen: Bei hohen Geschwindigkeiten setzen die viskoelastischen Eigenschaften des Muskels Grenzen der Leistungsfähigkeit, da die innere Reibung die Zugkraft des Muskels vermindert und Muskel- und Sehnenrisse bei maximaler Kontraktion drohen. In Hills Worten: " ... our footsteps are dogged by the viscous-elastic properties of muscle, which prevent us from moving too fast, which save us from breaking ourselves while we are attempting to break a record" [47, S. 548].

Sportleistung und Physiologie. Im deutschen Sprachgebiet wurde die Bewegungsphysiologie des Sports 1910–30 durch biomechanische Untersuchungen von DuBois-Reymond [15], O. Fischer [21, 22] und Mang [71] begründet. Dann wendete sich die Sportmedizin mehr dem Kreislauf und der Atmung zu. Trotz dieser physiologischen

Grundlagenforschung blieben Bewegungsmechanik und Elektrophysiologie für den Sportler blasse Theorien und konnten nur wenig zur praktischen Sportkunde beitragen. Wie Steinhausen mit Recht sagt, kann der Sportler „viel mehr praktisch ausführen und lehren als der Physiologe mit seiner Kenntnis der Mechanik und physiologischen Gesetze theoretisch erklären kann" [85, S. 227].

Die Mechanismen von Kreislauf und Atmung mit Sauerstoffverbrauch und Stoffwechselveränderungen der Muskulatur sind bei Sportleistungen von zahlreichen Forschergruppen sehr gründlich untersucht worden. Da wir uns im folgenden auf die Motorik beschränken, verweisen wir für Atmung und Kreislauf auf Hollmann [49] und für Muskelmetabolite auf Keul [63].

II. Aufrechte Haltung, Stützmotorik und Körpergleichgewicht

Grundbedingung aller menschlichen Bewegungen ist die Erhaltung des Körpergleichgewichts. Dieses ist bei der aufrechten Haltung des Menschen mehr gefährdet als bei den vierbeinigen Tieren. Die Notwendigkeit der Gleichgewichtserhaltung und ihrer Stützmechanismen gilt auch für Laufen, Zielbewegungen und erst recht für Sportleistungen. Vor Fortbewegung und Zielhandlungen sind daher die *aufrechte Haltung* und die Mechanismen der Stützmotorik zu besprechen.

Stand und Gleichgewichtskontrolle

Aufrechter Stand und Gang. Der Mensch ist zweibeinig. Sein bipeder Stand und Gang brauchen kompliziertere Gleichgewichtsregulationen als der Vierfüßlergang der anderen Mammalier. Wer das mühsame Gehen auf den Hinterbeinen eines Bären oder Affen mit dem menschlichen Gang vergleicht, der erkennt auf einen Blick die hervorragende Gleichgewichtsstabilisierung des Menschen. Stand und Gang bedürfen eines dynamischen Gleichgewichts der Körperhaltung.

Aufrechtes Stehen und Gehen gelingt nur durch eine *stabile Stützhaltung* und geregelte *Balance des Körperschwerpunktes senkrecht über der Fußstellung.* Dazu kommt noch eine multisensorische Regelung der Umweltanpassung, die auch die Ziele unserer Bewegungen steuern und verändern kann (s. S. 13). Ohne diese Steuer- und Regelvorgänge würden wir schon bei einfachen Armbewegungen und noch mehr bei kräftigen Stößen das Gleichgewicht verlieren und hinfallen. Menschliche Tätigkeit braucht aber eine weitgehende *Freiheit der Handbewegung* für gezieltes Handeln. Dies wird durch koordinierte Aktivierungen der Stützmuskulatur von Rumpf und Beinen erreicht, die mit der Körperstellung moduliert werden.

Dynamische Stützmuskelaktivierung, Körperstellung und Handlungsprogramm. Beim aufrechten Stehen haben zahlreiche Haltemuskeln von Rumpf und Beinen eine *tonische Dauerkontraktion.* Diese zeigt sich im EMG als kontinuierliche Aktivität von Streck- und Beugemuskeln der Ober- und Unterschenkel. Die starke Aktivierung der agonistischen Muskelgruppe ist auch mit einer geringeren Aktivität der Antagonisten zum Gegenhalten der Gelenkstellung verbunden. Es ist keine statische Dauerentladung, sondern ein *dynamisches Entladungsmuster, das an die jeweilige Körperstellung ange-paßt wird.*

Je nach der Rumpfstellung werden verschiedene Muskelgruppen in wechselnder Koordination kontinuierlich aktiviert. Beim aufrechten Stand überwiegt an den Beinen eine tonische Daueraktivierung der Strecker oder der Beuger: Bei *Vorneigung* des Oberkörpers werden die *Beuger,* bei *Zurückneigung die Strecker* beiderseits stärker aktiviert oder einseitig im Wechsel von Standbein und Spielbein. Eine festere Standbasis erhält man in sagittaler Richtung durch Vorstellen eines Fußes (s. Abb. 1.9) oder seitlich durch Spreizen der Beine. Beim ruhigen Stand mit geschlossenen Füßen bleibt die Muskelaktivierung ziemlich gleichmäßig. Bei Störungen des Gleichgewichts treten reziprok alternierende Balancierbewegungen hinzu.

Wesentlich komplizierter sind die stützenden Koordinationsmuster bei *Aktionen aus dem Stand.* Wenn man bei stehender Haltung eine Armbewegung macht, wenn man wirft, schiebt oder eine handwerkliche Verrichtung ausführt, müssen verschiedene Muskeln schon *vor* der eigentlichen Handlung aktiviert werden.

Diese sehr differenzierten Muskelkoordinationen werden erlernt und erst nach Übung zu einem unbewußten Aktivierungsmuster programmiert (vgl. S. 44). Dazu kommt bei stärkerem Kraftaufwand eine *Versteifungshaltung* mit gleichartiger Koaktivierung von Agonisten und Antagonisten.

Alle *Haltungen* brauchen eine kontinuierliche dynamisch-elastische Muskelfixierung der Gelenke, die für kurze Zeit bis zur Versteifung mit gleichartiger Koaktivierung von Agonist und Antagonist verstärkt werden kann. Alle *Bewegungen* brauchen dagegen eine wechselnde reziprok-alternierende Muskeltätigkeit, die beim Lauf durch den Schrittrhythmus bestimmt wird (s. Abb. 1.4). Je nach der Ausgangsstellung müssen verschiedene Haltungs- und Bewegungsprogramme aktiviert werden.

Streckerprävalenz, Beugeraktivität, Balance und Gelenkstabilisierung. Beim Zweibeinstand in Mittellage erhalten die tonischen Kontraktionen der *Streckmuskeln* von Rumpf und Beinen die aufrechte Stellung, da sie die abwechselnd von vorn und hinten beweglichen Hüft-, Knie- und Fußgelenke halten können. Doch müssen auch die *Beuger* zur Haltungsstabilisierung beitragen. Dies ist besonders deutlich im EMG der Kniebeuger, die bei Rumpfvorneigung am stärksten aktiviert werden. Bei jeder Instabilisierung werden die tonischen Kontraktionen in phasische Balancierbewegungen verwandelt, die zu periodischer reziproker Tätigkeit von Streckern und Beugern führen. Beim Balancieren besteht eine gleichzeitige Aktivierung der gleichen Muskeln beider Beine (s. Kap. 3, S. 108, und Kap. 2, S. 64).

Eine rein *mechanische* Haltungsstabilisierung der Gelenke und des Bandapparates trägt zwar zur aufrechten Haltung bei, reicht aber nicht aus, um den Körper senkrecht zu stellen. Nur die Rumpfhaltung wird vorwiegend mechanisch durch Wirbelsäule und Bandsysteme mit leichter Kontraktion der Rückenstrecker erhalten. An den Beinen überwiegen zwar auch die Kraft und die Dehnungsreflexe der Strecker von Oberschenkel, Unterschenkel und Fuß, aber einige Beuger haben beim Stand ebenfalls eine Grundinnervation. Die Hüftbeuger und Kniebeuger sind stärker als die Fußheber und mehr an der Standstabilisierung beteiligt. Die Fußstellung hat wegen des etwa senkrecht abgewinkelten Sprunggelenks andere von der Projektion des Körperschwerpunkts abhängige Regulationen. In manchen Stellungen können die tonisch aktivierten Wadenmuskeln allein die Fußbalance halten, bei Armbewegungen werden die Fußheber kurzzeitig stärker aktiviert (s. Abb. 1.9).

Bipede Gleichgewichtsregelung. Nach der stützenden Vorprogrammierung sind es vorwiegend drei Sinneseingänge, die beim Menschen das Stehen und Laufen regulieren und stabilisieren: 1. *Auge*, 2. *Labyrinth* und 3. *Körpersensibilität*.

Für eine *stabile Kontrolle von Stand und Gang* müssen daher optische, vestibuläre, Gelenk-, Muskel- und hautsensible Sinnesmeldungen zusammenarbeiten. Solche Kontrollmechanismen des Stehens und ihre Störungen bei Ausfall eines Sinnesgebietes oder bei Hirnerkrankungen wurden in den letzten Jahren mit Muskelpotentialen und Plattformaufzeichnung der Haltungsregulierung auf der Unterlage genauer studiert [4, 10, 37, 52, 80]. Hufschmidt, Mauritz, Berger und Dietz besprechen die wichtigsten Ergebnisse dieser Forschungsgruppen in Freiburg, Tübingen, Moskau, Paris und Portland in den folgenden Kapiteln. Dazu kommt die Registrierung langsamer Hirnpotentiale während der Bereitschaftsinnervation der aus dem Stand ausgeführten Zielbewegungen. Diese Bereitschafts- und Zielbewegungspotentiale geben einige Einblicke in die zerebralen Korrelate der Programmierung beim Menschen, über die im folgenden auf S. 50 kurz berichtet wird.

Störungen der Gleichgewichtskontrolle bei neurologischen Erkrankungen sind seit langem bekannt. Nachdem Romberg 1840 seine Beobachtungen bei Tabes dorsalis beschrieb, wurde klar, daß somatosensible Meldungen über die Hinterstränge neben der optischen Orientierung für die Gangregelung notwendig sind. Dennoch wurden diese Gleichgewichtsregelungen erst im letzten Jahrzehnt mit modernen Methoden untersucht, obwohl es über erlernte Kompensationen dieser Ausfälle bereits sehr frühe Studien gab: Frenkel und Foerster verwendeten solche visuell kontrollierten Gleichgewichtsübungen schon seit 1890 zur Behandlung der Tabes, und O. Foersters Buch über die menschliche Koordination [23] ist auch heute noch lesenswert.

Bewegungsstütze von Rumpf und Beinen. Die vorwiegend tonische Haltungsinnervation der Stützmuskeln betrifft bei Armbewegungen neben der Schulter auch die *Rumpf- und Beinmuskulatur.* Dies ist am Beispiel einer Wurfbewegung leicht einsichtig. Vor dem Werfen müssen die Bein- und Rumpfhaltung stabilisiert, Körper und Arm zurückgedreht werden, und erst nach dieser vorbereitenden Haltungsinnervation kann der dynamische ballistische Wurf mit einer Drehbewegung der Körpermasse erfolgreich ausgeführt werden, die wir mit Dietz beim Kugelstoßen und Ballwerfen genauer studiert haben [59]. Die tonische stützmotorische Bewegungsvorbereitung wird elektromyographisch von Rumpf- und Extremitätenmuskeln telemetrisch registriert: Vor einer Armbewegung werden bereits die Haltungsmuskeln von Schulter und Rumpf aktiviert. Schon bei Tieren gibt es Vorstufen solcher stützmotorischer Innervationsmuster: Bei Affen fand DeLong, entsprechend dem Haltungsprimat, daß Rumpfmuskeln bei willkürlicher Aktion früher aktiviert werden als Extremitätenmuskeln [12]. Massions Untersuchungen über Lokomotionsbewegungen und Haltungsänderungen von Katzen ergaben, daß die Haltungsanpassung des gegenseitigen Gliedes der gleichseitigen "placing reaction" bis zu einer halben Sekunde vorausgeht, obwohl beide vom gleichen Sinnesreiz aktiviert werden [76]. Beim Menschen wird die Stützmotorik noch durch die aufrechte Haltung kompliziert. Unser bipeder Stand und Gang braucht daher differenzierte *zerebrale Bewegungsprogramme und spinale*

Reflexkorrekturen. Das Zusammenspiel dieser Steuerung und Regelung wird erst durch Übung erworben. Die *Entwicklung des menschlichen Ganges* zeigt, daß dies ein jahrelanger Lernprozeß ist.

Zielmotorik und Stützmotorik

Bewegung und Stützhaltung. Um die Wechselwirkung von Haltung und Bewegung zu vestehen, entwickelte W.R. Hess seit 1940 ein klares Konzept ihrer Funktionen [41, 42, 45]. Nach Hess ist die *Haltung* eine Handlungsbereitschaft und Ausgangsstellung für aktive Bewegungen. Diese Stützhaltung wird mit ihrer Muskeltonisierung zum Unterbau der Zielbewegung durch „aktive Stabilisierung eines dynamischen Gleichgewichts". Hess [42, 45] nennt die *Zielmotorik* („teleokinetische Motilität") und *Stützmotorik* („ereismatische Motilität") *zwei sich ergänzende Bewegungskoordinationen.* Die stützende Haltung ist notwendige Vorbedingung jeder Zielaktion, die dieser vorangeht und ihr bis zum Abschluß koordiniert bleibt [58, 61].

Ein lebendes Modell der menschlichen Ziel- und Stützmotorik zeigt Abb. 1.2 nach einer Filmaufnahme von Hess. Das Bild demonstriert anschaulich die Notwendigkeit statischer Regulationen bei dynamischen Bewegungen mit ihren Kräften und Gegenkräften. Diese Kräfte werden im Modell durch drei Personen repräsentiert, die bei der Zielaktion verschiedenen Funktionen des Muskel-Skelett-Apparates entsprechen. Im Bewegungsapparat eines Menschen kann man den „*Träger"* mit Skelett und schwerkraftkompensierender Muskulatur, den „*Stützer"* mit der Halteinnervation rumpfnaher Muskeln in Schulter und Becken identifizieren und den „*Springer"* mit der dynamischen Zielaktion. Beim Menschen mit seiner aufrechten Haltung wird die Stützmotorik noch mehr als bei anderen Landtieren zur Kompensation von Schwerkraftwirkungen für das Körpergleichgewicht beim Stehen und Gehen eingesetzt.

Stützmotorik als Vorbereitung und Kontrolle der Zielbewegung. Zum Gelingen einer gezielten Aktion muß die Stützmotorik frühzeitig aktiviert werden. Abb. 1.2 zeigt die Abhängigkeit der Bewegung von der Haltungsvorbereitung und damit die zeitliche Vorbedingung der Bewegungsbereitschaft. Träger und Stützapparate müssen *vor* der Zielbewegung antizipatorisch aktiviert werden, um die physikalischen Begleitkräfte rechtzeitig zu kompensieren. Durch Sinnesmeldungen ausgelöste Reflexe kommen zu spät oder sind unzureichend, wenn sie nicht vorher mit der Bewegungsbereitschaft gebahnt wurden.

Hess' Bild erklärt, warum neben einer dauernden statischen Stütze (passiv-mechanisch durch den Skelett- und Bandapparat und aktiv durch Muskelkontraktion) auch vorangehende Muskelaktivierungen notwendig sind. Vor der Bewegung erfolgt eine vorbereitende Innervation von entfernten Muskelgruppen als Basis für die gezielte Endhandlung. Nach dieser *Bereitschaftsinnervation* der Rumpf- und Beinmuskeln *vor* einer Zielbewegung müssen auch *während* der Bewegung sensible Meldungen des Bewegungsmoments und der Gegenkräfte des Rückstoßes als *Haltungskontrollen* eingesetzt werden. Solche Regelung aller motorischen Kräfte, auch der vom bewegenden Glied entfernten, halten das Körpergleichgewicht. Ohne diese Vorbedingungen muß die Zielbewegung wie in Abb. 1.2d–f, mißlingen. Die Stützmotorik erweist sich damit als zeitlich vorangehenes *Primat der Haltung vor der gezielten Bewegung.*

Abb. 1.2a–f. Modellversuch zur Zielbewegung und Stützmotorik. Nach Hess 1943 und 1965 [42, 45]. Die drei Personen stellen die Kräfte und Gegenkräfte der programmierten Motorik dar: Der Springer *(1)* kann nur mit Hilfe der Träger *(2)* und Stützer *(3)* sein Ziel erreichen. Der Springer *(1)* repräsentiert Hess' „teleokinetische" Zielbewegung. Träger *(2)* und Stützer *(3)* den „ereismatischen" Rückhalt (Umrißzeichnungen aus dem Film von Hess [42] nach Jung u. Hassler [61]). a–c Der Sprung gelingt zum bezeichneten Ziel *(Pfeil)*, wenn der richtige Rückhalt gegeben wird und der Träger über den Moment des Sprunges orientiert ist. d–f Der Sprung rechts mißlingt ohne vorbereitenden Rückhalt: Der gestützte Träger fällt beim Absprung rückwärts und muß als Nothilfe durch die Halteperson *(3)* aufgefangen werden. Der Sprung von *1* wird zu kurz, und der Springer fällt, weil die Rückhaltefunktion seiner Absprungbasis ungenügend war

Die Haltungsstabilisierung ist keine starre, sondern eine *dynamische Ordnung* mit koordinierter Muskelaktivierung, die zeitlich mit der Körperstellung wechselt. Dieses jeder neuen Situation angepaßte Aktivierungsmuster entspricht etwa Sherringtons „integrativer Tätigkeit des Nervensystems" [83] und der Hess'schen Bewegungsordnung [41, 45].

Zeitliche Antizipation der Stützmotorik. Die tonische Vorinnervation der Stützmuskeln ist nach Hess ein die Körperstabilität erhaltendes Innervationsmuster, das die Bewegung vorbereitet. Daß bei jedem Bewegungsentwurf eine *antizipierende* Muskelaktivierung zur Körperstützung notwendig ist und Reflexkontrollen nicht ausreichen, haben wir 1960 mit Hess' Modellbild (Abb. 1.2) dargestellt [61]. Die stützende Vorbereitung wird jetzt meist *Bewegungsprogramm* genannt. In den letzten Jahren haben verschiedene Autoren diese frühe Programmierung der Stützmotorik untersucht: Gurfinkel und seine Moskauer Arbeitsgruppen registrieren seit den 60iger Jahren die Standregulationen mit einer Kraftmessung auf Plattformen [4, 37, 38] und Marsden und Mitarbeiter die Antizipation der Haltungsregelung im EMG [74, 75]. Neuerdings hat Nashner diese Haltungsprogrammierung als "postural set" bezeichnet und ihre Koordination mit Reflexvorgängen untersucht [10, 80]. Er betont, daß dieses Haltungsprogramm der jeweiligen Gleichgewichtslage angepaßt wird. Alle Autoren sind sich einig darüber, daß die Stützinnervation *vor* der Zielbewegung ablaufen muß, um Sicherheit und Erfolg zu garantieren. Dazu kommt eine Kontrollfunktion *während* der Bewegung.

Funktion und Mechanismen der Stützmotorik

Haltung und Reflexkontrolle. Die vorprogrammierte Haltung muß durch Reflexe und Sinnesmeldungen über veränderte Bewegungsbedingungen ergänzt und kontrolliert werden. Unvorhergesehene Widerstände der Umwelt müssen überwunden werden, um das Bewegungsziel zu erreichen.

Folgende neurophysiologische Mechanismen können diese Koordination der Haltungsvorbereitung und Reflexkontrolle vermitteln.

1. *Vorprogrammierung* mit einem Bewegungsentwurf in zeitlicher Ordnung erreicht eine vorangehende Bereitstellung der Haltemuskulatur vor der zielgesteuerten Bewegung.

2. Allgemeine *Bereitschaftsaktivierung propriozeptiver Kontrollen* durch Gammaerregung der Muskelspindeln zur Kompensation von Kräften und Gegenkräften. Nicht nur die primär innervierten Muskeln, sondern auch entfernte und kontralaterale Muskelspindelapparate werden fusimotorisch aktiviert, um spätere Rückstoßwirkungen auf die Körperhaltung aufzufangen und schon spinal zu kompensieren.

3. *Kontinuierliche Steuerung und Regelung* der Bewegung und Haltung mit *Anpassung* an unvorhergesehene Widerstände und veränderte Bewegungsentwürfe. Neben visuellen und vestibulären Meldungen sind vor allem auch Muskelpropriozeptoren und Gelenksensibilität an dieser dauernden Kontrolle des Körpergleichgewichts beteiligt.

Die sensible Kontrolle wird hier nur im Prinzip besprochen und später im Kapitel 2 von Hufschmidt und Mauritz über die Standregelung genauer dargestellt. Alle diese

Mechanismen erhalten erst durch *Übung und Lernen* volle Wirksamkeit. Das motorische Lernen verlangt offenbar eine enge Zusammenarbeit von Großhirnrinde, Kleinhirn und Hirnstamm [16]. Außer dem motorischen Kortex und dem Kleinhirn sind auch neuronale Regelkreise extrapyramidaler Zentren und einfachere spinale Dehnungsreflexe an diesen erlernten Kontrollen beteiligt (s. S. 28 und 56).

Neuronenentladung, Muskelkontraktion und Bewegung. Alle Bewegungsleistungen beruhen auf Entladungen der *Motoneurone* des Rückenmarks. Diese bilden mit ihren Muskelfasern viele *,,motorische Einheiten"* als gemeinsame Endstrecke der motorischen Koordination [2, 8]. Zunehmende Muskelkraft entsteht durch höhere neuronale Entladungsrate und Rekrutierung weiterer motorischer Einheiten. Die Physiologie der Motoneurone und ihre seit den ersten Einzelregistrierungen im EMG durch Adrian und Bronk 1929 [2] sehr ausgedehnte Literatur wird hier nicht besprochen. Die Beziehungen zwischen Neuronentladung, Muskelkontraktion und Bewegung behandelt das letzte Übersichtsreferat von Freund [26]. Bei Sportuntersuchungen des EMG verwertet man meistens nur aufsummierte *Hautableitungen einzelner Muskeln* (s. Abb. 1.12). Dies erlaubt, eine Quantifizierung der Muskelaktivierung ohne einzelne motorische Einheiten darzustellen. Die periphere und zentrale Kontrolle der neuronalen Funktionen ist in neueren physiologischen Übersichten [8, 14, 18, 31, 78] zusammengefaßt.

Die Zusammenarbeit der spinalen Motoneurone ist an den Muskeln direkt zu erfassen, die übergeordneten Mechanismen müssen beim Menschen indirekt erschlossen werden. Mehrfache Registrierungen von vielen Muskeln im Stand und bei Bewegungen zeigen exakt geregelte und gesteuerte Koordinationen [58]. Nach antizipierten Bewegungsprogrammen werden die verschiedenen Muskelaktivierungen der jeweiligen Ausgangsstellung und den veränderten Körperhaltungen angepaßt. Dies verlangt eine biokybernetische Kontrolle mit Vorwärtsprogrammen (feed forward) und Rückmeldung (feed back). Bei der Standkontrolle und bei allen Willkürhandlungen werden diese Kontroll- und Programm-Mechanismen meist *unbewußt* und automatisch ausgeführt. Die Beziehungen zum motorischen Lernen werden auf S. 41, die zerebralen Korrelate auf S. 49 besprochen. Die kybernetischen Mechanismen sind noch umstritten.

Efferenzkopie und corollary discharge. Biokybernetische Theorien der Bewegungsphysiologie führten außer zum allgemeinen Rückmeldungskonzept (feed back) auch zu speziellen Kontrollhypothesen für Wahrnehmung und Handlung [57, 78]. Für die viel diskutierte ,,Efferenzkopie" v. Holsts [51] fehlt bisher ein physiologisches Korrelat. Die durch v. Holst postulierte gegenseitige Auslöschung von Efferenzkopie und Reafferenz gilt sicher *nicht* für niedere spinale Bewegungsleistungen. Doch kann sie im Bereich der höheren Wahrnehmung und der Blickmotorik wirksam sein [54]. In englischer Sprache wird ein Efferenzkopie-ähnlicher Mechanismus "corollary discharge" genannt. Eine Übersicht über die neuere Literatur gibt McCloskey 1981 [78].

III. Fortbewegung: Gang, Lauf und Sprung

Das Gehen des Menschen auf zwei Beinen ähnelt zwar im Prinzip der Fortbewegung der Tiere, aber die menschliche Lokomotion ist eine mit der Gleichgewichtsregelung über Jahre *erlernte Muskelkoordination*. Das menschliche Laufen hat zahlreiche Besonderheiten, die Dietz und Mitarbeiter [14] in ihren Einzelmechanismen studiert haben (S. 89). Allgemeine Prinzipien der Fortbewegung sind *rhythmische Extremitätenbewegungen mit reziproker Innervation der Antagonisten*. Vor der allgemeinen Neurophysiologie der Lokomotion werden im Folgenden die Gangarten *Gehen, Laufen und Springen* und die Entwicklung des Laufens beim Kind kurz beschrieben.

Gehen, Laufen und Springen

Gehen und Laufen. Beim aufrechten Gang sind zwei Bewegungsarten, Gehen und Laufen, zu unterscheiden, die einer langsamen und raschen Fortbewegung entsprechen. Ähnlich wie die Vierfüßler bei zunehmender Geschwindigkeit ihre Gangart vom Schritt auf Trab und Galopp umstellen, so auch der Mensch vom *Gehen zum Laufen*. Beim Gehen bleibt immer jeweils ein Fuß auf dem Boden, und der andere wird vorgeschwungen mit abwechselnder *Stand- und Schwingphase*. Beim raschen *Laufen* entsteht dagegen ein stärkeres sprungartiges Abstoßen eines Fußes, so daß *beide Füße vom Boden abgehoben* werden. Der Abstoß verlangt eine Kraftverstärkung durch Dehnungsreflexe [14, 55]. Diese *Flugphase* des Laufs ist von Bernstein [6] genauer mit Geschwindigkeit und Schwerpunktsverschiebung untersucht worden. Während beim Gang der Körperschwerpunkt von der Stand- zur Schwingphase durch Kniebeugung nach unten absinkt, wird der Schwerpunkt beim Lauf durch die Sprungbewegung der Flugphase gehoben (Abb. 1.3). Sonst haben Gang und Lauf sehr ähnliche rhythmisch alternierende Aktivierungen von Beuge- und Streckmuskeln verschiedener Frequenz. Den Beginn dieser Laufrhythmen und der im EMG

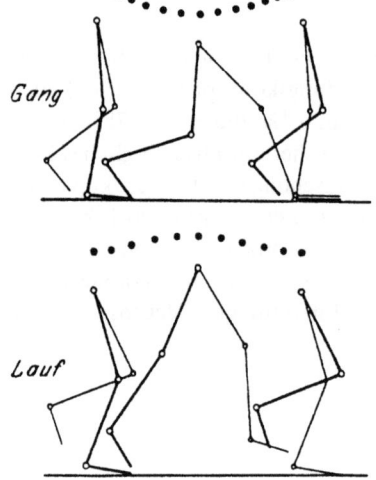

Abb. 1.3. Verschiedene Schwerpunktslage beim Gang und Lauf. Nach Bernstein 1927, aus Steinhausen [85]. Beim Gehen sinkt der in Beckenhöhe liegende Körperschwerpunkt mit dem Vorwärtsschritt nach unten. Beim Laufen wird der Schwerpunkt wie beim Sprung durch die Flugphase gehoben, da beide Beine den Bodenkontakt verlassen

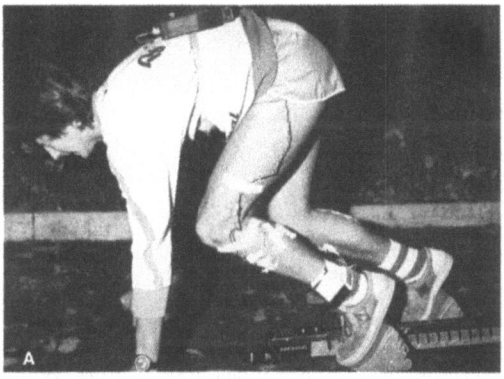

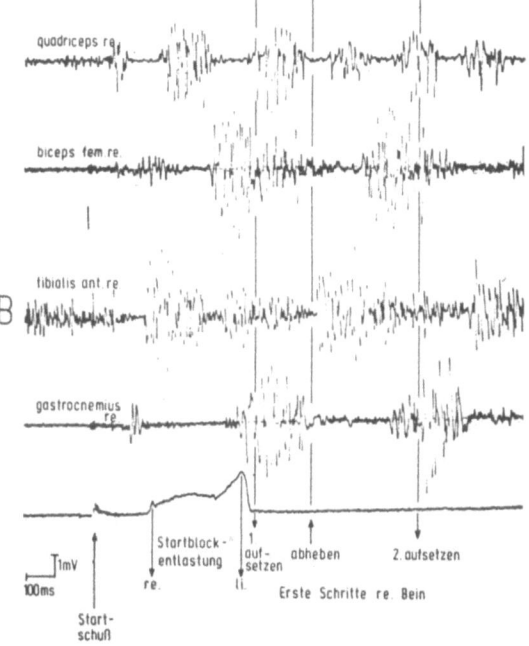

Abb. 1.4A, B. Sprinterstart mit reziproker Muskelaktivierung der Laufbewegung. Telemetrische EMG-Ableitungen vom rechten Bein, das den ersten Schritt nach vorn macht. A Startposition mit telemetrischem Sender auf dem Rücken und Hautableitungen der Beinmuskeln auf den beiden Startblöcken registrieren unten den Abstoßdruck rechts und links. Vorher besteht eine Grundinnervation im rechten Quadrizeps und Tibialis anterior, die nach dem Startschuß kurz gehemmt wird. B Der Startschuß führt nach 80 ms zur EMG-Aktivierung im rechten Quadrizeps und Gastrocnemius. Dann folgt ein streng reziprokes Innervationsmuster der Beuger und Strecker bei den ersten und den folgenden Schritten. Die Gastrocnemius-Aktivierung geht dem Aufsetzen des Fußes über 100 ms *voraus*. Während das rechte Bein vorschwingt und nach einer Schrittdauer von etwa 350 ms aufgesetzt wird, löst sich auch das vordere linke Bein vom Startblock. Der erste Schritt des hinteren rechten Beines ist jeweils kürzer als der des vorn postierten linken Beines

streng *reziproken Muskelinnervation* mit alternierender Aktivierung und Hemmung beim Sprinterstart zeigt Abb. 1.4. Detailanalysen der Muskeltätigkeit bei Gang und Lauf bringt Dietz in Kap. 3 (S. 89).

Mang [71] hat bei seinen Laufstudien gezeigt, wie mit zunehmender Geschwindigkeit des Laufens der Rumpf stärker nach vorn geneigt wird und die Armmitbewegungen größer werden (Abb. 1.5).

Die *Arbeitsleistung* wächst etwa mit dem Quadrat der Fortbewegungsgeschwindigkeit. Marey und Hill, die auch Stoffwechsel und O_2-Verbrauch untersucht haben [73, 47], fanden einen raschen exponentiellen Anstieg des O_2-Verbrauchs bei hohen Laufgeschwindigkeiten. Daher wächst beim mittelschnellen Lauf (200 m/min) der

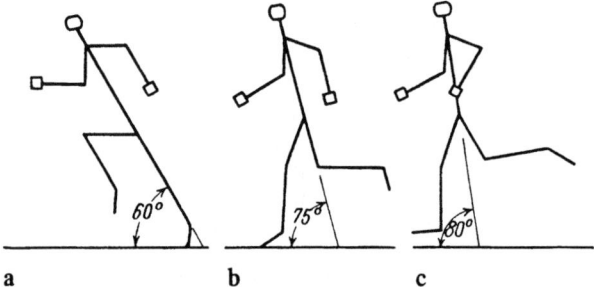

Abb. 1.5a–c. Zunehmende Vorwärtsneigung des Körpers mit der Laufgeschwindigkeit. Nach Mang 1928 [71]. Die sprungartige Flugphase verlangt beim Abstoß eine Verlagerung des Schwerpunkts nach vorn: a Beim raschen Kurzstreckenlauf, der in großen Sprüngen voran bringt, ist die Neigung maximal und der Winkel daher kleiner (55–65°). Beim langsameren Laufen wird die Neigung geringer: b bei Mittelstrecken 70–75°, c bei Langstrecken 75–85°

Sauerstoffverbrauch auf das Vierfache des Ganges (um 30 m/min). Beim sehr schnellen Sprint (280 m/min) steigt der O_2-Verbrauch rapide bis zum Fünffachen des Laufens von 200 m/min und Zwanzigfachen des langsamen Laufs (80 m/min) [47]. Der sehr schnelle Kurzstreckenlauf überschreitet daher für den O_2-Verbrauch die Atmungskapazität und braucht eine Sauerstoffschuld [47]. Die vertikale Gewichtshebekraft leistet beim Laufen mehr als das Doppelte des Körpergewichts.

Springen. Der Sprung entspricht einer extremen Steigerung der Flugphase des Laufens mit sehr kräftigem Abstoß eines Beines. Der Sportler springt gezielt in die Höhe oder weit und muß dabei sein Gleichgewicht halten. Beim Laufen und Springen ist die Körperbalance stärker gefährdet als beim ruhigen Gehen. Daher werden die ausgleichenden *Armmitbewegungen* beim Laufen verstärkt. Wie jede Bewegung bei aufrechter Haltung durch Gleichgewichtsregulationen kompensiert werden muß, so ist auch beim Laufen und Springen die Balance durch Rumpf- und Armmuskeln zu erhalten. Noch notwendiger als beim Zweibeinhüpfen sind vorbereitende und gleichgewichtserhaltende Stützaktivierungen für alle mit Anlauf ausgeführten Sprungbewegungen mit Abstoß eines Beines. Schon Marey [72, 73] hat bei seinen photographischen Sprungstudien die der Körperbalance dienenden und kompensierenden Arm- und Rumpfbewegungen registriert, wie Abb. 1.1 und 1.7 zeigen. Das Modell von Hess [45] demonstriert einige weitere Mechanismen der Trag- und Stützfunktionen eines Sprunges. Der Springer erreicht nur sein Ziel, wenn Ziel- und Stützmotorik planmäßig zusammenarbeiten, wie in Abb. 1.2a–c. Dagegen zeigt Abb. 1.2d–f das Mißlingen eines ungestützten Sprunges.

Hochsprung. Für den Leistungssport wurden spezielle eintrainierte Techniken beim *Hoch- und Weitsprung* entwickelt, da hier die Regulationen der Flugphase des Laufes nicht mehr ausreichen. Der *Hochsprung* verlangt eine nahe an der Ebene des Schwerpunktes liegende Körperhaltung, um die Latte nicht zu berühren. Dies wird beim frontalen Sprung durch maximales Anziehen der Beine erreicht (Abb. 1.6A), beim seitlichen Sprung durch waagerechte Körperhaltung (Abb. 1.6B). Beides findet seine Grenzen in der Körperbalance beim Ab- und Aufsprung.

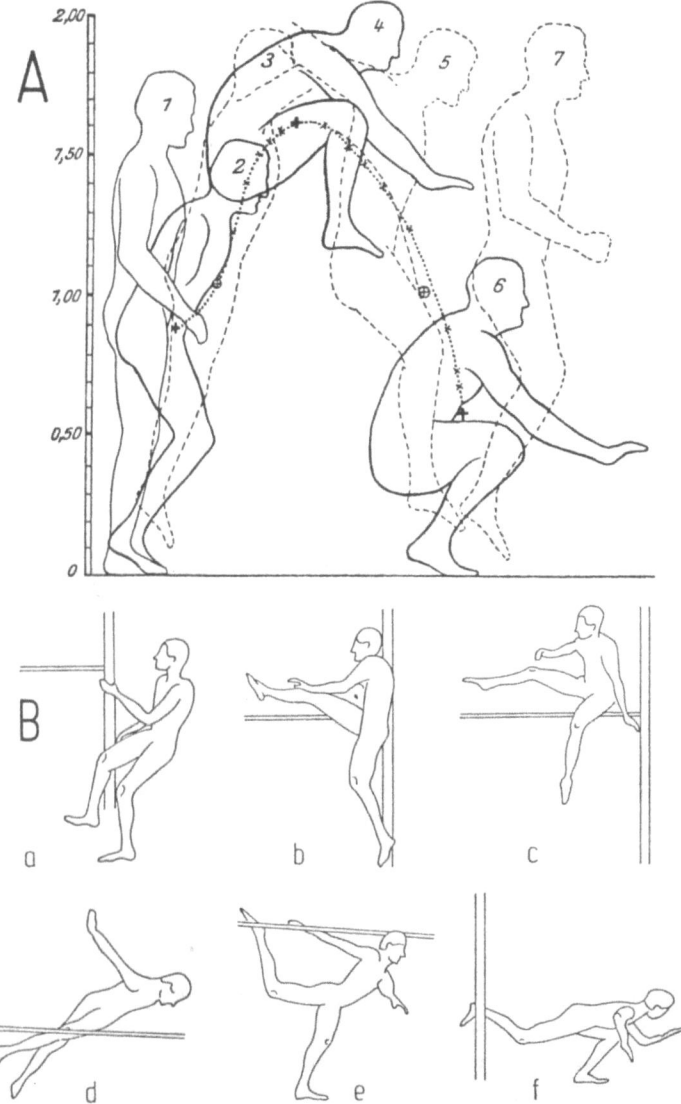

Abb. 1.6A, B. Hochsprung vorn und seitlich. Nach Steinhausen 1930 [85] und Mang 1928 [71]. **A** Hochsprungbewegung mit Verlauf des Körperschwerpunkts: Der Film von Bethe, ergänzt durch Steinhausen, zeigt die Sprungkoordination mit Schwerpunktanhebung. Vom Absprung *(2)* bis zum federnden Aufsprung auf den Boden *(6)* ist die Muskelkoordination eingestellt auf optimale Sprunghöhe durch maximale Abstoßgeschwindigkeit, auf Abstand von der Latte durch Beinanziehen *(4)* und auf Verletzungsschutz durch ausgleichende Kniebeugung beim Aufsetzen *(6)*. Zusätzlich muß noch das Körpergleichgewicht erhalten bleiben. Die *Kreuze im Kreis* bezeichnen die Schwerpunktlage des Ab- und Aufsprungs, wenn die Füße sich vom Boden abheben und ihn wieder berühren. Die *gestrichelte Kurve* ist berechnet, die *mit Kreuzen punktierte* nach den Bildern gezeichnet. Beim Sprung über die Latte *(4)* wird der Schwerpunkt durch die gebückte Haltung so niedrig wie möglich gehalten, um kinetische Energie zu sparen. **B** Schersprung von der Seite mit Körperdrehung. Nach Mang 1928 [71]. Das linke Bein macht den Abstoß und Aufsprung. Nach Überspringen der Latte wird der Körper mit dem schwingenden Arm gedreht, so daß die Sprunglandung wiederum mit dem linken Bein elastisch erfolgen kann

Sprungleistung. Die *Größe der Sprungbewegung* steigt proportional mit dem *Quadrat der Abstoßgeschwindigkeit* [47]. Gute Springleistungen verlangen daher möglichst hohe Anfangsgeschwindigkeiten durch *maximale Kraft des abstoßenden Beines.* Diese Kraftverstärkung wird wie beim Laufen durch Aktivierung der Dehnungsreflexe erhalten [14, 55]. Dazu kommt eine *Kontrolle der Körperhaltung,* damit auch beim Aufspringen das Gleichgewicht erhalten bleibt. Das Schema eines einfachen Hochsprungs von vorn zeigt Abb. 1.6A mit dem Verlauf des Körperschwerpunkts. Der in der Gegend des Beckens liegende Schwerpunkt wird bei einem Sprung über 1 Meter auf etwa 1 1/2 Meter Höhe gehoben, aber dies ist nur ein kleiner Teil der Sprungleistung. Vom Absprung (2) bis zur Sprunglandung (6) muß beim Anziehen der Beine auch die Körperhaltung reguliert werden: d.h. die Bein- und Rumpfbewegungen müssen so koordiniert werden, daß der *Schwerpunkt senkrecht* über den abstoßenden und federnd wieder aufgesetzten Füßen liegt und ein Fallen vermieden wird. Selbst im kurzen Zeitpunkt des schwerelosen Schwebens (4) wird die Körperhaltung so koordiniert, daß keine falsche Stellung beim Aufsprung entsteht. Beim seitlichen *Scherhochsprung* oder Schrittsprung wird die Sprunglandung noch schwieriger (Abb. 1.6B). Solche Leistungen können nicht alle bewußt kontrolliert werden, sondern müssen erst durch *langes Training mit Automatisierung der Stützmotorik* erworben werden (S. 44). Ohne diese erlernten und präzisen Muskelkoordinationen würde der Aufsprung ebenso mißlingen wie in dem Hess-Modell der Abb. 1.2d–f.

Beim modernen Hochleistungssprung mit der Floptechnik wird der Schwerpunkt durch Körperdrehung in lordotische Rückenlage noch tiefer gelagert. Mit vorangehendem Kopf verzichtet der Springer auf Wiederherstellung der normalen Körperhaltung beim Aufsprung und fällt auf den Nacken, nicht auf die Beine. Dieser „unphysiologische" Hochsprung erreicht noch größere Höhen, so daß der seitliche Schrittsprung mit Fußaufsprung wieder verlassen wurde. Eine nur zum Teil physiologische Sprungart, die Hay-Technik, verzichtet ebenfalls auf die Fußlandung und endet nach Rumpfvorbeugung über die Latte mit den Armen auf der Matte.

Die Sprunglandung. Die Bewegungskoordination beim Aufspringen auf den Boden ist nicht nur für die Gleichgewichtserhaltung physiologisch interessant, sondern auch als Schutzmechanismus des Bewegungsapparates nach dem Hinunterspringen von Bedeutung. Mareys Registrierungen des Absprungs von etwa 1/2 m Höhe [73] zeigten diese Koordination in einem klaren Schema (Abb. 1.7). Der Springer landet auf der Fußspitze und geht dann in die Kniebeuge mit komplizierter Gleichgewichtsregulation von Rumpf und Armen. Marey hat in seiner Fig. 101 auch das Gegenteil, den Aufsprung mit versteiften Beinen studiert, bei dem der Fuß wie beim Gehen mit der Ferse auf den Boden tritt und damit einen Fersenbeinbruch riskiert. Die zweckmäßigen Bewegungskoordinationen des Sprunges werden durch lange Übung erlernt. Das kleine Kind und der Sportanfänger haben solche wohlausgewogenen elastischen Aufsetzbewegungen noch nicht.

Laufen und Radfahren. Wie aus täglicher Erfahrung bekannt, ist die Fortbewegung mit dem Fahrrad viel energiesparender als Laufen. Hill hat 1925 bereits mit Stoffwechselmessungen auf die größere Zweckmäßigkeit und bessere Dauerleistung des *Radfahrens* hingewiesen [47]. Die wesentlich geringere Belastung der Motorik und des Kreislaufs beim Radfahrer im Vergleich zum laufenden Sprinter ist seitdem oft

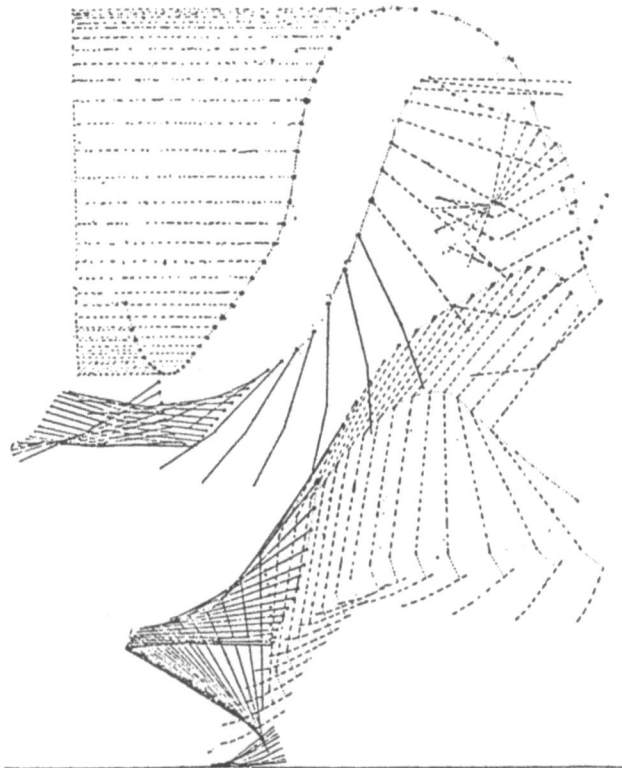

Abb. 1.7. Sprunglandung mit Gleichgewichtsregulation von Rumpf und Gliedern. Nach Marey 1894 [73]. Der Absprung beginnt mit leicht gebeugten Knien und rückwärtiger Armhaltung. Nach Bodenberührung der Fußspitze geht der Springer tief in die Knie und schwingt die Arme nach vorn. Die Wegmarkierungen zeigen oben die Haltung von Kopf und Arm, unten von Oberschenkel, Unterschenkel und Fuß links. *Gestrichelte Linien* entsprechen der ersten Bewegungsphase während des Absprungs in die Tiefe aus etwa einem halben Meter Höhe. *Ausgezogene Linien* zeigen den elastischen Aufsprung der Fußspitze mit folgender tiefer Kniebeuge. Die *Punkte links oben* markieren die Körperabwärtsbewegung bei der Kniebeuge und das erste Wiederaufrichten

bestätigt worden, und stehende Fahrradmodelle werden auch als Routinegeräte bei Kreislaufbelastungstests verwendet.

Entwicklung und Mechanismen des aufrechten Ganges

Entwicklung der Motorik und des Ganges beim Kleinkind. Das Greifen des Säuglings ist zunächst unsicher, und gezieltes Erfassen wird erst nach Ausbildung der Blickzielbewegungen im Sehsystem und nach sensomotorischer Übung allmählich erlernt. Der Säugling kann, wenn man ihn auf die Beine stellt und aufrecht hält, wenige unsichere Schritte machen. Dieser „Schreitreflex" beweist zwar angeborene Koordinationen des Gangmusters, doch sind diese für den erst im 2. Lebensjahr erlernten aufrechten

Gang nicht ausreichend. Das unsichere, reflektorische Schreiten des Säuglings besteht nur für wenige Wochen nach der Geburt. Man kann es zwar durch Übung für einige Monate bessern und verlängern [25], aber der junge Säugling wird damit nicht spontan laufen. Ein so „trainierter" Säugling hat nur ein kürzeres Krabbelstadium vor dem aufrechten Gang, der im 2. Lebensjahr erlernt wird.

Der menschliche Gang braucht eine lange Entwicklung und wird beim Kind erst nach einem jahrelangen Lernprozeß sicher. Das laufende Kleinkind schwankt und fällt bei plötzlichen Bewegungen des Körpers, solange seine präventive Stützmotorik noch nicht entwickelt ist.

Die *Gangentwicklung des Kleinkindes* zeigt Abb. 1.8 nach Bernstein [6]. Die elektrophysiologischen Merkmale des kindlichen Ganges werden von Berger im Folgenden genauer dargestellt (S. 119). Ich fasse nur einige wesentliche Punkte dieses über vier Jahre dauernden Lernvorganges zusammen:

Abb. 1.8a–e. Gang und Lauf bei Kindern und Jugendlichen nach Bernstein 1975 [6]. Die oberste Reihe (a) zeigt das Laufen eines zweijährigen Kindes, die nächsten (b–d) das Laufen im 4. Lebensjahr und Schulalter (genaue Altersangaben fehlen leider in Bernsteins Buch). Reihe e zeigt den Lauf des Jugendlichen und Erwachsenen: vorn die sprungartige *„Flugphase"* mit fehlender Bodenberührung und dann die Stützphase bis zum Abstoß zur nächsten Flugphase. Das Kleinkind hat zunächst einen sehr langsamen Gang, und erst nach dem 3. und 4. Lebensjahr lernt es, rasch zu laufen. Gang und Laufen haben daher beim Kind biomechanisch etwa gleiche Mechanismen. Die *Flugphase* ohne Bodenberührung beim schnellen Laufen (untere Reihe 1. Bild) entwickelt sich erst beim älteren Schulkind

Nach der Krabbelperiode und dem aufrechten Stehen ist das Laufen des Ein- bis Zweijährigen noch sehr unvollkommen. Das normale reziproke Innervationsmuster der Beinmuskeln fehlt ebenso wie die kompensatorischen Mitbewegungen der Arme. Die mit *Koaktivierung von Agonist and Antagonist* versteiften Beine werden als Stütze benötigt und zunächst mit den Fußspitzenballen aufgesetzt [25]. Das Gehen des Kleinkindes ist daher langsam und ungeschickt in der Bewegung. Beim Versuch raschen Laufens oder bei Stoßbewegungen des Armes fällt das Kleinkind. Das normale Abrollen von der Ferse bis zur Fußspitze wird erst nach dem 2. bis 3. Lebensjahr erlernt. Da alle jüngeren Kinder noch mit Fußspitze und Ballen auftreten, werden große biphasische *Eigenreflexe* ausgelöst. Diese biphasischen Eigenreflexe im EMG sind für das Laufen der Kleinkinder ebenso charakteristisch wie die Koaktivierung antagonistischer Muskeln nach einer kurzen Nase in der Registrierung des Fußgelenkwinkels der Standphase. Reine reziprok-alternierende Innervationsmuster von Streckern und Beugern beginnen erst im 4. Lebensjahr, also nach mindestens 2jähriger Gangübung. Mit dem *Fußabrollen der Standphase* von der Ferse und dem kräftigeren *Abstoß der Fußspitze* vor der Schwingphase verschwinden im 5. Lebensjahr auch die kurzen Eigenreflexzacken im EMG. Die für das Laufmuster des Erwachsenen typische Vor- und Rückneigung des Beines wird erst nach dem 4. Lebensjahr erworben. Vorher setzt das laufende Kind die Beine senkrechter, mehr wie eine gerade Stütze auf den Boden. Die kräftige, durch Dehnungsreflexe kontinuierlich verstärkte Innervation der Wadenmuskeln beim Abstoßen entwickelt sich auch erst mit dem 5. Lebensjahr. Erst dann werden alle Dehnungsreflexe, die der Kraftverstärkung dienen und die Vorprogrammierung verbessern, voll in das Gangmuster integriert. Typische Bilder des Kindergangs mit EMG und mechanischen Registrierungen zeigt der folgende Beitrag von Berger (S. 121, Abb. 4.2).

Reziproke Innervation und Versteifung. Beim Gehen und Laufen des Erwachsenen werden die Strecker und Beuger der Beine von ihren Motoneuronen in rhythmischem Wechsel streng reziprok aktiviert (s. Abb. 1.4). Daher sieht man im EMG jedes Muskels bei Kontraktion des Antagonisten deutliche Zwischenpausen fehlender Motoneuronentladungen, die durch die mechanische Muskeltätigkeit fließend überbrückt werden. Dies ist das schon von Descartes 1649 postulierte und durch Sherrington [83] vielfach experimentell studierte *reziproke Innervationsmuster:* Bei Kontraktion des Agonisten erschlafft der Antagonist und umgekehrt. Die reziproke Innervation ist jedoch keine starre Koppelung. Vielmehr wird das *reziproke Muster dauernd modifiziert* und jeweils den Notwendigkeiten von Stütz- und Stoßfunktionen der Handlung in der Willkürinnervation angepaßt. Nicht nur bei der Stützhaltung vor Bewegungen, auch beim *Stand* bei handwerklichen Verrichtungen der Arme, z.B. wenn man ein Gefährt voranschiebt, braucht der Mensch eine *versteifende Koaktivierung von Streckern und Beugern* [88]. Beim stehenden und laufenden *Kleinkind* ist dieses Koinnervationsmuster an den Beinen eine normale frühe Entwicklungsphase der Stützhaltung, die der streng alternierenden reziproken Innervation des laufenden Erwachsenen (s. Abb. 1.4) vorausgeht (s. Kap. 4, S. 121).

An den Armen überwiegt bei raschen Stoßbewegungen des Armes das reziproke Muster, bei längeren Druck- und Schiebebewegungen dagegen die versteifende Koinnervation. Alle diese Bewegungen brauchen beim aufrechten Stand zusätzlich eine der Zielhandlung vorausgehende stützende Bereitschaftsinnervation und eine folgende kontinuierliche Regelung der Körperhaltung während der Aktion [58].

Gehirn und Rückenmark beim Gang. Komplizierte Laufbewegungen mit den verschiedenen *Gangarten,* Schritt, Trab und Galopp, können bei Tieren auch ohne Gehirneinfluß vom *Rückenmark* koordiniert werden: Wenn man spinale Katzen aufrecht mit den Beinen auf ein Laufband setzt, werden sie durch zunehmend schnelle Bewegungen der Unterlage zu geschwindigkeitsentsprechender Koordination in diesen drei Gangarten angeregt [32]. Beim Menschen ist das anders: Er kann nur laufen mit Hilfe motorischer Zentren des Gehirns. Auch wenn man einen Menschen mit spinalem Querschnitt aufrecht auf ein Laufband stellt, kann er keine Laufbewegungen machen. Bei sensiblen Reizen auftretende spinale Automatismen eines Querschnittspatienten mit alternierender Beugung und Streckung beider Beine sind zwar dem Laufmechanismus *ähnlich,* entsprechen aber nicht wie bei Katzen einer koordinierten Gangart. Man darf annehmen, daß beim Menschen die Gangbewegungen mit dem Körpergleichgewicht vorwiegend vom Großhirn und Kleinhirn gesteuert werden und das Rückenmark sekundär die Bewegungskoordination kontrolliert. Spinale Reflexmechanismen haben daher untergeordnete Regelfunktionen, z.B. Kraftverstärkung durch Dehnungsreflexe und Anpassung an unerwartete Unebenheiten des Bodens (s. Kap. 3, S. 94).

Wahrscheinlich ist auch die reziproke Innervation alternierender Laufbewegungen (s. Abb. 1.4) vorwiegend eine Leistung des Rückenmarks, die zusätzlich vom Gehirn gesteuert wird. Zerebrale Laufgeneratoren liegen bei Tieren im Hirnstamm [32]. Beim Menschen wird der Startimpuls offenbar über den Motorkortex geleitet, wenn wir willkürlich oder nach einem Startsignal das Laufen beginnen. Der Sprinter startet nach einem Startschuß, und seine ersten Schritte sind mit einer Bereitschaftsinnervation in zeitlicher Ordnung vorprogrammiert. Beim Menschen können Sinnesreiz, Bewegungsentwurf und Willensentschluß mit angeborenen und erlernten Neuronenschaltungen zusammenarbeiten und damit die intendierten Gang- und Laufmuster für Geschwindigkeit und Ziel steuern. So werden spinale und zerebrale Mechanismen mit Sinnessignalen und Willensimpulsen zweckmäßig koordiniert.

Lokomotion, motorische Rhythmen und Reflexe

Lokomotionsrhythmen. Rhythmische Hin- und Herbewegungen sind bei Tier und Mensch Grundlage der Lokomotorik und bilden daher eine *Urform der Fortbewegung:* Die Flossenbewegungen schwimmender Fische, das Laufen der Landtiere und das Fliegen der Vögel sind *Bewegungsrhythmen,* die das gleiche Prinzip *alternierender Aktivierung antagonistischer Muskeln* haben. Laufbewegungen sind zwar phylogenetisch alte Koordinationen, müssen aber beim Menschen mit dem aufrechten Gang noch durch *Lernen* entwickelt werden. Das Kind erwirbt erst nach etwa dreijähriger Übung die Gangmuster des Erwachsenen (s. S. 124). Auch Affen müssen das Baumklettern noch spielend erlernen. Bei manchen Tieren, die nicht von der Mutter getragen werden können, ist das Vierbeinerlaufen schon unmittelbar nach der Geburt möglich, wie bei Pferden und Kühen. Durch Übung und Lernen werden diese Mechanismen den Umweltanforderungen angepaßt und durch höhere zerebrale Koordinationen moduliert. Die *elementaren Mechanismen* des Laufens und Fliegens mit rhythmisch-alternierenden Bewegungen sind dagegen nicht erlernte, sondern angeborene Prozesse und in der Strukturordnung des Nervensystems vorgebildet.

Die allen Bewegungsrhythmen zugrundeliegende alternierend-reziproke Antagonisteninnervation ist bereits im Rückenmark und in der Oblongata voll koordiniert: Der Atmungsrhythmus, die spinalen Flossenbewegungen der Fische und die rhythmischen Lauf- und Kratzbewegungen spinaler Hunde sind solche bulbospinalen Koordinationen.

Spinale Eigenrhythmik, Afferenz und Lokomotion. Die Fortbewegung ist nicht eine Reflexkette, die von afferenten Impulsen abhängig ist, sondern beruht auf einem spinalen Eigenrhythmus mit reziproker Innervation, der vom Gehirn gesteuert wird. Der zerebrale Schrittmacher von Lokomotionsbewegungen ist nach Tierversuchen im Hirnstamm lokalisiert [32]. Eine *rhythmisch-reziproke Innervation des Rückenmarks* ist als Grundlage der Fortbewegung anerkannt, seitdem Graham-Brown 1912–15 bei Katzen die „Halbzentren" für rhythmische Beinbewegungen nachwies [30]. Nachdem schon der rhytmische Kratzreflex des spinalen Hundes [83] solche Fähigkeiten des Rückenmarks nach sensiblen Reizen zeigte, wurden auch rhytmische Laufbewegungen *ohne* sensible Rückmeldung an der deafferentierten Katze experimentell nachgewiesen [32]. Ähnliches gilt für den *Tremor,* der auch an deafferentierten Gliedern auftritt, z.B. bei Tabes. Nach Parallelen mit v. Holsts Flossenbewegungen der Fische [50] kann man den Tremor mit einer Urform der Fortbewegung vergleichen [53].

Es gibt einen eigenrhythmischen *Impulsgenerator für Gangbewegungen im Rückenmark.* Die spinalen Automatismen von querschnittsverletzten Menschen sind mit alternierender Beugung und Streckung des Beines Reste solcher Rückenmarksrhythmen [24]. Ferner werden die peripher induzierten Gehbewegungen des Säuglings durch afferente Reize ausgelöst und vorwiegend spinal koordiniert (s. Kap. 4, S. 119).

Natürlich entsprechen deafferentierte und spinale Tiere nicht denen mit normaler Fortbewegung. Es sind nur experimentelle Extrembedingungen, um die spinalen Generatoren der Lokomotion nachzuweisen. Unter normalen Bedingungen wird der Gang *sowohl zentral koordiniert und vorprogrammiert als auch sensorisch kontrolliert.* Biokybernetisch ausgedrückt gibt es sowohl "feed forward" wie "feed back" in der normalen Lokomotion. Zerebrale Steuerung und periphere Regelung müssen jeweils mit den spinalen Lokomotionsgeneratoren zusammenarbeiten. Beim aufrechten Gang können die Neuronenschaltungen des Rückenmarks offenbar so vorprogrammiert werden, daß Reflexregelungen die periphere Kontrolle übernehmen und die supraspinalen Impulse nur noch eine Steuerungsfunktion haben. Bodenunebenheiten und andere periphere Widerstände werden dann zunächst schon reflektorisch überwunden und größere Hindernisse durch Sehen und andere höhere Sinne gemeldet und vermieden. Der Gang des Blinden, der sich nur nach gehörten Echos orientiert, ist ein Beispiel für die gute Zusammenarbeit auch des akustischen Systems mit der Propriozeptivität.

Die rhythmisch-reziproke Innervation mit alternierender Antagonistentätigkeit leistet der *Schaltzellenapparat des Rückenmarks.* Da dort auch zerebrale Impulse angreifen, werden die spinalen Rhythmen Grundlage der „höheren" Motorik der Fortbewegung. Nach dem Schichtungsprinzp bleibt die untere Schicht fundierend für neue Eigenschaften der höheren Schichten, die mit den niederen Mechanismen arbeiten müssen. Nach Graham Browns erster Synthese 1913/15 [30] haben Lundberg [70] und Grillner [32] das Zusammenspiel spinaler Rhythmen und Reflexe über Mechanismen der Zwischenneurone bei Laufbewegungen dargestellt. Spinale Katzen können auf dem Laufband traben und galoppieren [32]. Die physiologischen Mechanismen der Lokomotion und ihre vergleichende Physiologie bei Mensch, Vierfüßler und Fisch sind von Grillner im amerikanischen Handbuch 1981 zusammenfassend dargestellt [32].

Rhythmische Voraktivierung beim Laufen, Hüpfen und Tanzen. Nachdem Engberg und Lundberg [17] 1969 an der frei laufenden Katze die Voraktivierung der Beinstrecker vor Bodenberührung nachgewiesen hatten, fand Melvill-Jones 1971 im EMG hüpfender Menschen auch eine antizipierende Bereitschaftsaktivierung des Gastrocnemius, die dem Bodenkontakt und den ersten Reflexen *vorausging* [77]. Diese vorprogrammierte EMG-Tätigkeit der Beinstrecker folgt der gleichen zeitlichen Ordnung, wie sie Dietz später beim Laufen beschrieben hat [14]. Bei wiederholtem *Hüpfen auf einem Bein* verläuft die Fußstreckeraktivierung im bevorzugten „Eigenrhythmus" des Einbeinhüpfens (2,06 s im Durchschnitt). Ähnliche Rhythmen haben auch *Tanzmelodien*, die den Vorzugsfrequenzen des Hüpfens von etwa 2,1 Hz entsprechen und die Tanzschritte akustisch auslösen [77].

Rasche Eigenreflexe und langsame Dehnungsreflexe. Reflexe sind keine isolierten Vorgänge, sondern Hilfsfunktionen der Motorik, die *korrigierend und regelnd* in die Willkürbewegung eingreifen. Wenn unvorhergesehene Widerstände und Sinnesmeldungen eintreffen, verändern Reflexe das Bewegungsprogramm [14, 55, 74]. Die stark synchronisierte Entladung von Hoffmanns *Eigenreflex* [48], der monosynaptisch über zwei Neurone abläuft und klinisch als Sehnenreflex geprüft wird, ist für die normale Bewegung wenig bedeutungsvoll. Hoffmann hatte angenommen, daß diese Eigenreflexe notwendige Glieder der Willkürbewegung sind, die von dieser gebahnt und gehemmt werden [48]. Dagegen betonte Foerster [24] mehr die Rolle der langsamen *Dehnungsreflexe* und „Adaptationsreflexe" für die Motorik und postulierte auch supraspinale Komponenten dieser Reflexsynergien.

Beim menschlichen Gang werden kurze biphasische Eigenreflexzacken mit "silent period" im EMG nur bei Kleinkindern und bei spastischen Patienten gefunden (s. Kap. 4 u. 5, S. 119 u. 127). Wie Dietz und Mitarbeiter [14] gezeigt haben, sind längere Dehnungsreflexe beim gesunden Erwachsenen in das Innervationsmuster integriert und *verstärken die synchronisierte Vorinnervation* des Gastrocnemius beim Abstoßen des Fußes für 100—200 ms [55]. Die kurzen Latenzen des monosynaptischen Eigenreflexes (25—30 ms beim Gastrocnemius) mit folgender "silent period" von 100 ms sind daher bei normalen Bewegungen und beim Gang im EMG nicht erkennbar. Der durch Beklopfen der Sehne ausgelöste kurze „Sehnenreflex" ist ein künstliches Phänomen, das nur der Diagnose des Neurologen nützt. Auch der Klonus ist keine Serie von Eigenreflexen, sondern im EMG eine tremorähnliche, aber reflektorisch ausgelöste Serie rhythmischer Entladungsgruppen [53]. Die integrierten Dehnungsreflexe, die bei peripheren Widerständen an Armen und Beinen auftraten, sind zwar auch auf spinaler Ebene koordiniert und vorwiegend segmental geleitet, aber sie haben auch supraspinale Beeinflussungen, die beim Affen über das Kleinhirn und den Motorkortex laufen [9]. Beim Menschen zeigen sie gleitend-fließende Integration in das Bewegungsprogramm [14, 74] und kompensieren asymmetrische Innervationen der Händigkeit [55]. Die physiologische Aufgabe spinaler Dehnungsreflexe bei der menschlichen Bewegung kann man vereinfacht in zwei Funktionen zusammenfassen: *Korrektur von Vorprogrammen und Kraftverstärkung* [55].

IV. Armzielbewegungen: Zeigen, Greifen und Fauststoß

Gezielte Bewegungen eines Armes sind Grundlage vieler handwerklicher Tätigkeiten und Sportleistungen. *Zeigen, Greifen und Stoßen* mit einem Arm sind daher wichtige Modelle für die Zielsteuerung mit Erhaltung des Körpergleichgewichts. Die vorbereitenden Stützreaktionen beim Zeigen und Stoßen wurden in ihrer Zeitordnung untersucht [58]. Die zerebralen Korrelationen sollen mit den langsamen Hirnpotentialen im vorletzten Kapitel dargestellt werden. Im folgenden wird die Physiologie einseitiger Armzielbewegungen mit ihrer Haltungsregelung besprochen. Die Ausgangsstellung des Körpers bedingt auch die Stärke der stützenden Vorprogrammierung (Abb. 1.9).

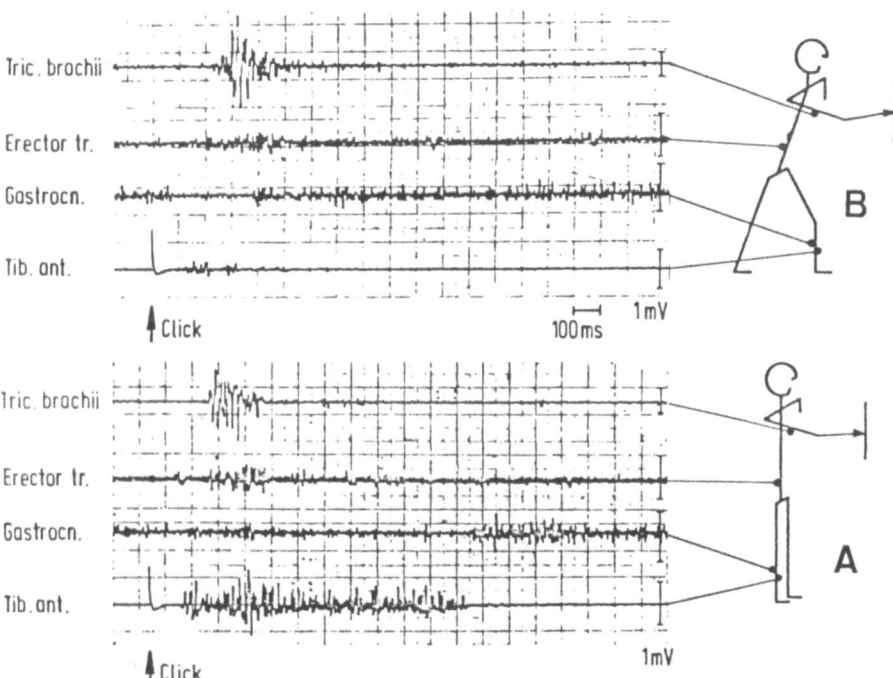

Abb. 1.9A, B. Stoß bei verschiedener Ausgangshaltung mit mehrfachen EMG-Ableitungen. Voraktiverung entfernter Muskeln stabilisiert das Gleichgewicht für den Fauststoß beim Boxen. Nach Jung 1981 [57]. Die Körperhaltung (A) mit geschlossenen Füßen gefährdet das Gleichgewicht beim Stoß des rechten Armes mehr als bei vorgesetztem Fuß (B). Daher werden Bein- und Rumpfmuskeln in A erheblich stärker vorinnerviert als in B. Die Bereitschaftsinnervation von Rumpf und Bein beginnt 100–150 ms vor der Trizepsinnervation der Armstreckung und zeigt im Gastrocnemius und Tibialis eine reziproke Aktivierung und Hemmung. Die breitere Basis der Stellung B spart eine stärkere Voraktivierung der Beim- und Rumpfmuskeln

Bewegungsvorbereitung und Steuerung von Zielbewegungen

Armbewegung, Bewegungsprogramm und Körperhaltung. Zielgerichtete Bewegungen eines Armes (Stoß, Wurf, Zeigen) sind erlernte Muskelkoordinationen mit Blickzielfixation. Die *einseitige* Armbewegung braucht *beidseitige* Voraktivierung der Körpermuskeln und Gleichgewichtsregelung. Das Ziel kann nur nach einem *programmierten Bewegungsentwurf mit Stützhaltung und visueller Kontrolle* erreicht werden: *Vor* der eigentlichen Zielbewegung werden daher die Augen auf das Ziel gerichtet, und es folgt eine stützende *Haltungsaktivierung* mit geordneter Innervation beider Körperseiten, die nach einem Lernprozeß zerebral programmiert und automatisiert gesteuert wird. Die Hirntätigkeit beim Bewegungsentwurf kann durch langsame Hirnpotentiale im Elektroenzephalogramm (EEG) registriert werden (s. S. 49).

Früheste hirnelektrische Korrelate dieser Bewegungsvorbereitung sind die Bereitschaftspotentiale, die etwa 1 s vor der Zielbewegung bilateral im EEG beider Großhirnhälften registriert werden [64]. Während des Bereitschaftspotentials erfolgt die Blickzielbewegung und beginnt eine geordnete bilaterale, aber seitenverschiedene Muskelinnervation der Rumpf- und Beinmuskeln. Diese *Bereitschaftsinnervation* dient der Haltungsvorbereitung und Körperbalance, bei Stoß und Wurf mit Körperrotation auch der Kraftverstärkung. Sie führt mit dem zerebralen Zielbewegungspotential zur gezielten Armbewegung [57, 58].

Die *Zeitfolge* der Hirnprozesse, Augen- und Muskelkoordinationen wird beim Menschen durch mehrfache hirnelektrische und elektromyographische Ableitungen von EEG, Okulogramm und EMG einzelner Muskeln und Standbasisbelastung einer Plattform objektiv registriert (Abb. 1.10) und mit Computerdurchschnittskurven ausgewertet (s. Abb. 1.12, 1.19, 1.20).

Zeitordnung. Die Zeitfolge der programmierten Hirnprozesse, Augen- und Muskelkoordinationen ist beim Menschen für die jeweilige Bewegung charakteristisch. Unser Schema polygraphischer Registrierung von EEG, Okulogramm und EMG einzelner Muskeln mit Standbasisbelastung einer Plattform in Abb. 1.11 gilt für die Zeitordnungen von *Zeigen und Stoßen.* Ergebnisse der Computermittelung beim Stoßen mit dem rechten Arm von zwei Männern sind in Abb. 1.12 zu sehen.

Trotz mancher Variationen der Voraktivierung verschiedener Einzelmuskeln haben alle Zielhandlungen eine intraindividuell konstante *zeitliche Ordnung des Bewegungsprogramms* der zerebralen Vorgänge und der Muskelinnervationen. Verschiedenheiten der Zeitfolge der Blickfixationsdauer und der Haltungs- und Bewegungsinnervation sind übungsabhängig. Trainiertes Stoßen und Werfen führt zu stärkerer und früherer Körperrotation. Die Blickfixation wird während der rotierenden Körperbewegung durch vestibulo-okuläre Reflexe reguliert, die im Okulogramm nach der initialen Blicksakkade registriert werden (s. Abb. 1.10). Die in Abb. 1.11 numerierte *Zeitsequenz 1–10* gilt mit Variationen von 3–8 für alle gezielten Stoß-, Wurf- und Zeigehandlungen. 1–5, 7, 8 und 10 sind bilaterale, nur 6 und 9 vorwiegend unilaterale Prozesse:

1. Kortikales Bereitschaftspotential (oder Erwartungswelle nach Auslösereiz) des EEG frontoparietal rechts und links,
2. Blickzielbewegung mit visueller Fixation des Zielortes,

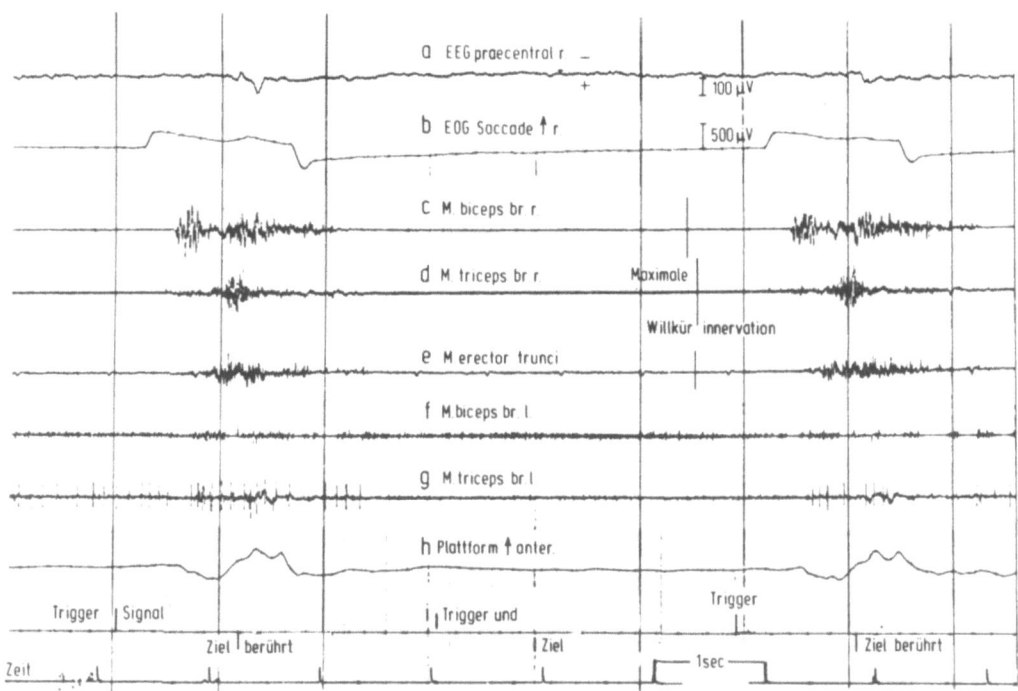

Abb. 1.10. Polygrapische Registrierung bei Stoßbewegungen. Nach Jung 1982 [58]. Hirnpotentiale (EEG), Augenbewegungen (EOG) und fünf Muskeln (EMG) werden mit der Plattformverschiebung der Standbasis aufgezeichnet. Die Fauststöße werden durch akustisches Triggersignal ausgelöst, um die Zeitfolge exakt zu bestimmen. Man erkennt, daß vor dem finalen Streckstoß des rechten Trizeps mit der vorbereitenden Armbeugung Kraftverschiebungen der Plattform entstehen. Im EEG ist ein kleines negatives Zielbewegungspotential erkennbar, aber nur bei Aufsummierung deutlich (s. Abb. 1.12). Nach Zieltreffen kurzes Lidschlagartefakt

3. Standveränderungen mit beginnenden Plattformschwankungen,
4. Bereitschaftsinnervation der Rumpfmuskeln,
5. Standfixierung der Beinmuskeln beiderseits,
6. Beginnende Armhebung,
7. Zielbewegungspotential mit Verstärkung des Bereitschaftspotentials,
8. Rotierende Massenbewegung des Körpers (maximal beim Stoß),
9. Finale Armextension vor Ziel oder Abwurf,
10. Zielerfolg mit Vollzugspotential (positives Ende des Zielbewegungspotentials).

Erfassen des Blickziels (2) und Standvorbereitungen der Bein- und Rumpfinnervation (3, 4 und 5) gehen in der Regel der Armstreckung voraus. Doch können beim Boxen angreifende Faustschläge auch als Armhebung (6) mit oder vor der Zielfixation (2) beginnen. Dann wird die Bizepsaktivierung (6) mit Armstreckung (9) simultan oder vor der Blickzielbewegung registriert.

Nur die Blick- und Armzielbewegung 2 und 9 werden bewußt gesteuert, alle anderen Vorgänge 1, 3 bis 8 sind durch Übung automatisierte, *unbewußt* ablaufende

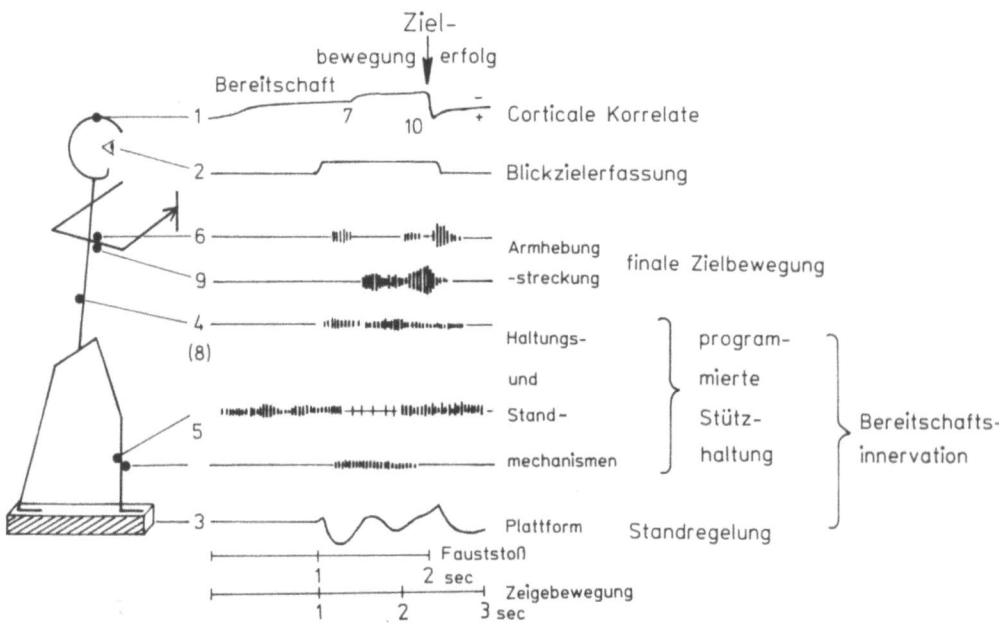

Programmierte cerebrale, oculomotorische und somatomotorische Bewegungskorrelationen in EEG, Oculogramm, EMG und Standunterlage.
1-10 Zeitfolge.

Abb. 1.11. Bewegungsbereitschaft und Zielkontrolle beim Stoßen und Zeigen. Nach Jung 1982 [58]. Die Zeitordnung der zerebrospinalen Prozesse 1–10 wird je nach der Bewegungsart modifiziert. Die Nummernfolge gilt nur für typische Zeitordnungen mit vorbereitender Blickzielbewegung. Das Prinzipschema der programmierten Zielbewegung hat doppelte Zeitabszissen für schnelle und langsame Bewegungen: Ein rascher Fauststoß und eine langsame Zeigebewegung unterscheiden sich zwar in der Zeitdauer, doch brauchen beide ähnliche Haltungsvorbereitungen mit Körperstabilisierung (Körperschwerpunkt senkrecht über Fußstellung). Beim Boxen ist die Haltungsstabilisierung kritischer, und die Bereitschaftsinnervation des Armes braucht eine längerdauernde Beugehaltung

Prozesse, die durch Reflexe moduliert werden. Die Verschiedenheiten der Zeitfolge für die Blickfixationsdauer und die Haltungs- und Bewegungsinnervation sind *übungsabhängig*. Trainiertes Stoßen und Werfen führt zu vermehrter Körperrotation mit Kraftverstärkung [59]. Die Zeitordnung der Augen- und Körperbewegungen von Abb. 1.11 ist daher eine durch Lernen und Training veränderliche und individuell variable Koordination, die auch von der Ausgangshaltung bestimmt wird.

Ausgangsstellung. Die Bereitschaftsinnervation ist abhängig von der Körperstellung bei Bewegungsbeginn. Die stabilere Körperhaltung mit einem vorgestellten Bein erspart Stützaktivierungen der Beinmuskeln, die beim Stehen mit geschlossenen Füßen erforderlich sind (s. Abb. 1.9). Daher wird vor Zielbewegungen in der Regel durch einen Schritt nach vorn die *Standbasis in Zielrichtung vergrößert*. Die folgende Körperneigung nach vorn und die Armvorbewegung verschieben den Schwerpunkt auf dieser Basislinie mit geringerer Beininnervation als beim Stand Fuß neben Fuß.

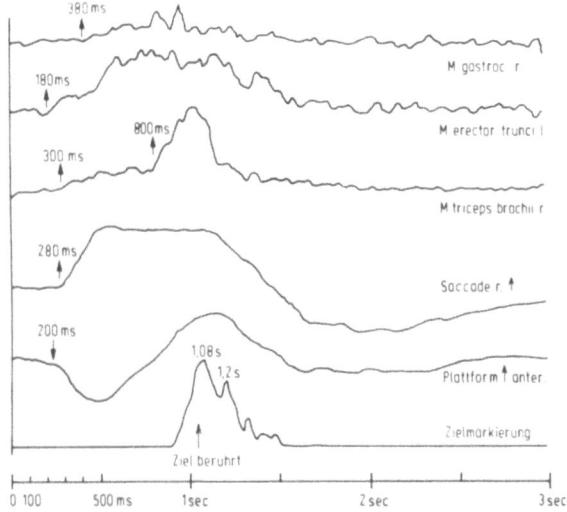

380 ms

M gastroc r

180 ms

800 ms

M erector trunci l

300 ms

M triceps brachii r

280 ms

Saccade r.

200 ms

1.08 s

1.2 s

Plattform anter.

Zielmarkierung

Ziel berührt

| 0 100 | 500 ms | 1sec | 2 sec | 3sec |

A Fauststoß rechts mit früher Haltungsbereitschaft und Armbewegung

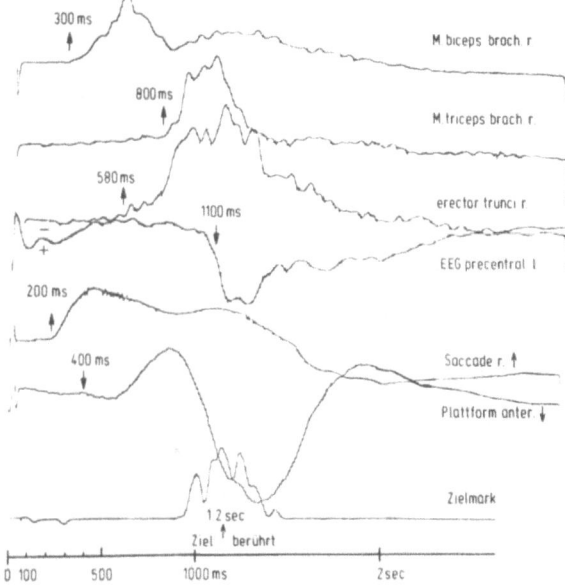

300 ms

M biceps brach. r

800 ms

M triceps brach. r

580 ms

1100 ms

erector trunci r

EEG precentral l

200 ms

400 ms

Saccade r.

Plattform anter.

Zielmark

1.2 sec

Ziel berührt

| 0 100 | 500 | 1000 ms | 2sec |

B Fauststoß mit früher Armhebung vor Rumpfstützung

Abb. 1.12A, B. Fauststöße bei zwei Männern mit Bereitschaftsinnervation und Blickzielbewegung. Nach Jung 1982 [58]. Die gemittelten Kurven mit gleichgerichtetem EMG von Bewegungen zeigen die verschiedenen Latenzen der Muskelaktivierung nach dem Auslösesignal und individuelle Unterschiede beider Versuchspersonen. Das Treffen des Ziels zeigt Maxima bei 1 und 1,2 s Latenz und variiert über 0,5 s. **A** 24jähriger Mann: Stoß mit früher Rumpfstützung und Armhebung. Die Reihenfolge ist: 1. Erector trunci, 2. Plattformdeviation, 3. Blickzielsakkade nach rechts, 4. Triceps brachii, 5. Gastrocnemius, 6. Trizepsendaktivierung des Stoßes, 7. Rucksakkade des Blicks (Exp. Z. 23 IV). **B** 37jähriger Mann: Stoß mit EEG-Registrierung, Blickzielbewegung und früher Armhebung. Die Reihenfolge ist: 1. Negatives Erwartungspotential (CNV), übergehend in das Zielbewegungspotential des EEG, 2. Blickzielsakkade, 3. Bizepsaktivierung, 4. Plattformabweichung, 5. Erector trunci, 6. Triceps brachii, 7. positives Vollzugspotential im EEG (im Beginn ist die langsame negative Potentialverschiebung durch ein akustisches evoziertes Potential überlagert), 8. Rückbewegung des Blickes nach links (Exp. Z 22 IX)

Zeigen, Greifen und Stoßen

Fingerzeigen und Handgreifen. Die einseitige Armbewegung, die der stützenden Rumpf- und Beinmuskelinnervation folgt, geschieht beim Zeigen und Greifen so langsam, daß Sinneskontrollen die Zielbewegung unterwegs korrigieren können. Vor dem Greifen erfolgt eine Faustöffnung und Handgelenksstreckung als letzter Teil der Bereitschaftsinnervation des aktiven Armes und meistens eine kompensatorische Rückbewegung des kontralateralen Armes. Der Ausgangsschritt des meistens kontralateral vorgestellten Beines und die kontralaterale Armrückbewegung erleichtern die Erhaltung des Körpergleichgewichts über der Basis beider Füße. Arm- und Beinaktionen erfolgen daher in einer von den Armmitbewegungen beim Laufen etwas verschiedenen Zeitfolge.

Stoßen. Beim *Fauststoß* ist die rasche Bewegung von etwa 1 s Dauer (Abb. 1.12) vorwiegend „ballistisch" und zielprogrammiert. Sie kann daher während des Armstoßes nur wenig durch Sinneskontrollen verändert werden. Die beim Stoßen eintretende *Körperrotation* ist stärker als beim langsamen Zeigen, muß daher auch *vorprogrammiert* werden. Die mit dem Körper verbundene Kopfdrehung wird durch Labyrinthmeldungen des vestibulo-okulären Reflexes für die Augenstellung kompensiert (s. Abb. 1.10, EOG links oben). Im Sport werden spezielle Stoßleistungen entwickelt, die hier nur für das Kugelstoßen besprochen werden (s. Abb. 1.14, 1.15). Beim Boxen wird die maximale Armextension erst zuletzt zum Faustschluß der Fingerflexoren ergänzt.

Zielfehler beim Zeigen, Greifen und Stoßen werden durch Übung vermindert, und so wird eine optimale Geschicklichkeitsleistung erreicht.

Handgeschicklichkeit und Leistungsmessung. Erlernte Geschicklichkeitsleistungen der Hände sind vorwiegend in der angewandten Psychologie und Arbeitsphysiologie quantitativ untersucht worden. Eine Zusammenfassung neuerer Experimente bespricht auch Beziehungen zum motorischen Lernen [81]. Die beiden Bewegungstypen, *rasche* vorprogrammierte „ballistische" (wie beim Stoß) und *langsamere* sensorisch kontrollierte Zielbewegungen mit Fehlerkorrektur (wie beim Zeigen) werden bei vielen Geschicklichkeitshandlungen kombiniert. Wir behandeln hier nur einige Grundtypen von Bewegungen, die für die allgemeine Motorik und den Sport interessant sind.

V. Sportleistungen mit Ball und Kugel: Wurf und Stoß

Nachdem die allgemeinen Grundlagen der Ziel- und Stützmotorik dargestellt wurden, sollen als Einleitung zu den folgenden Beiträgen einige Sportleistungen analysiert werden: Ballwerfen und Kugelstoßen sind komplexe, erlernte Bewegungen, bei denen neben der Übung auch die *Händigkeit* eine Rolle spielt [59].

Ballwerfen und Kugelstoßen

Wurf und Stoß. Werfen eines Balles und Stoßen einer Kugel sind beides *erlernte Bewegungsmuster*, die sich vor allem durch den Kraftaufwand unterscheiden. Telemetrische EMG-Untersuchungen dieser menschlichen Sportleistungen haben unsere Kenntnisse über das motorische Lernen erweitert [59]. Einige Anwendungen für das sportliche Krafttraining bespricht Schmidtbleicher in diesem Buch (Kap. 6). Unsere ersten telemetrischen Ergebnisse beim Kugelstoßen zeigen Abb. 1.14 und 1.15. Wechselwirkungen von Seitendominanz und Seitenpräferenz durch Training und übungsbedingte Umstellungen seitendominanter Leistungen bei Links- und Rechtshändern beweisen, daß *Trainingseffekte* weniger Kraftsteigerung durch Muskelhypertrophie als neurophysiologisch faßbare *Umstellungen der Ziel- und Stützmotorik* sind. Die im Training durch Übung erreichte Geschicklichkeit und Leistungssteigerung entsteht also durch *optimale Bewegungskoordination des ganzen Körpers* mit erlernter *Zeitordnung* bestimmter Muskelaktivierungen.

Die angeborene *Seitendominanz* zeigt sich zunächst nur in der Bevorzugung des dominanten Armes für komplexe Handlungen. Der Rechtshänder stößt lieber mit der rechten, der Linkshänder mit der linken Hand, aber beide brauchen eine längerdauernde *Übung*, um eine optimale Leistung zu erreichen. Dieses *Training ist immer bilateral* und betrifft daher nicht nur die dominante Seite [58, 59].

Ballwerfen. Die Wurfbewegung hat bereits Muybridge 1887 in ihrer motorischen Koordination photographisch studiert und die Unterschiede bei trainierten und untrainierten Personen klargestellt (Abb. 1.13). Wir haben 1976 den Einfluß von Übung und Seitendominanz auf die Wurfbewegung elektromyographisch untersucht und im Prinzip ähnliche Seitenkoordinationen gefunden wie beim Kugelstoß [59]. Beim Werfen mit der geübten dominanten Seite sieht man auch eine entsprechende *bilaterale* Arminnervation, die schneller und nur wenig schwächer ist als beim Kugelstoßen. Beim Werfen mit der ungeübten linken Hand (Abb. 8 bei Jung und Dietz [59]) fehlt diese Mitinnervation des gegenseitigen (dominanten) Armes. Die Wurfbewegung braucht eine dem Kugelabstoß analoge bilaterale Stützinnervation mit Körperdrehung und Übertragung der *Massenschubkraft* des gesamten Körpers auf den Ball, doch wird der statische Unterbau der Rumpfstütze durch das geringere Gewicht des Balles gegenüber der Kugel weniger aktiviert als beim Stoßen. Vor allem wird die Wurfbewegung *rascher* ausgeführt als das Stoßen der schweren Kugel. Die Leistungsunterschiede des Werfens mit der trainierten und der untrainierten Seite waren noch größer als beim Kugelstoßen. Wir fanden *doppelte* Weiten des Ballwurfs mit dem geübten gegenüber dem ungeübten nichtdominaten Arm [59].

Daß eine einseitige, vom Rumpf nicht unterstützte Armbewegung beim Werfen des Ungeübten nicht nur ungenügende Leistungen bringt, sondern auch ein ästhetisch schlechtes Bewegungsmuster hat, ist schon vor 100 Jahren durch Muybridge betont worden. Seine Serienbilder eines trainierten Baseballspielers und einer ungeübten Frau zeigen diese Unterschiede sehr eindrucksvoll (Abb. 1.13).

Kugelstoßen. Die zeitlich sehr fein regulierte Muskelinnervation von 6 Körpermuskeln im Rumpf, Arm und Bein vor und während des Kugelstoßens zeigt Abb. 1.15. Sie wurde von einem hochtrainierten Spitzensportler aufgenommen, zusammen mit Photos des Bewegungsvorgangs (Abb. 1.14A).

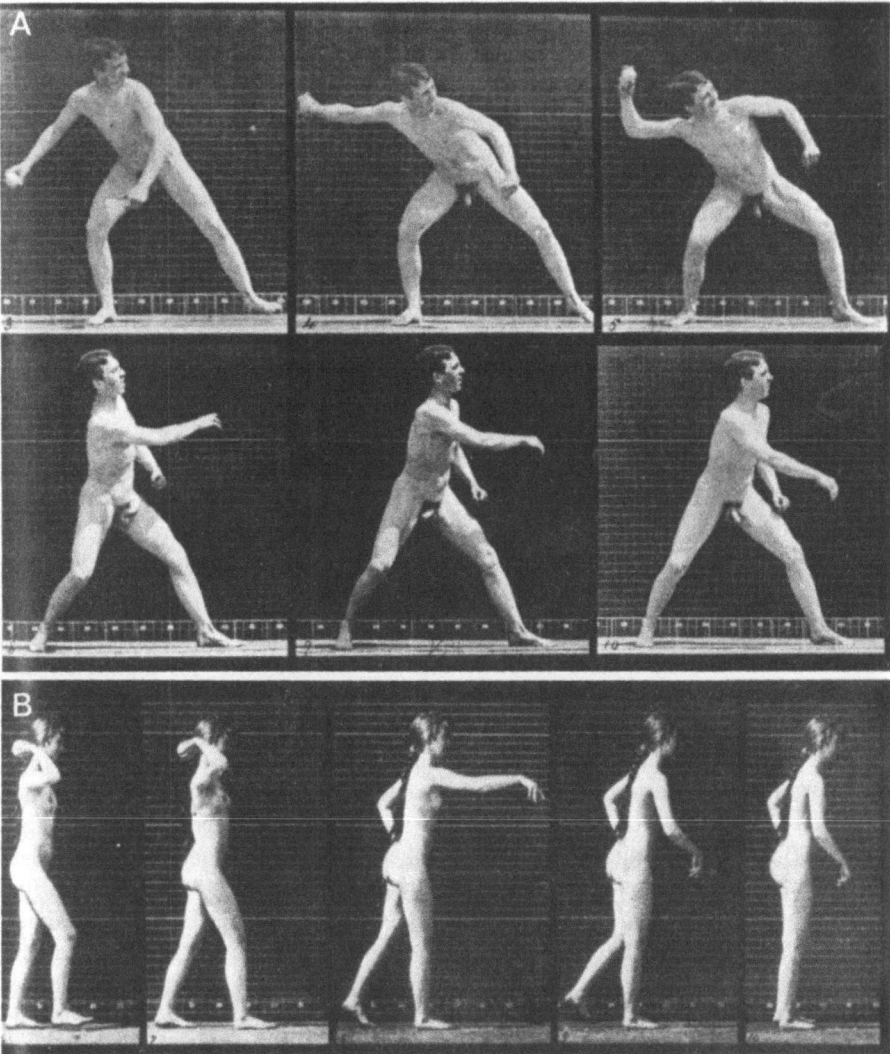

Abb. 1.13A, B. Ballwerfen eines trainierten Mannes und einer ungeübten Frau in photographischen Serienaufnahmen. Nach Muybridge 1887 [79]. **A** Der Baseballspieler koordiniert die Körpermuskulatur zu einem kraftvollen Wurf des Balls, auf den die Massenbeschleunigung des ganzen Körpers übertragen wird (Kraft = Masse × Beschleunigung). Die mittlere Reihe zeigt auch die Kraftrichtung des Abwurfs nach vorn und den umgekehrten Rückstoß in der verschiedenen Penisverlagerung, ähnlich dem Gürtelband der Abb. 1.14A; **B** Das ungeübte Malermodell wirft den Ball nur mit dem rechten Arm ohne Hilfe der Körpermasse mit entsprechend schwächerer Kraft und Zielgenauigkeit. Die gleichmäßige Rumpfhaltung läßt wenig Schubkraft und Rückstoß erkennen

Beim rechtsseitigen Stoß und Wurf des Rechtshänders werden *beide* Körperseiten in die Bewegungsordnung einbezogen, nicht nur die seitendominant innervierten Muskeln. Der trainierte Sportler stößt und wirft in einer geregelten Innervationsfolge fast aller Körpermuskeln von Rumpf, Beinen und Armen, die der finalen Extension des stoßenden Armes vorausgeht. Die Abb. 1.15 läßt erkennen, wie Schulter- und Beinmuskeln bereits *vor* dem stoßenden Arm innerviert werden. In Abb. 1.14 erkennt man die Unterschiede eines trainierten und eines ungeübten Stoßes. Der Hochtrainierte stößt die Kugel mit einer Schubdrehbewegung des ganzen Körpers und überträgt diese erst zuletzt mit finaler Armstreckung auf die Kugel. Der *Untrainierte* (Abb. 1.14B) stößt und wirft dagegen vorwiegend mit *einem Arm.* Daher ist der Schub seiner Körpermitbewegung viel geringer als beim Trainierten, und die Mitinnervation des kontralateralen Armes fehlt (Abb. 1.14D). Auch die *Leistung* steigt entsprechend der optimalen Ordnung der Gesamtinnervation, so daß Stoß- und Wurfweiten bei Hochtrainierten etwa zwei- bis dreifach größer sind als bei Ungeübten. Diese Unterschiede sind zum Teil durch die verschiedene *Schubkraft* der Energie-übertragenden Masse zu erklären: Der Trainierte stößt mit der *ganzen Körpermasse,* der Ungeübte mehr mit dem Arm, der weniger als 5% der Körpermasse ausmacht [59]. Die durch Übung erworbenen Bewegungsprogramme sind für die Leistung und für die *Präzision* der Bewegung entscheidender als angeborene Seitendominanzen beim Rechtshänder. Daher kann auch ein rechtsschreibender Linkshänder mit entsprechender Übung rechts besser schreiben als links. Der beim Schreiben am besten erkennbare spiegelbildliche *Transfer* zur gegenseitigen Hand, vorwiegend der dominanten, wird unten mit der Schrift von Links- und Rechtshändern besprochen (s. S. 54).

Bilateraler Kraftschub und einseitiger Abwurf

Vorbereitung und Kompensation von Wurf und Stoß. Den einseitigen Armbewegungen beim Ballwerfen und Kugelstoßen des Trainierten geht eine exakt programmierte und geordnete *bilaterale,* aber seitenverschiedene Muskelinnervation der Arm-, Rumpf- und Beinmuskeln voraus. Diese stützende *Bereitschaftsinnervation* ermöglicht nicht nur die Haltungsvorbereitung und Körperbalance, sondern bringt auch die wichtigste *Schubkraft* der kinetischen Energie für Ball und Kugel. Da die Kraft physikalisch gleich Masse mal Beschleunigung ist, muß die Körpermasse, nicht nur der Arm, das Objekt beschleunigen. Daher wird bei Stoß und Wurf die Vorinnervation mit einer *Körperrotation* verbunden und dient der Kraftverstärkung [59]. Die vorbereitende Körperdrehung und zurücksetzende Armhaltung von Ball oder Kugel entsteht mit dem zerebralen Zielbewegungspotential, doch erst am Ende erscheint die einseitige gezielte Armbewegung des *Abwurfs.* Diese letzte Stoßaktion beim Kugelabstoß ist zwar die Endinnervation zur Übertragung der gesamten kinetischen Energie des Körpers auf das Wurfobjekt, aber die Aktivierung der Armstrecker ist nicht größer als die der übrigen Muskeln, und der Rückstoß führt zu weiteren Gleichgewichtsregelungen. Die *Rückstoßkompensation* ist erkennbar in einer starken homolateralen Bizepsaktivierung mit kontralateraler Arminnervation *nach* dem Abwurf (s. Abb. 1.14C). Diese sind ebenso wie die Rumpf- und Beinmuskelaktivierungen vor und nach der Armbewegung durch Training *erlernt* [59].

Übungseffekte, Seitendominanz und Seitenpräferenz. Alle motorischen Leistungen beim Menschen brauchen erlernte Bewegungsfolgen. Die *angeborene Seitendominanz* des Rechts- und Linkshänders bedingt auch eine Bevorzugung dieser Seite für komplexe Bewegungen. Doch erwirbt die dominante Hand erst durch *Übung* erhöhte Geschicklichkeit. Ferner zeigte sich, daß die durch Übung erworbene Tätigkeit des dominanten Armes immer mit *bilateraler* Muskelkoordination verbunden ist [58, 59].

Beim Stoß und Wurf des nichttrainierten Armes (links beim Rechtshänder, beidseitig beim total Ungeübten) fehlt die Koordination des kontralateralen Armes (Abb. 1.14D), obwohl diese vorwiegend von der dominanten Hemisphäre innerviert wird. Erst nach längerer Übung wird die bilaterale Koordination der Rumpf-, Arm- und Beinmuskeln erworben. Die Leistung des *ungeübten* Stoßes und Wurfes ist wesentlich geringer, beim Wurf nur die Hälfte, beim Stoß etwa zwei Drittel der Weite des trainierten Armes [59].

Beim Fall auf die ausgestreckten Arme ergaben sich Seitendifferenzen, korreliert zum motorischen Training, und wenn dieses einseitig mit dem dominanten Arm geübt war, auch zur Seitendominanz: Für den rechten Arm geübte Rechtshänder und links geübte Linkshänder zeigten eine frühe starke Trizepsvoraktivierung im trainierten Arm, während die Vorinnervation des ungeübten Armes wesentlich geringer war und nach Bodenkontakt stärkere Dehnungsantworten auftraten [55]. Diese Differenzen waren geringer oder fehlten ohne einseitige sportliche Übung mit dem dominanten Arm.

Daß nicht angeborene Hemisphärendominanz als solche, sondern *erworbene bilaterale oder unilaterale Übung* für ein optimales Bewegungsprogramm entscheidend ist, ergibt sich aus vier konstanten Ergebnissen:

1. optimale Stoß- und Wurfweiten mit bilateralen Innervationsmustern bei Trainierten,
2. fehlende Mitarbeit des rechten (dominanten) Armes beim Linksstoß und Linkswurf des rechts Trainierten,

---

Abb. 1.14A–D. Übungseffekte der Motorik beim Kugelstoßen. Nach Jung und Dietz (1976) [59]. Die vergleichenden Bilder eines hochtrainierten Sportlers (**A**) und einer ungeübten Frau (**B**) zeigen deutlich die programmierten Traningseffekte. Die telemetrischen Elektromyogramme (EMG) von beiden Oberarmen beim trainierten Rechtsstoß (**C**) und untrainierten Linksstoß (**D**) demonstrieren die Doppelseitigkeit der geübten Muskelaktivierung. **A** Der Hochtrainierte stößt die Kugel aus rückgedrehter Stellung *(a)*, so daß die gesamte Körpermuskulatur in geordneter Abfolge aktiviert wird *(b)*. Aus gebeugter Armhaltung erfolgt die terminale Armextension rechts erst in der letzten Abstoßphase *(c)* mit Beugung des linken Armes. Das lose Gürtelband zeigt die Richtung der Schubkraft des Rumpfes nach vorn und oben. Kugelstoßweite 15 m. **B** Die untrainierte Frau stößt die Kugel vorwiegend durch Armextension rechts bei geringer Mitarbeit von Rumpf und kontralateralem Arm. Die Beinarbeit beschränkt sich auf anfängliche Kniebeugung *(a)* und leichte Streckung links mit Abheben des rückgestellten rechten Beines. Kugelstoßweite 3,7 m. **C** und **D** Seitenvergleich der Oberarmmuskeln beim trainierten Kugelstoß rechts (**C**) und untrainierten Linksstoß (**D**). **C** Die Trizepsaktivierung der finalen Armextension rechts ist kaum größer als die kontralaterale linke Bizepsaktivierung. Die Schubkraft entsteht vorwiegend durch Rumpf- und Beinbewegung, und danach bremst eine reziproke Bizepsaktivierung nach Kugelabstoß die Armvorbewegung rechts. **D** Der ungeübte Linksstoß erfolgt vorwiegend durch Armextension und Trizepsaktivierung links. Doch fehlt die Mitarbeit der übrigen Armmuskeln und des rechten Armes im Gegensatz zu C

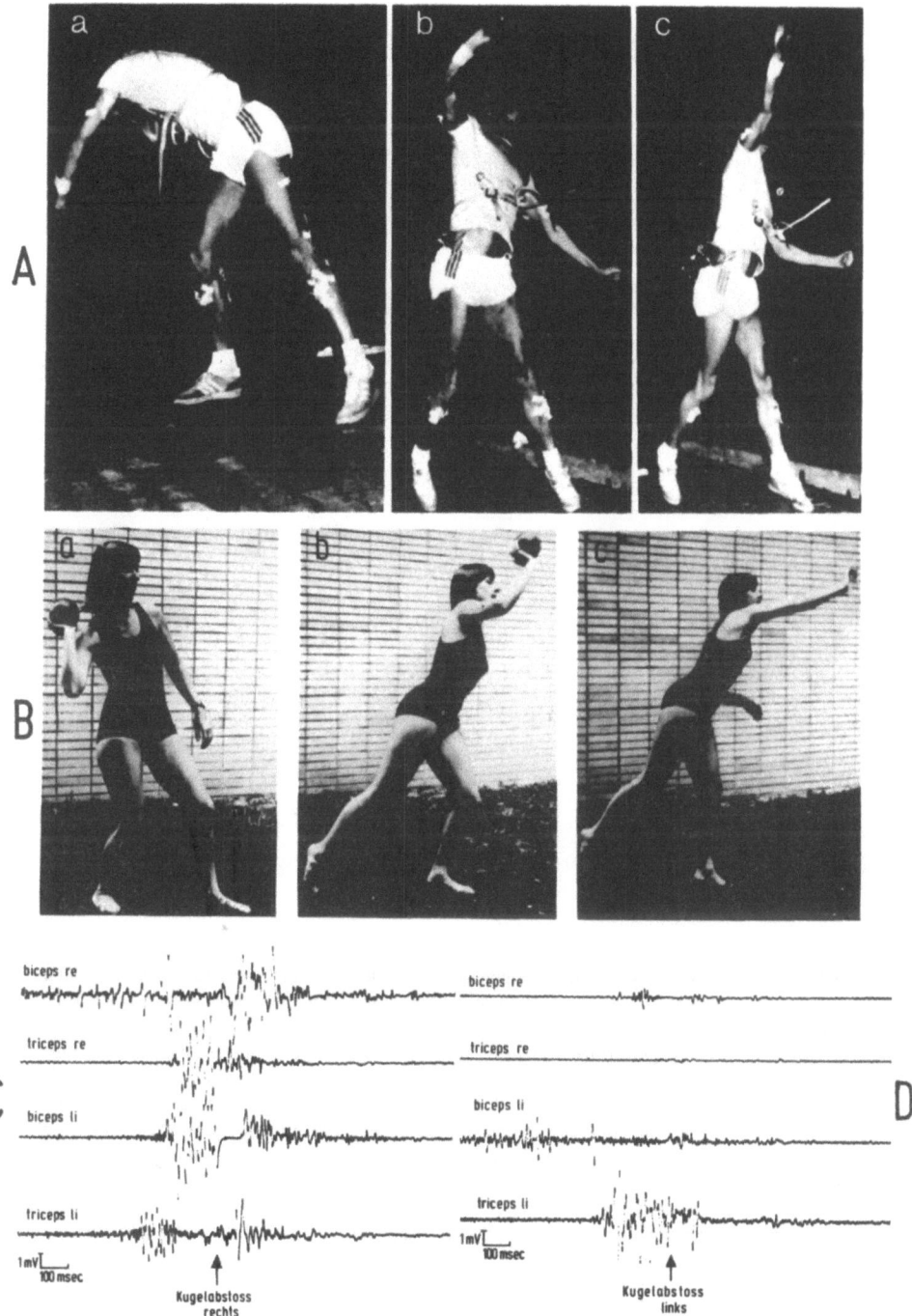

Abb. 1.14A–D

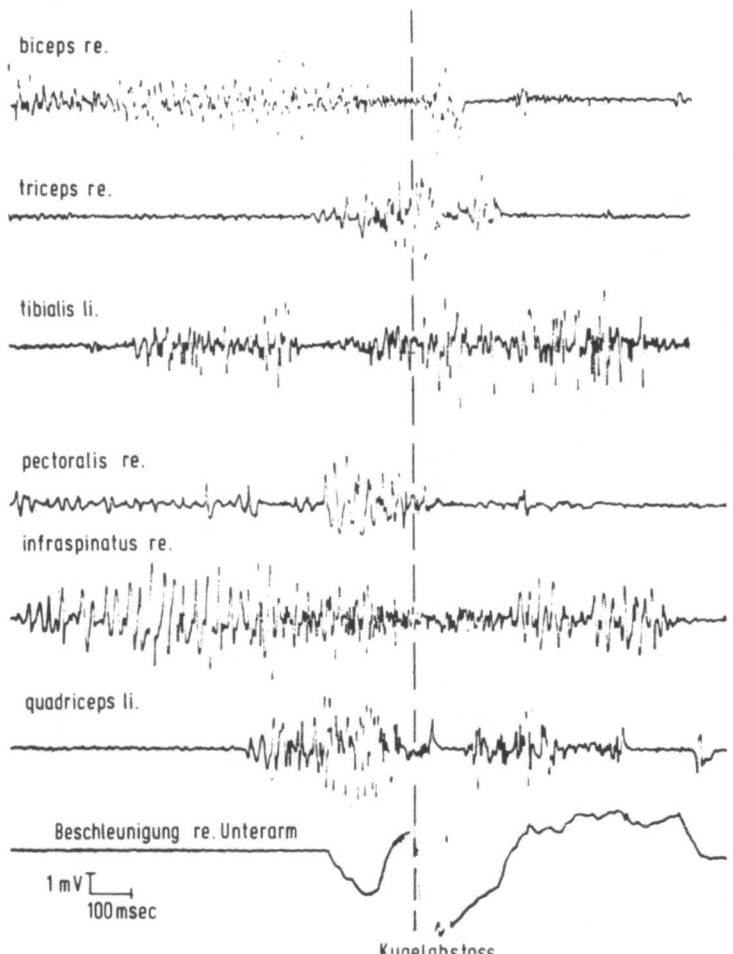

biceps re.

triceps re.

tibialis li.

pectoralis re.

infraspinatus re.

quadriceps li.

Beschleunigung re. Unterarm

1 mV
100 msec

Kugelabstoss

Abb. 1.15. Typische Muskelkoordination eines Hochtrainierten beim Kugelstoßen rechts. Nach Jung und Dietz (1976) [59]. Telemetrische EMG-Ableitungen von 6 vorwiegend beteiligten Muskeln des rechten Armes und linken Beines. Gleicher Spitzensportler (D.T. am 20.11.1975) wie in Abb. 1.14A. Der Bewegungsablfolge von Abb. 1.14A–C vor, während und nach Kugelstoß entspricht eine geordnete Innervationssequenz der Arm-, Rumpf- und Beinmuskulatur mit der finalen Trizepsaktivierung beim Abstoß. In der Vorbereitungsphase, etwa 1 s vor Kugelabstoß rechts, beginnt eine kräftige Oberarm- und Schulterinnervation (Bizeps und Infraspinatus rechts), während die Kugel im rückgebeugten Arm gehalten wird (Abb. 1.14A). Beim folgenden „Angleiten" zunächst Aktivierung des Tibialis anterior, dann Quadrizeps im linken vorgestellten Bein (Abb. 1.14B). In der Abstoßphase entsteht nach drehender Körperstreckung mit Beinextension (Abb. 1.14C) eine Aktivierung des Pektoralis mit Vorwerfen des Armes und erst zuletzt beim Kugelabstoß die Trizepsaktivierung mit Armextension

3. minimale Rechts-Links-Differenz bei Untrainierten und
4. die Unabhängigkeit von Seitenpräferenz und Seitendominanz.

Obwohl für erlernte Bewegungsprogramme meistens die dominante Seite bevorzugt wird, kann auch eine Seitenpräferenz der nicht-dominanten Seite erworben werden. Eine solche zur Seitendominanz kontralaterale *Handpräferenz* entsteht bei Linkshändern, die *rechts schreiben* und links zeichnen. Die Linkshänder zeigen die besten Leistungen jeweils für die spezifisch geübten Handlungen mit der bevorzugten Hand ihrer Seitenpräferenz unabhängig von der Seitendominanz [60].

Schreiben links und rechts. Das in jahrelanger Schulausbildung erlernte *Schreiben* ist bei rechtsschreibenden Linkshändern eine *erlernte Seitenpräferenz* der schreibenden Hand. Die kontralaterale Hand erwirbt dabei eine Tendenz zu spiegelbildlichen Mitbewegungen. Diese ist stärker bei rechtsschreibenden als bei linksschreibenden Linkshändern [60]. Das erklärt die spontane Neigung zur *Spiegelschrift* mit der linken Hand, die seit Leonardo da Vinci bekannt ist. Die Schreibbefunde bei Rechts- und Linkshändern werden in Teil VII über die zerebralen Korrelate besprochen (s. S. 53).

VI. Motorisches Lernen: Spiel, Training und Willkürbewegungen

Wer die Physiologie der Bewegungsleistungen verstehen will, der muß auch psychische Korrelate wie *Triebmotiv, Ziel, Spiel und Lernen* beachten. Zwar wissen wir über deren Hirnmechanismen noch wenig, doch sind solche biologisch-psychologischen Vorgänge eng mit dem motorischen Lernen verbunden. Offenbar sind *Bewegungsantrieb* und *Spieltrieb* auch Motivationen von Sport und Training. Die Bewegungsleistung wird nach der Einübung automatisiert, und der Wille beschränkt sich auf Ziel- und Zeitbestimmung [54].

Bewegungstrieb, Spiel und Sport. Nach Beobachtungen spielender Tiere und Kinder erscheint es klar, daß Bewegungstrieb und Spieltrieb zusammenwirken und angeboren sind. Bewegungstrieb und Spieltrieb sind zwar Grundlagen und Motive des Sports, doch werden sie bei Sportleistungen durch strengere *Regeln* geordnet als beim kindlichen Spiel. Schon bei spielenden Kindern findet sich *Wettstreit* und Leistungsstreben. Diese werden dann bei Sportleistungen quantifiziert und gemessen. Der Sport ist demnach *ein durch Regeln kanalisiertes Spiel mit Wettkampfcharakter,* das sich in unterschiedlichen Formen bei verschiedenen Völkern entwickelt hat. Andere Spielarten ohne körperliche Bewegung wie Karten- oder Brettspiele aktivieren ähnlich wie bei Zuschauern von Sportkämpfen nur Affekte und Triebe *ohne* adäquate Bewegung und sind hier nicht zu besprechen.

Motorik, Trieb und Lernen

Wenn man das Zusammenspiel der zahlreichen Bewegungsmechanismen verstehen will, so muß man zunächst einige Prinzipien von Trieb- und Zielhandlungen kennen, bevor man ihre Beziehungen zum motorischen Lernen darstellen kann.

Antriebe, Ziele und Bewegungsprogramm. Der *Bewegungsantrieb* und die *Zielsuche* kann aus Trieben, Affekten und „spontaner" Willenssetzung entstehen, aber die *Zielausrichtung* braucht genaue Sinnesmeldungen. Auch reine Willkürhandlungen können nur sensorisch zu dem angesteuerten Ziel geleitet werden. Die moderne Verhaltensforschung hat die Rolle der Triebspontaneität nachgewiesen [69]. Beutefang und Sexualverhalten werden zwar von äußeren Reizen gesteuert, doch ist ein endogener *Antrieb* für die Triebhandlung notwendig. Erst nach diesem Antrieb wird unter vielen Umweltsignalen das adäquate angestrebte Ziel gesucht und gewählt. Eine Zielwahl kann arteigen sein als Lorenz' „angeborenes Schema" [69] – jetzt *angeborener Auslösemechanismus, AAM,* genannt – oder auch als neues Bedürfnis durch Erfahrung *erworben* werden. Jedenfalls muß eine „innere Energiequelle" angenommen werden. Alle Triebe bedürfen ebenso wie die Willkürhandlung einer Vorbereitung: Diese aktiviert die motorische Bereitschaft, die den Bewegungsentwurf ausarbeitet, die Startposition bestimmt und schließlich das sensorisch erfaßte Triebziel ansteuert. Die Willkürhandlung hat größere Wahlmöglichkeiten als die Trieb-Instinkthandlungen. *Bewegungsprogramme* brauchen beide: Triebe vorwiegend *angeborene,* Willenshandlungen mehr *erlernte* Programme. Beziehungen zur Reflexbewegung bestehen dadurch, daß auf niederer Ebene quasi-reflektorische Mechanismen und Reflexe in die höhere Motorik eingebaut sind [54, 57]. Auch hier ist ein Auswahlprozeß wirksam, der bestimmte Reflexmechanismen bahnt und andere hemmt.

Ziel und Leistungsintention. Triebe und Willensintentionen sind wie erlerntes Handeln auf Ziel und Leistung gerichtet und nicht auf den Handlungsablauf, der nach Lernen automatisch wird. Mechanismus und Ablauf der Handlung sind nur physiologisch zu erfassende, vorwiegend unbewußt ablaufende Vorgänge. Bei biologischer Betrachtung wird jedoch beides, Zielerfolg und Handlungsablauf kombiniert. Die Regelungen beider führen dann zur Biokybernetik.

Der Biologe muß neben der Bewegungskontrolle *Leistung und Ziel* tierischer Handlungen beachten und trifft sich so mit dem Physiologen und Psychologen. In der Physiologie hat W.R. Hess [44, 45] eine Synthese funktioneller und psychologischer Forschung versucht, indem er biologische Aspekte affektiven und triebhaften Verhaltens mit der Willkürbewegung vereinigt; Hess sieht in dem psychischen subjektiven Erlebnisablauf wie in der physiologischen objektiv-neuronalen Organisation den Ausdruck der gleichen biologischen Ordnung, die jeweils zielgerichtet, erfolgsbezogen und geregelt ist [41, 44].

Ziel, Regelung und Erfolg verlangen geordnete *Bewegungsprogramme,* die durch die Intention gestartet und dann der Umwelt angepaßt werden.

Bewegungsentwurf und Umweltmodell. Seit Craik [11] und Adrian [1] wird eine innere Modellbildung der Umwelt als Vorbedingung für Wahrnehmung und Zielbewegung angesehen [57]. Dieses *Modell* dient der Umwelteinstellung des Bewegungsentwurfs und wird durch Sinnesmeldungen kontrolliert. Die tägliche Erfahrung zeigt bei einfachen Handlungen eine oft unbewußte *Vorwegnahme* des Bewegungsablaufes mit Einstellung auf die *erwartete Umweltsituation,* z.B. beim Treppenlaufen: Wenn wir eine Treppe hinuntergehen und das Ende der Stufen anders erwartet haben, so entsteht beim letzten Tritt eine erhebliche Störung der motorischen Leistung. Wir treten zu kurz bei einer zusätzlichen, nicht erwarteten Stufe oder stolpern über den ebenen

Boden, wenn eine Stufe weniger als erwartet vorhanden ist [54]. Es liegt nahe, in diesem antizipatorischen Entwurf einen vorstellungsähnlichen „psychischen" Faktor zu sehen. Doch ist eine Bewußtseinsrepräsentation des Umweltbildes nicht erforderlich und eine erlernte, teils unbewußte Programmierung nach dem Außenweltmodell eine bessere Erklärung für die geplante *Bewegungsintention*. Sinnesmeldung und Intention müssen in einem zielgerichteten Prozeß zusammenarbeiten. Unsere Bewegungen verwenden auch gewisse „motorische Schablonen" [65], die zum Teil von der zerebralen Ordnung *vorgegeben,* zum Teil erlernt und an bestimmte Umweltbedingungen *angepaßt* sind.

Bewegungsantriebe, Willen, Übung und Automatisierung

Entwurf und Kontrolle der Bewegung. Zielintention, Wahrnehmung, Trieb und Willen sind schon seit der Antike als Bewegungsursachen studiert worden [56, 57]. Die Motivationen und Bewegungsantriebe reichen von Affekten und Trieben bis zur geplanten Willenshandlung. Die zeitliche Planung und Zielsetzung des Willens verlangt *vor* der Bewegung ein geordnetes Programm. Dieser *Bewegungsentwurf* wird mit Willensentschluß, Zielintention und Sinnesmeldungen programmiert und durch motorisches Lernen erworben. Dazu kommt *während* der Bewegung noch eine *Kontrolle* von zum Teil rückläufigen Sinnessignalen über Eigenbewegung und Umweltveränderung. Nur mit solchen, oft unbewußten Kontrollen und erst nach längerer *Übung* können Willenshandlungen zweckmäßig durchgeführt werden.

Wille ist Wahl. Das deutsche Wort 'Willkürbewegung" bedeutet schon sprachlich (küren = wählen) eine gezielte *Auswahl* aus verschiedenen Programmen. Diese Handlungsprogramme werden von verschiedenen Trieben, Motiven und Zielen angeboten, und der *Wille wählt,* wie die Psychologen schon früh erkannt haben, das jeweils geeignete. So können situationsgerechte Zielbewegungen und Handlungen nach vorgebildeten und erlernten *motorischen Programmen* realisiert werden.

Jede Willenshandlung, jede Sportleistung muß erst *erlernt* werden: Der Mensch muß lernen und üben, auf zwei Beinen zu laufen, ein Band zum Knoten zu binden oder einen Ball zu werfen. Der Wille kann nur die im Nervensystem vorhandenen und erlernten Handlungsfolgen ausführen. „Willkürlich" darf also keineswegs in der anderen falschen Bedeutung als „regellos" verstanden werden. Erst in der Zusammenarbeit mit Affekten, Trieben und Lernvermögen ist Willkürhandlung möglich.

Wille und Bewußtsein. Aufmerksamkeit, Bewußtsein und Willensentschluß sind psychische Korrelate des Verhaltens. Die Willkürmotorik ist eine Wahlsteuerung vorgebildeter Verhaltensmechanismen der Bewegung und des Gefühlsausdrucks.

Das Zusammenwirken von Instinkten, Trieben und Willensvorgängen führt beim Menschen zur Selektionsfunktion des Bewußtseins und des gezielten Wollens. Die *Willenswahl* kann bestimmte Bewegungsmuster *bahnen und hemmen,* wie auch psychisch-vitale Kräfte und Triebe. Solche Hemmungs- und Bahnungsprozesse sind wahrscheinlich die neurophysiologische Grundlage von Fertigkeiten und Sportleistungen. Wenn deren Zielsteuerung von Sinnesmeldungen abhängig ist, so wählen wir die jeweils adäquaten und *situationsgemäßen* Verhaltensweisen aus. Dazu brauchen wir

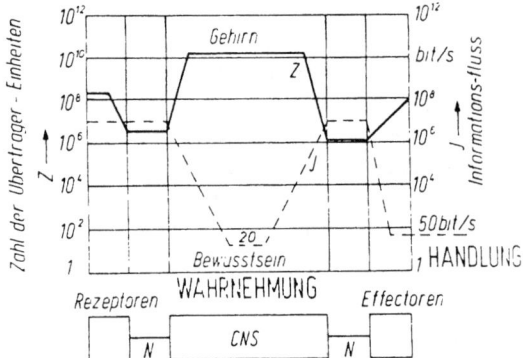

Abb. 1.16. Informationsfluß im menschlichen Zentralnervensystem bei Wahrnehmung und Bewegung und Bewußtseinsauswahl. Modifiziert nach Küpfmüller 1941 [67]. Aus dem großen Informationsangebot der Sinnesorgane von etwa 10^7 bit/s werden nur etwa 20 bit/s bewußt wahrgenommen (Bewußtseinsenge). Die Willenshandlung braucht viel mehr Information, die nach Übung im Gedächtnis gespeichert wird. Die bewußte Bewegungskontrolle leistet höchstens 50 bit/s, aber nach Training und erlernter Automatisierung können unbewußt wahrscheinlich bis 10^6 bit/s für komplexe Bewegungen verwendet werden. Die *rechte Ordinate* und die *gestrichelte Linie* bezeichnen die Infomationsmenge in bit/s. Die *linke Ordinate* und die *durchgezeichnete Linie* bedeuten Zahlen der Sinnesrezeptoren und Nervenzellen als informationsverarbeitende Einheiten. Die erste Zahlenverminderung entsteht durch periphere und spinale Sinnesverarbeitung, die dann folgende Zunahme im Neuronenapparat des Gehirns aktiviert den Gedächtnisspeicher und ist auch am motorischen Lernen beteiligt

Aufmerksamkeit und Bewußtsein, aber das Bewußtsein ist nur ein sehr kleiner Teil der gesamten Information aus Sinnesafferenz und Gedächtnis: Abb. 1.16 zeigt, daß die bewußte Wahrnehmung und Handlung jeweils nur winzige Ausschnitte des enormen Informationsflusses verwenden. Dies gilt auch für den Willen, der nur bestimmte vorgebildete oder erlernte Bewegungsmuster auslösen kann.

Bewußtseinsenge und Automatisierung. Der bewußte Anteil von Lernvorgängen wird durch die Enge des Bewußtseins sehr begrenzt. Informationsschemata der Wahrnehmung und Handlung zeigen die quantitative Reduktion der bewußten Steuerung: In Küpfmüllers Schema der Abb. 1.16 wird die große Zahl peripherer Sinnesmeldungen von etwa 10^7 bit/s im Gehirn für die bewußte Wahrnehmung auf 20 bit/s reduziert, und bei Bewegungen erreicht die Informationsmenge auch nach Einbau erlernter Mechanismen nur etwa 50 bit/s. Daraus folgt, daß Übung und Training eine *unbewußte Automatisierung von Bewegungsordnungen* verlangen. Bewußte Willensvorgänge können nur *Ziel und Zeitablauf* von Bewegungen steuern, müssen aber auch bei schwierigen Geschicklichkeitsleistungen *automatisierte Programme* der trainierten Hirn-Muskel-Maschine benutzen. Damit können wir nach Training auf bewußte Einzelsteuerung verzichten und unsere Aufmerksamkeit auf andere Vorgänge richten.

Erlernte Bewegungsprogramme, Automatisierung und Training. Die doppelseitige Muskelinnervation zur Körperstabilisierung vor und bei Bewegungen eines Armes wird schon früh mit dem aufrechten Gang beim Greifen erworben. Einseitige Armbewegungen beim Zeigen und Stoßen gefährden zwar das Körpergleichgewicht nicht so stark wie beim Kugelstoßen und Werfen, aber auch diese einfachen Bewegungsprogramme werden erst durch häufige Übung erlernt und automatisiert. Wie vorangehend mit Abb. 1.9–1.11 dargestellt, braucht jede Zielbewegung einen *programmierten Bewegungsentwurf* mit Stützhaltung und visueller Kontrolle. Daher wird *vor* der Armzielbewegung der Blick auf das Ziel gerichtet, dann erfolgt eine stützende Haltung mit geordneter Muskelaktivierung auf beiden Körperseiten und erst zuletzt die Armbewegung zum Ziel. Diese doppelseitige Haltungsvorbereitung erscheint mit dem Bewegungsentwurf als Bereitschaftsinnervation am Ende des zerebralen Bereitschaftspotentials und wird weitgehend unbewußt *"automatisch" durchgeführt*.

Solche erlernten Bewegungsautomatisierungen werden im Sport durch *Training* erworben. *Vor* dem Trainingserfolg müssen neue Bewegungsfolgen zunächst noch mit ihren Einzelkomponenten *bewußt kontrolliert* werden, z.B. beim Geräteturnen. Erst nach längerem Üben werden sie mit der vorbereitenden Stützinnervation und den sensomotorischen Kontrollen von der bewußten Steuerung unabhängig, wenn das trainierte Programm *automatisiert* ist. Das heißt, die Bewegungsabfolge wird bei solchen erlernten Handlungen nur noch für *Start, Ziel und Tempo* durch den Willensentschluß gesteuert, aber läuft dann in einem *maschinenartig geregelten Programm* ab. Diese automatische und weitgehend unbewußte Programmierung aller komplexen Handlungsfolgen ist das *Endergebnis der motorischen Lernprozesse* und damit auch das Ziel jedes sportlichen Trainings.

Programmierung und Zeitkonstanz. Eine für Bewegungsprogramme und Lernen wichtige physiologische Gesetzmäßigkeit *rascher* Willkürbewegungen ist die konstante Kontraktionszeit verschiedener Muskeln. Nach Freund und Büdingen [27] zeigen alle synergistischen Muskeln von ballistischen Bewegungen etwa gleiche Kontraktionszeiten, die relativ unabhängig von der Größe der Bewegung und der Kontraktionsstärke der beteiligten Muskeln sind. Diese offenbar automatisierte Anpassung der Kontraktionsgeschwindigkeit an die jeweilige Bewegungsamplitude erleichtert die Bewegungskontrolle beim Lernen. Der physiologische Mechanismus wird auch als *Geschwindigkeitskontrolle* (speed control) bezeichnet. Ähnlich findet man beim Schreiben eine etwa gleiche Schreibdauer desselben Wortes für verschieden große Schrift. Doch ist die Zeitkonstanz bei solchen komplizierter gestalteten Handlungen weniger genau als bei raschen „ballistischen" Schlag- und Stoßbewegungen.

Werkzeuggebrauch, Spiel und Training. Im menschlichen Kulturmilieu gibt es zahlreiche spezifische motorische Leistungen in Handwerk, Musik und Sport, die *Werkzeuge*, Instrumente oder Fahrzeuge verwenden. Solche Leistungen sind charakteristisch für den Menschen, den *homo faber*, und fehlen bei Tieren. Insekten, Vögel und manche Säuger bauen zwar Nester, und Spinnen weben Netze, aber dies wird durch angeborene Instinkte ermöglicht. Obwohl Affen manchmal Zweige und Holzstücke zu Hilfe nehmen, brauchen sie diese spielerisch oder nur gelegentlich; Erlernen des Beutefangs und der Abwehr bei Tieren ist jedoch eine Vorstufe für den Erwerb von Fertigkeiten durch Spiel und Sport beim Menschen. Ballspiele, Handwerksleistungen und Schreiben sind solche Formen des menschlichen Werkzeuggebrauchs, die nur nach langer *Übung* gelingen. Die erlernte Perfektion aller Fertigkeiten wird zunächst im *Spiel*, dann systematisch durch *Training* erworben. Das sportliche Training ist nur eine

Unterform des gezielten Erlernens präziser motorischer Leistungen. Erstaunliche Fertigkeiten höchster Präzision, die dauernder Übung bedürfen, zeigen sich beim Spielen von Musikinstrumenten, über die es bisher nur wenige physiologische Studien gibt [7, 86].

Handwerkstätigkeiten und Sportleistungen wie das Ballspiel sind durch Übung und Ausbildung *erworbene* Fertigkeiten. Scheinbar einfache Leistungen, z.B. ein gezielter Ballwurf, benötigen exakt gesteuerte und zeitlich koordinierte Bewegungsfolgen (s. Abb. 1.12–1.14). Diese durch Training erworbenen Leistungen sind mit ihren zerebralen Mechanismen noch wenig untersucht. Abb. 1.17 zeigt bei einer Tennisspielerin das äußerst präzise Zusammenspiel von Zielbewegung, Stützmotorik und Werkzeuggebrauch beim Menschen: Der gezielte Schlag auf den fliegenden Ball und die Treffsicherheit des Zurückschlagens ins Gegenfeld bedarf komplizierter Umweltmodelle mit Einstellung auf den Spielpartner und langdauernde Einübung. Wie der Mensch diese Übung durch bewußt intendiertes sportliches Training für den Wettkampf erwirbt, so das Tier instinktiv durch Spielen für Beutefang und Kampf. Offenbar liegt der *biologische Zweck des Spiels* bei Tier und Mensch in einer Übung komplizierter Handlungsfolgen im Wechselspiel mit Partnern und Gegnern. Bei allen diesen Leistungen in Spiel und Kampf werden angeborene elementare Bewegungsmuster mit erlernten Handlungsfolgen koordiniert.

Abb. 1.17. Schlag bei bewegtem Ziel (Tennisball). Nach Hess 1965 [45]. Bei zielgerichteter visueller Aufmerksamkeit steuert die gesehene Fluglinie des Balles die motorische Innervation. Das Ziel des Ballschlages wird mit dem weiteren Ziel des Gegenfeldes und dem Netzhindernis in einem Vorstellungsmodell der Umwelt extrapoliert. – Der dynamische Unterbau (Wirbelsäule und rechtes Bein als Stützen) dient als Stützmotorik der Zielmotorik des Schlagens. Linker Arm und linkes Bein wirken als Hilfen zur Stabilisierung des ganzen Körpers relativ zur Vertikalen; während der rechte Arm sich im Verlauf des gezielten Schlages von der Seite nach vorn bewegt, verschiebt sich die Schwerewirkung auf andere Muskeln der Achse. Die Treffsicherheit des Schlages beweist die Anpassung des innervatorischen Modellbildes an veränderte Körperstellung *und* Umwelt

Willenshandlung als Ziel- und Zeitsetzung. Da der Wille aus jeweils aktuellen Bewegungsprogrammen auswählt, ist seine Motivation auch von Umweltreizen und Aufmerksamkeit beeinflußt. Die Willensmotorik ist zwar auf die strukturell und funktionell gegebenen sensomotorischen Mechanismen beschränkt, aber der Wille kann doch mehr als das: Er hat eine selektive *Zielbestimmung* und eine relativ freie Entscheidung über den *Zeitpunkt* der Aktion. Wie der Fahrer, der ein Automobil steuert, mit kleinen Schaltgriffen große Kräfte der Maschine in Gang setzt, so auch der Wille.

Der Mensch kann zweifellos eine Zielbewegung „willkürlich" beginnen und ausführen, ohne auf Triebe oder Emotionen angewiesen zu sein. Er kann das *Willensziel setzen und Zeit und Tempo der Aktion selbst bestimmen.* Wenn wir einen Gegenstand ergreifen oder anblicken, so ist zwar eine Sinneswahrnehmung für die Raumlokalisation beteiligt, aber die aktive Aufmerksamkeit kann sowohl die Wahrnehmung wie die Aktion steuern: *Die Aufmerksamkeitshinwendung wählt und sucht bestimmte Ziele* in der Außenwelt, und das Verhaltenskorrelat dieser sensorisch-motorischen Verhaltensprozesse sind Orientierung und *Zuwendung von Kopf und Augen.* Diese aktive Selektionsfunktion von Aufmerksamkeit und Bewußtsein kann mit dem Bild des Scheinwerfers verstanden werden, der bestimmte Teile der Innen- und Außenwelt auswählt und beleuchtet [56]. Ein anderer Maschinenvergleich kann die *Willenssteuerung* und die *mechanistische Regelung* unserer Bewegungen noch klarer veranschaulichen: Die Zusammenarbeit von Steuermann und Fahrzeug.

Mensch, Hirnmechanismen und Maschine

Fahrersteuerung und Maschinenregelung. Wenn man die Koordination der Motorik mit einem Automobil und seiner Steuerung und Schaltung durch den Fahrer vergleicht [54], wird auch das Schichtverhältnis der höheren (übergeordnet willensgesteuerten) Intentionen und der niederen (untergeordnet automatischen) Mechanismen der Bewegung klarer. Beim Auto ist ein *Fahrer* für die Zielbewegung notwendig. Aktionen und Sinnesmeldungen des Autofahrers können die Willkürhandlung und ihre Abhängigkeit von der Wahrnehmung anschaulicher darstellen als eine Computerautomatik, obwohl beide nach ähnlichen Prinzipien arbeiten.

Die Erfahrung zeigt, daß auch bei solchen vollautomatisch gesteuerten Fahrzeugen nur einprogrammierte Kontrollen gut funktionieren, daß aber bei neuen, unvorhergesehenen Ereignissen die menschliche Pilotenentscheidung notwendig ist. Das gilt auch fürs Autofahren, wenn die Fahrersteuerung mit den maschinell geregelten Mechanismen zusammenarbeitet.

Wie beim Auto der Motor eine gewisse Umdrehungsgeschwindigkeit im ausgekuppelten Zustand benötigt, bevor der Wagen abfahren kann, so muß auch beim Bewegungsstart eine *Bereitschaftsinnervation* der Muskeln vorangehen. Die vorbereitende Anspannung der Haltungsmuskeln wäre daher mit Anlassen und Vorbeschleunigung des Motors zu vergleichen. Die Gangschaltung und Richtungsorientierung mit dem ersten Ausrichten der Steuerung macht der Fahrer, nachdem er die Handgriffe *erlernt* hat. Diese Schaltarbeit mit der Wahl des Ganges, dem Druck des Gaspedals und der Steuerradstellung entspricht der Intention, Vorprogrammierung und Steuerung einer Zielbewegung. Nur mit einem erlernten Bewegungsprogramm kann die

Einzelausführung der Willkürbewegung den niederen sensomotorischen Mechanismen überlassen werden. Erst *nach* dieser Ziel- und Bereitschaftsvorbereitung erfolgt der eigentliche Bewegungsstart durch die Kupplung von Motor und Getriebe. Dieses Einkuppeln ist daher dem Willkürstart über die Pyramidenbahn vergleichbar, der die niederen spinalen Mechanismen und eingeübten Programme in Gang setzt.

Innere und äußere Kontrollen. Die Fahrleistungen des Autos sind von zwei Kontrollfunktionen abhängig, die beide geregelt sind, während nur die zweite zielgesteuert ist. Die erste ist die *mechanische Konstruktion* und ihre Automatik, die bei der menschlichen Bewegung den vorgebildeten Strukturmechanismen des sensomotorischen Bewegungsapparats und angeborenen und erlernten Koordinationen mit innerer Kontrolle entsprechen. Die zweite ist die äußere *Richtungssteuerung* nach einem Zielprogramm, das den jeweiligen Außenbedingungen angepaßt wird. Nur die Zielsteuerung und Geschwindigkeit wird vom Fahrer bestimmt, der sich für innere Regelungen auf eingebaute mechanisch-energetische Prozesse verläßt. Die Kontrollen der Fahrleistung enthalten also *übergeordnete Steuerungen des Fahrers und untergeordnete Regelungen des Apparats.* Für Zielsteuerung und Fahrgeschwindigkeit werden die Sinnesorgane des Fahrers, besonders die Augen, benötigt. Die Ausführung wird dadurch kontrolliert, während die innere Kontrolle der Benzinzufuhr, der Kühlung, des Differentials usw. *automatisch* abläuft. Im lebenden Organismus ist die äußere Steuerung vorwiegend von exterozeptiven Sinnen kontrolliert, während die innere Kontrolle mehr den propriozeptiven Regelungen der Motorik vergleichbar ist. In der menschlichen Motorik kann durch *Übung* der Anteil der automatisch geregelten Prozesse vergrößert werden.

Willens- und Triebbewegung. Die Willkürhandlung ist nur in ihrer Vorbereitung, Ziel- und Zeitsteuerung einer Fahrerleistung vergleichbar, wird aber in der Ausführung großenteils automatisch von der niederen Sensomotorik kontrolliert wie die Maschine. Auch Triebhandlungen, soweit sie zielgesteuert sind, bedürfen eines Fahrerprogramms, selbst wenn sie angeborene Instinktbewegungen sind, die von einem Schlüsselreiz ausgelöst, scheinbar automatisch ablaufen [69]. Die Grenze zwischen Fahrerleistung und Apparatkontrolle wird durch *motorisches Lernen* nach oben verschoben, wie auch das Auto eine differenziertere *Automatik* haben kann. Die *Triebbewegung* verwendet weitgehend automatisierte Mechanismen. Die mit präziser Augenkontrolle durchgeführte *Willkürbewegung* entspricht zunächst mehr einem Fahren mit Kupplung ohne Gangschaltungsautomatik, kann aber durch Lernen in einen mehr automatisierten Programmablauf übergeführt werden.

Regelung und Bremsung. Der Fahrer des Autors entscheidet in bestimmten Situationen über das Einschalten der *Bremse.* Deren Bedienung wird bei überraschenden Ereignissen allein von Sinnesmeldungen ausgelöst, aber ist sonst beim Halten am Ziel auch programmiert. In der Motorik entspricht die Bremsung 1. einer graduierten Regelung, 2. dem Anhalten einer Bewegung, und 3. der Antagonistenhemmung in reziprok arbeitenden Muskelgruppen. Von Sinnesreizen ausgelöste zentrale Bremsaktionen bei intendierten Handlungen können auch den motorischen Kortex durch Hemmung der Pyramidenneurone beeinflussen [9, 19]. *Neuronale Hemmungen* durch verminderte Entladungsraten sind bei reziprok geschalteten Systemen nicht durch die Nullfrequenz beschränkt und werden durch Antagonistenaktivierung doppelt effektiver. Wahrscheinlich wirkt die pyramidale Bremsung auch über eine Antagonistenaktivierung im Rahmen der reziproken Innervation, wie umgekehrt der Bewegungsstart auch eine Antagonistenhemmung erzeugt (s. Abb. 1.5).

In der Muskulatur fördert eine *mittlere Grundinnervation* fließende, glatte Bewegungen und verbessert die Zielgenauigkeit, wie beim Auto eine leichte Gaszufuhr gleichmäßiges Fahren fördert. Leichte Grundinnervationen können auch *bremsend* wirken, wie wenn ein Autofahrer z.B.

beim Bergabfahren einen niederen Gang einschaltet und Gas wegnimmt. So wirkt die dauernde Ruhetätigkeit des Gehirns im EEG bremsend durch ein mittleres Erregungsniveau und kann abnorm starke Entladungen verhindern [56].

Lernen und Hirnstrukturen. Das motorische Lernen verlangt offenbar eine enge Zusammenarbeit von Großhirnrinde, Kleinhirn und Hirnstamm und ihrer neuronalen Regelkreise. Außer dem motorischen Kortex und dem Kleinhirn sind auch extrapyramidale Zentren und einfachere spinale Dehnungsreflexe in diese Kontrollen eingeschaltet. Die vor dem Motorkortex liegenden *Stirnhirnregionen* sind offenbar wichtig für das Bewegungsprogramm.

Ohne die frontale Hirnrinde können Affen und Menschen keine erlernten aufgeschobenen Handlungen durchführen [56]. Nicht nur diese *Bewegungsplanung,* auch die *Stützmotorik* wird wahrscheinlich vom *prämotorischen Kortex* gesteuert. Die dafür notwendige Rumpfmuskulatur und die rumpfnahen Extremitätenmuskeln (im motorischen Kortex nur schwach vertreten) werden stärker vom sogenannten *Supplementärkortex* und der Stirnhirnrinde (Adversivfelder der Area 6 und 8) beeinflußt. Die alte neurologische Hypothese eines motorischen *Stirnhirn-Kleinhirn-Systems,* das durch frontopontine Bahnen über die Brückenkerne verbunden wird, kann damit wieder in die moderne Physiologie integriert werden. Stirnhirn, prämotorische Rinde, Brücke, Kleinhirn und ihre Verbindungen mit den Stammganglien sind offenbar alle an der Entwicklung motorischer Lernprogramme beteiligt. Die motorische Rinde, die auch durch Lernen beeinflußt wird [19, 82], und spinale Neuronenschaltungen sind die letzten ausführenden Organe der von höheren Strukturen erarbeiteten zerebralen Programme. Diese werden von der dominanten *Parietalrinde* über den Balken auch zum gegenseitigen Motorkortex geleitet, wie neurologische Beobachtungen der Apraxie zeigten [68].

VII. Zerebrale Korrelate der Willkürbewegungen: Bereitschaftspotentiale, Zielbewegungspotentiale und Schreibpotentiale

Die Analyse der Zielhandlungen und Sportleistungen in den Abschnitten IV und V (S. 29 und 34) zeigte die Notwendigkeit von Bewegungsentwurf und Programmierung. Da diese Programme offenbar zerebral gesteuert werden, wird man nach physiologischen *Korrelationen* mit *Gehirnvorgängen* suchen.

Was im Gehirn während der Vorprogrammierung des Bewegungsentwurfs geschieht, können wir zwar beim Menschen nicht direkt registrieren, aber die von der Kopfhaut abgeleiteten langsamen Potentiale geben doch einige Hinweise auf solche vom Willen intendierten Prozesse im Kortex. Sie sind ebenso wie die Bereitschaftsinnervation der Körpermuskeln *bilaterale* Vorgänge in beiden Großhirnsphären.

Beim Menschen können wir Massenpotentiale der Hirnrinde vom Schädel ableiten, die als *Elektroenzephalogramm* (EEG) bezeichnet werden. In den letzten Jahren brachten die langsamen Potentialverschiebungen des EEG vor und während Willkübewegungen neue Einsichten in die Hirntätigkeit bei motorischen Leistungen. Damit konnte man zum ersten Mal *zerebrale Korrelate der Bewegungsvorbereitung und Bewegungskontrolle* von der menschlichen Hirnrinde registrieren. Diese werden daher im folgenden besprochen.

Vorbereitungs- und Kontrollpotentiale

Hirnpotentiale vor und während Bewegungen. Oberflächennegative langsame Hirnpotentiale gehen willkürlichen oder bedingten Handlungen voraus und begleiten zielgesteuerte Bewegungen. Im bedingten Reflexexperiment mit Warnreizen und bei
Schallauslösung einer Bewegung entsprechen diese hirnelektrischen Veränderungen
dem Walterschen *Erwartungspotential* [89], jetzt meist "contingent negative variation" (CNV) genannt, bei Willkürentschluß und Rückwärtsanalyse dem Kornhuber-
schen *Bereitschaftspotential* [64]. Nach diesen Vorbereitungspotentialen erscheinen
die größeren oberflächennegativen *Zielbewegungspotentiale* [34−36] und nach Erreichen des Zieles die oberflächenpositiven *Vollzugspotentiale* [56, 57]. Abbildung 1.18
gibt eine Übersicht der vor und während der Bewegung auftretenden Hirnpotentiale.
Abbildung 1.19 zeigt die hirnelektrischen Veränderungen, die bei zwei akustisch ausgelösten Zielbewegungen verschiedener Geschwindigkeit auftreten: rascher Fauststoß

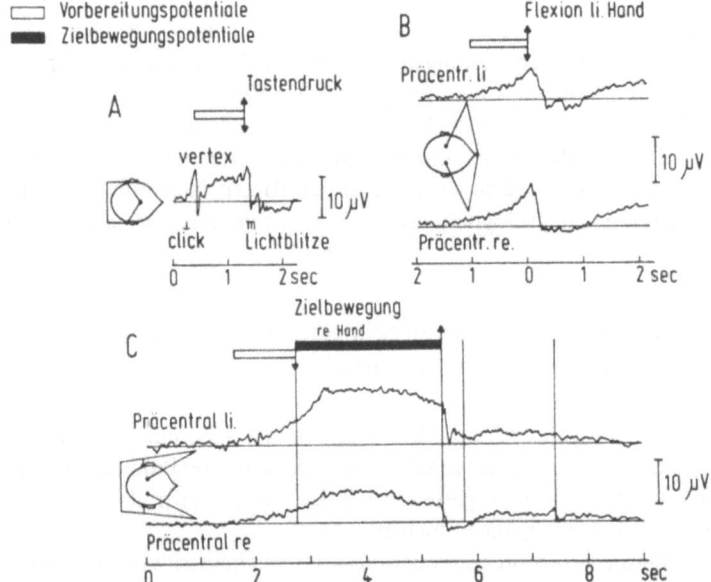

Abb. 1.18A−C. Vorbereitungspotentiale und Zielbewegungspotentiale über der motorischen Hirnrinde beim Menschen vor, während und nach Willkürbewegungen. **A** Erwartungspotentiale (CNV)
nach Walter 1964/65 [89], **B** Bereitschaftspotentiale nach Kornhuber und Deecke 1965 [64].
C Zielbewegunspotentiale nach Grünewald-Zuberbier et al. 1978 [36], alles auf gleiche 10 μV-
Eichung umgezeichnet. Die vor der Bewegung erscheinenden Erwartungs- und Bereitschaftspotentiale (**A, B**) und die während der richtungskontrollierten Handlung ablaufenden Zielbewegungspotentiale (**C**) sind mit einer Bewegungsintention korreliert. Die Gleichspannungsverschiebungen
sind über dem Kortex jeweils oberflächennegativ gegen Ohrableitungen. Oberflächenpositive Vollzugspotentiale erscheinen erst mit Intentionsende. Bei kurzen Bewegungen (**A** Tastendruck,
B Handbeugung) enden sowohl CNV wie Bereitschaftspotentiale schon mit Bewegungsbeginn.
Dagegen werden die Zielbewegungspotentiale (**C**) noch während der Zielhandlung größer und
enden nach Erreichen des Zieles mit positiver Potentialverschiebung

und langsameres Zeigen. Alle diese bei Vorbereitung und Zielkontrolle der Bewegung abgeleiteten Hirnpotentiale sind *beidseitig,* obwohl die Zielbewegung selbst *einseitig* ist. Doch ist die Stützhaltung des Körpers, die diese unilaterale Zielaktion vorbereitet und begleitet, wie oben mit Abb. 1.10 und 1.11 dargestellt, auch eine bilaterale Muskelaktivierung. Die Doppelseitigkeit der Bereitschaftspotentiale und der folgenden Bereitschaftsinnervation steht daher wahrscheinlich in kausalem Zusammenhang.

Hirnkorrelate der Handlungsintention. Die auf den Bewegungsvorgang gerichtete Willensintention entspricht bei einfachen und Zielbewegungen zeitlich exakt dem negativen Hirnpotential. Nur bei komplizierteren erlernten Handlungen ist die Polung unterschiedlich.

Die bilateralen negativen Hirnpotentiale der Abb. 1.18, Erwartungswelle, Bereitschaftspotential und Zielbewegungspotential, haben ihr Maximum jeweils über der mittleren Scheitelregion und werden kurz vor einseitigen Bewegungen präzentral kontralateral größer als ipsilateral. Wegen der zeitlichen Übereinstimmung mit der Bewegungsintention und Zielkontrolle sind diese *Negativierungen Korrelate der Handlungsintention.* Dagegen entspricht die *positive* Potentialverschiebung am Ende jeweils der *Erledigung der Handlung.* Es ist anzunehmen, daß dieses Vollzugspotential eine Löschung des Intentionsprozesses im Kortex anzeigt, die vielleicht auch durch reafferente Rückmeldung aus der Peripherie unterstützt wird [56, 57].

Es gibt also *drei Arten* von langdauernden kortikalen Spannungsverschiebungen, die in Abb. 1.18 dargestellt sind und alle eine *elektronegative* Potentialverschiebung über der Kortexoberfläche zeigen.

A) Die sensorisch ausgelöste „*Erwartungswelle"* Walters (expectancy wave) [89], die in Konditionierungsversuchen nach dem Warnreiz in Erwartung des zweiten Reizes bilateral auftritt und durch Tastendruck beendet wird (Abb. 1.18A). Sie wird jetzt meist "contingent negative variation (CNV)" genannt.

B) *Bereitschaftspotentiale* von Kornhuber und Deecke [64], die *vor* kurzdauernden Willkürbewegungen beiderseits etwa 1 s vor der Bewegung beginnen, bei Bewegungsausführung dagegen mit Positivierung enden. Negative und positive Potentialverschiebungen sind jeweils über der kontralateralen rechten Präzentralregion größer als in der linken homolateralen, während parietal und frontal keine oder nur sehr geringe Seitendifferenzen auftreten. Abb. 1.18B zeigt das negative Potential vor und das positive nach willkürlichen kurzen Handflexionen mit Rückwärts- und Vorwärtsanalyse vom Zeitpunkt Null (Beginn des Fingerbeugeelektromyogramms).

C) *Zielbewegungspotentiale* von Grünewald-Zuberbier et al. [34—36], die *während* kontrollierter Zielbewegungen der rechten Hand auftreten und größer als das Bereitschaftspotential sind sowie oft doppelte Amplituden erreichen (Abb. 1.18C). Sie dauern im Gegensatz zu A) und B) mehre Sekunden an bis das *Ziel* unter visueller Kontrolle erreicht wird (Pfeil nach oben). Auch hier sind die Potentiale präzentral kontralateral zur Bewegungsseite größer als homolateral, doch können parietal auch größere homolaterale Spannungsverschiebungen auftreten.

Diese oberflächennegativen Potentialverschiebungen korrelieren zeitlich mit der *Vorbereitung und Kontrolle von Willkürhandlungen.* Gemeinsam ist ihnen eine Intention zur Bewegung mit gerichteter Aufmerksamkeitsspannung. Diese Intention wird bei den Konditionierungsversuchen (A) durch ankündigende *Sinnesreize* ausgelöst

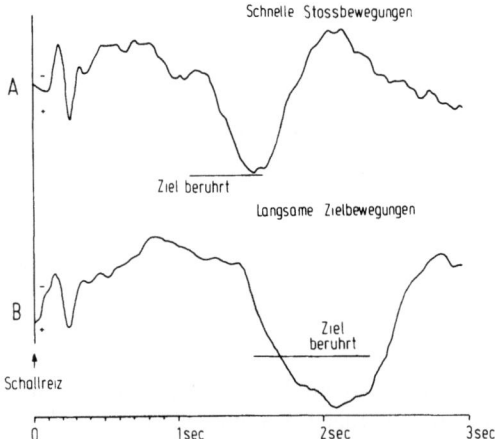

Abb. 1.19A, B. Langsame EEG-Potentiale bei akustisch ausgelösten Stoß- und Zeigebewegungen. Die Vorwärtssummation von 150 Bewegungen zeigt nach dem akustischen evoked potential ein oberflächennegatives Erwartungs- und Zielbewegungspotential und bei Zielberührung ein positives Vollzugspotential. **A** Die Stoßbewegung von 1 s Dauer erzeugt eine frühe Negativierung, die mit dem Zieltreffen positiv wird. Die Zielberührung variiert über etwa 500 ms (vgl. Abb. 1.10). **B** Die langsame Zielbewegung mit flacherem Potentialanstieg und Übergang in ein höheres Zielbewegungspotential dauert 1,5 s. Die größere Variation des Zieltreffens über mehr als etwa 800 ms bedingt ein früheres und längeres positives Vollzugspotential. Die nach dem positiven Potential erkennbare erneute Negativierung entspricht wahrscheinlich einem Bereitschaftspotential für die nächste Bewegung und einem Erwartungspotential für den nächsten Schallreiz

und bei Erscheinen des erwarteten zweiten Reizes beendet, bei den willkürlichen kurzen Bewegungen (B) durch *Willensentschluß* und längeren kontrollierten Zielbewegungen (C) durch *Zielintention.* Bei B und C bleibt die negative Potentialverschiebung über der Hirnrinde so lange wie die Bewegungsintention oder die Zielbewekontrolle dauert. Die positiven Vollzugspotentiale beenden diese Negativität mit dem Erreichen des Zieles und erscheinen daher beim Stoß früher als beim Zeigen (Abb. 1.19).

Die bei den differenzierten erlernten Handlungen wie dem Schreiben registrierten Schreibpotentiale sind mit ihren negativ-positiven Komponenten viel komplizierter [60]. Solche hirnelektrischen Äquivalente von zielgerichteten und erlernten Handlungen sind vorläufig nur grobe globale Zeichen simultaner zerebraler Vorgänge, sagen aber noch nichts über spezifische neuronale Schaltungen der Willensprozesse, des Lernens und des programmierten Handlungsentwurfs.

Da die langsamen Hirnpotentiale durch elektrische Felder der Augendipole bei Blickbewegungen überlagert werden, müssen sie zur exakten Messung der Zielbewegungskorrelate *ohne Blickfolge* untersucht werden. Bei Blickfixation findet man nach Bewegungsbeginn nicht die von Kornhuber [64] und Walter [89] bei kurzen Handbewegungen beschriebene positive Umkehr des Bereitschaftspotentials, sondern *während der Zielbewegung* eine vergrößerte Negativität. Diese oberflächennegative Potentialverschiebung der Scheitelregionen fronto-parietal dauert so lange, *bis das Ziel erreicht ist* und wird erst dann positiv [34—36]. Die letzte mit vollzogener Zielhandlung auftretende *positive* Schwankung entspricht einem *Vollzugspotential* [57]. Die Größe dieser, das Ende der Bewegungsintention anzeigenden oberflächenpositiven Potentialverschiebung wächst mit der Anzeige der Zielgenauigkeit und dem *Erfolgserlebnis,* wie Grünewald und Mitarbeiter [35] festgestellt haben. Bei guter Erfolgsrückmeldung kann das positive Vollzugspotential noch größere Amplituden erreichen als das negative Bereitschafts- und Zielbewegungspotential. Die höchsten positiven Amplituden erscheinen meistens 200—500 ms nach Zielberührung und entsprechen daher dem P 300 oder P 400 nach evozierten Potentialen. Ähnliche oberflächenpositive Potentialverschiebungen findet man auch beim Schreiben eines Wortes, wie Abb. 1.20B zeigt (s. S. 54).

Die positiven Schreibpotentiale [62] und die Positivierung bei längerem Fingerdruck sind *Ausnahmen* von der regelmäßigen Korrelation von *Negativität mit Bewegungsintention* und *Positivität mit Beendigung der Bewegung.* Bei Kopfhautableitungen von den komplizierten Windungsstrukturen der menschlichen Hirnrinde sind solche Ausnahmen von dieser Regel zu erwarten, wenn der oberflächennegative Dipol im Windungstal oder im tiefen parasagittalen Kortex liegt. Der Kortexdipol könnte sich dann im Gewebsvolumen umgekehrt auf die Ableitungselektroden projizieren. Dagegen wird eine direkt unter der Elektrode liegende Windungskuppe bei oberflächennegativem Potentialfeld auch eine Negativität an dieser Ableitungselektrode anzeigen.

Hirnpotentiale beim Schreiben und bei der Sprachverarbeitung

Sprechen und Schreiben sind äußerst differenzierte Bewegungsleistungen, die über mehrere Jahre *erlernt* werden. Sie werden von *einer* dominanten Großhirnhemisphäre, beim Rechtshänder der *linken,* gesteuert. Wegen der für den Menschen charakteristischen einseitigen Großhirndominanz sind die langsamen Hirnpotentiale als zerebrale Korrelate erlernter Sprach- und Schreibhandlungen von großem Interesse.

Beim Sprechen wird die Registrierung solcher Hirnpotentialverschiebungen durch Atmungsartefakte erschwert [33]. Wir haben daher zunächst die langsamen Hirnpotentiale beim *Schreiben* untersucht.

Schreibpotentiale. Die Hirnpotentialverschiebungen beim Schreiben sind im Gegensatz zu den immer negativ gerichteten Bereitschafts- und Zielbewegungspotentialen bei verschiedenen Personen sehr unterschiedlich gepolt, aber für das gleiche Individuum *formkonstant,* ähnlich wie die Handschrift [62]. Die nur interindividuell variablen, aber für dieselbe Person charakteristischen Schreibpotentiale erreichen die größte Negativität in Scheitelmitte und präzentral kontralateral zur Schreibhand, also bei Rechtshändern links.

Eine zerebrale *Wechselwirkung von Sprachdominanz und Schreibhand* vermindert beim Linksschreiben das Überwiegen der Schreibpotentiale über dem linken Großhirn; Abb. 1.20C, D zeigt Beispiele von solchen Registrierungen. Linkshänder sind, wie schon klinisch-neurologische Erfahrungen mit den Sprachstörungen der Linkshänder gezeigt haben, für die Sprach- und Schreibdominanz uneinheitlich. Zwei Gruppen, die *linksschreibenden* und die *rechtsschreibenden Linkshänder,* müssen vor allem unterschieden

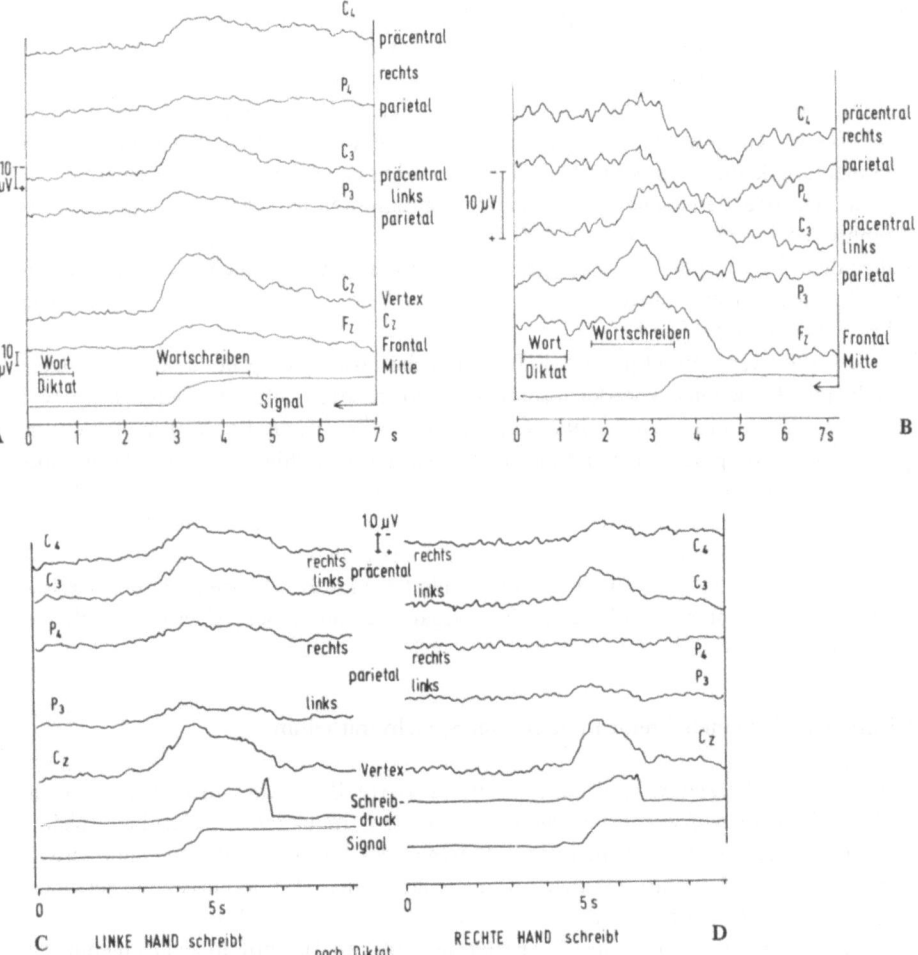

Abb. 1.20A–D. Langsame Hirnpotentiale beim Schreiben mit höherer Negativität über dem sprachdominanten linken Großhirn. Nach Jung et al. 1982 [62]. **A, B** Rechtshänder zeigen beim Diktatschreiben rechts verschiedene Potentialformen mit starkem negativem Linksüberwiegen präzentral und parietal. **C, D** Beim Rechtshänder (**A**) ist das größere Schreibpotential präzentral links auch beim Schreiben mit der linken Hand (**C**) deutlich, also nicht nur durch die schreibende Hand bedingt; in **B** vorwiegend positive Schreibpotentiale rechts

werden. Diese beiden Populationen zeigen auch bei Umkehrschriften verschiedenes Verhalten: Eine Spiegelschrifttendenz der schreibungeübten gegenseitigen Hand ist bei rechtsschreibenden Linkshändern am deutlichsten [60].

Transfervorgänge beim Schreiben. Seit der Linkshänder Leonardo seine Notizen in Spiegelschrift machte, kennt man die Tendenz zum Spiegelschreiben mit der linken Hand, wenn das Schreiben rechts erlernt wurde. Zur genaueren Testung dieser gegenseitigen Beeinflussung der feineren Handbewegungen beim Schreiben wurden Normalschrift, Spiegelschrift und Umkehrschriften der rechten und linken Hand bei rechts-schreibenden Links- und Rechtshändern und linksschreibenden Linkshändern vergli-chen [60]. Linkshänder und viele Rechtshänder schreiben Spiegelschrift schneller mit der linken als mit der rechten Hand. Eine Tendenz zur Spiegelschrift mit relativ raschem Schreibtempo der gegenseitigen schreibungeübten Hand (Spiegelschrifttrans-fer) ist am stärksten bei rechtsschreibenden Linkshändern für ihre linke Hand und am schwächsten bei linksschreibenden Linkshändern für deren rechte Hand [60]. Wahr-scheinlich ist die Spiegelschrift der gegenseitigen, schreibungeübten Hand eine unbe-wußt erlernte spiegelförmige Mitbewegung durch Transfer über den *Balken*. Der ver-stärkte Spiegelschrifttransfer bei rechtsschreibenden Linkshändern spricht für eine bevorzugte *Richtung des Balkentransfers* von der nicht-sprachdominanten zur sprach-dominanten Großhirnhälfte. Bei Rechtshändern und linksschreibenden Linkshändern werden Schreiben und Sprache meistens in der *gleichen* Großhirnhemisphäre gesteu-ert. Es wird angenommen, daß der stärkere Spiegelschrifttransfer zur linken Hand bei rechtsschreibenden Linkshändern zum Sprachverständnis der Schrift beiträgt, die vom nicht-sprachdominanten Großhirn gesteuert wird [60]. Sogenannte Beidhänder zeigen das gleiche Schreibverhalten wie rechtsschreibende Linkshänder. Sie sind daher wahrscheinlich latente Linkshänder, die früh gelernt haben, auch die rechte Hand zum Schreiben und für andere Fertigkeiten zu benutzen.

Hirnelektrische Kriterien der Sprachdominanz. Um objektive Hinweise für die domi-nante Großhirnhälfte beim Sprechen und Schreiben zu gewinnen, wurden die langsa-men Hirnpotentiale registriert, doch waren die Ergebnisse zunächst enttäuschend. Da der Sprechakt mit starken Atmungsveränderungen der Vokalisation verbunden ist, die auch die Hirnpotentiale beeinflussen, konnten zunächst nur die Bereitschaftspo-tentiale vor dem Sprechen untersucht werden [33]. Mit Sprachaufgaben (z.B. Satz-ergänzung, Begriffsbildung) und Schreibmitteilung kann man die zerebrale Sprachver-arbeitung noch besser mit ihren hirnelektrischen Korrelaten erfassen und Seitenunter-schiede der Großhirnhemisphären erkennen. Ein Beispiel stärkerer Tätigkeit des sprachdominanten linken Großhirns zeigt Abb. 1.20. Ob solche hirnelektrischen Kri-terien auch zur Erkennung der sprachdominanten Seite bei Linkshändern ausreichen, ist abzuwarten. Neurologische Erfahrungen zeigen, daß die Sprache bei Linkshändern sowohl von der rechten wie von der linken Hemisphäre gesteuert werden kann, wäh-rend bei Rechtshändern fast immer das linke Großhirn sprachdominant ist.

Hirnmechanismen und Hirnpotentiale

Zerebrale Mechanismen der Bewegung. Wir gehen hier nicht auf die einzelnen Hirn-mechanismen der Bewegungssteuerung ein, da beim Menschen nur diffuse Potential-ableitungen möglich sind. Nach Tierexperimenten an Affen kann man annehmen, daß den Willkürbewegungen ähnliche Handbewegungen durch *Kortex, Stammgang-lien und Kleinhirn* mit Hirnstamm und Rückenmark koordiniert werden. Wahr-scheinlich sind auch beim Menschen ähnliche neuronale Mechanismen wirksam, wie sie die Arbeitsgruppen Evarts [18, 19] und Brooks [9] beim Affen studiert haben. Die Bewegungsprogrammierung ist an den zerebralen Neuronen der Affen noch ungenügend untersucht, und es gibt auch nur wenige Affenexperimente über die vorbereitenden Bereitschaftspotentiale und die Hirnpotentiale während des Lernprozesses selbst [82].

Hier sei nur kurz die *Rolle der motorischen Hirnrinde* besprochen. Früher wurde die Kortexbeeinflussung der Bewegung über die Pyramidenbahn überschätzt. Doch sollte man den Motorkortex und die Pyramidenbahn auch nicht unterbewerten, da sie bei Menschen und höheren Affen die wichtigste Efferenz der Hirnrinde ist. Wie die bilateralen Bereitschaftspotentiale zeigen, sind an der Bewegungsvorbereitung *beide* Großhirnhemisphären von frontal bis parietal beteiligt (s. Abb. 1.17). Aber das ist mehr eine *Vorprogrammierung*, die wahrscheinlich mit Kleinhirn und Subkortex abgestimmt wird, und das letzte entscheidende Signal für eine Armbewegung gibt doch der Motorkortex über die Pyramidenbahn. Ein hirnelektrisches Korrelat dieser Funktion ist die kontralaterale Vergrößerung des Bereitschaftspotentials etwa 100 ms vor der Armbewegung [64]. Ferner erhält die motorische Hirnrinde regelnde Rückmeldungen aus der Peripherie über die Umweltsituation. Daher *startet und steuert der Motorkortex* beim Menschen und höheren Primaten über die Pyramidenbahn feine und gezielte Bewegungen. Ein rasches Startsignal des Motorkortex erfolgt durch direkte Pyramidensynapsen am Motoneuron. Vom Motorkortex gesteuerte Bewegungen werden zusätzlich durch periphere *Rückmeldungen zur Hirnrinde* an veränderte äußere Widerstände angepaßt [9,19].

Hirnelektrische Korrelate motorischen Lernens. Hirnpotentialveränderungen *während des motorischen Lernprozesses selbst* wurden bisher nur bei Makaken untersucht. Sasaki und Gemba [82] registrierten im Motorkortex die frühen Potentiale, die sich vor der Bewegung beim Einlernen entwickelten. Während der Affe darauf trainiert wurde, einseitige Handbewegungen nach Kommando auszuführen, wurde im kontralateralen motorischen Kortex *eine negative Welle* mit den Lernversuchen *zunehmend größer.* Dieses „Lernpotential" vor der Handbewegung folgte einer oberflächenpositiven Zacke und blieb nach Erlernen etwa amplitudenkonstant. Die Negativität wurde als subkortikale Projektion aus Kleinhirn und Thalamus zum Motorkortex angesehen. Solche lernkorrelierten Hirnpotentiale müssen noch am Menschen bei längerdauerndem Training untersucht werden.

Bewegungsprogramme, Hirnpotentiale und Zielsteuerung. Untere Untersuchungen erlauben einige allgemeine Folgerungen über die *zerebralen und psychischen Korrelate des motorischen Lernens* [57] und ihrer Zeitordnung. Alle Zielbewegungen werden durch Training aus bewußt gesteuerten zu mehr oder weniger automatisch geregelten Fertigkeiten, die zerebrale und spinale Prozesse integrieren. Deren Programme werden mit zunehmender Übung im Zentralnervensystem gespeichert und dann durch Willensselektion abgerufen. Die bewußte Aktivierung beschränkt sich auf Zielbestimmung und Zeitsetzung. Bewegungsentwurf und Programmwahl sind mit langsamen Hirnpotentialen korreliert. *Trainierte zielgesteuerte Leistungen* haben folgende physiologische Charakteristika:

1. Einseitige Zielbewegungen werden durch *bilaterale* langsame Hirnpotentiale und Bewegungsprogramme vorbereitet. Damit wird eine stabilisierende *Körperstützhaltung* erreicht.

2. Die durch Übung erworbene stützende Bereitschaftsinnervation ist eine geordnete Aktivierung zahlreicher *Bein- und Rumpfmuskeln beider Körperseiten,* die der Armbewegung vorangeht.

3. Die haltungsprogrammierende Bereitschaftsinnervation beginnt in den letzten 200 ms des zerebralen Bereitschaftspotentials. Die *vorbereitende Bewegungssteuerung*, die Ziel und Haltung vorprogrammiert, geht während der Zielbewegung über in rückmeldungsabhängige Regelungen und Zielkontrollen.

4. Die Programme der Bereitschaftsinnervation haben eine *zeitliche Sequenz*, und ihr Bewegungsentwurf wird durch Sehen und Augenbewegungen gesteuert, um das Ziel zu erreichen.

5. Das zerebrale Bereitschaftspotential wird bei Zielbewegung zu einem *Zielbewegungspotential* vergrößert, dessen oberflächennegative Verschiebung bis zum Erreichen des Zieles andauert.

6. Nach Erreichen des Ziels endet das Zielbewegungspotential mit einer oberflächenpositiven Verschiebung, dem *Vollzugspotential*.

7. Psychische Begleiterscheinungen der Zielaktion sind *Willensintentionen*, die auf den *Zielerfolg* und die *Zeitordnung*, aber nicht auf die Einzelinnervationen gerichtet sind.

8. Erlernte Haltungsinnervationen sind *unbewußte motorische Programme*. Obwohl sie durch bewußte Intention gestartet werden, wird ihre Ausführung und Kontrolle nach einem Lernprozeß automatisiert.

VIII. Zusammenfassung und Übersicht

Zusammenfassung

1. Physiologische Grundlagen der Stütz- und Zielmotorik beim Menschen werden mit der Regelung von Stand, Gang, Sprung und Wurf dargestellt. Die Steuerung von Zielbewegungen wird mit ihren elektromyographischen, hirnelektrischen und psychischen Korrelaten untersucht, und trainierte und nicht-trainierte Leistungen werden verglichen.

2. Die aufrechte *Haltung* wird durch geordnete Stützmuskelkontraktion von Rumpf und Beinen stabilisiert, die mit der Körperstellung wechselt. Weitere zerebrale Programme werden durch propriozeptive, vestibuläre und visuelle Regelungen moduliert.

3. Gang, Lauf und Sprung werden biomechanisch aus den beiden Bewegungsarten Gehen und Laufen abgeleitet. Beim *Gang* bleibt jeweils ein Fuß in Bodenkontakt mit abwechselnder Stand- und Schwungphase der Beine. Beim *Lauf* entsteht eine Flugphase, bei der beide Füße den Boden verlassen. Der *Sprung* ist eine Extremform dieser Lauf-Flugphase und braucht deshalb einen Anlauf und Verstärkung durch Dehnungsreflexe. Höhe und Weite des Sprungs wachsen mit dem Quadrat der Abstoßgeschwindigkeit.

4. Bei einfachen *Zeige- und Stoßbewegungen* werden die zerebralen und peripheren Mechanismen analysiert. *Einseitige Armbewegungen* aus dem Stand (Zeigen, Stoß, Werfen) brauchen *bilaterale*, vorbereitende und regulierende Stützinnervationen und werden durch *doppelseitige Potentialverschiebungen* über beiden Großhirnhemisphären vorbereitet und begleitet.

5. Alle komplexen Bewegungen und Handlungen brauchen einen *Bewegungsentwurf* als vorbereitende zerebrale Koordination. Diese kombiniert *erlernte Programme*, in denen Bereitschafts- und Stützinnervation mit Zielhandlungen vereinigt werden. *Reflexe* können die Vorprogrammierung korrigieren und kraftverstärkend wirken, aber nicht die Spontanaktivität erklären.

6. Sportleistungen wie *Ballwerfen und Kugelstoßen* werden vor der einseitigen Armbewegung durch bilaterale Muskelkoordinationen mit Körperrotation eingeleitet, so daß die kinetische Energie des ganzen Körpers auf Ball und Kugel übertragen werden kann.

7. *Motorisches Lernen* benutzt zunächst vorhandene spinale und zerebrale Programmschaltungen, bevor neue Programme gebildet werden. Primär bewußt-willkürlich gesteuerte Bewegungen können durch *Übung sekundär zu unbewußt automatisierten Bewegungsfolgen* werden, die durch Sinnesreize oder Willensentschluß auslösbar sind.

8. Erlernte automatisierte Bewegungsprogramme können durch Sinnesreize oder durch Willensentschluß ausgelöst werden. *Kortikale Korrelate zerebraler Programmierung* sind nach Sinnessignal Walters Erwartungswelle (contingent negative variation = CNV), bei Willensentschluß Kornhubers Bereitschaftspotential.

9. Die unbewußte stützende *Bereitschaftsinnervation* vor bewußt gesteuerten Zielbewegungen beginnt am Ende des bilateralen negativen zerebralen *Bereitschaftspotentials.* Die Ziel- und Gleichgewichtskontrolle wird begleitet von einem größeren negativen *Zielbewegungspotential,* das erst bei Erreichen des Zieles mit einem positiven Potential endet. Ähnliche Hirnpotentiale verschiedener Polung entstehen beim Einsatz von Werkzeug mit differenzierten Handlungen, wie Schreiben.

Summary

The physiological mechanisms of locomotion and goal-directed movements are described for standing, walking, jumping, and throwing. Voluntary movements and their postural support are studied by electromyograph and brain potentials, and attempts are made to correlate such recordings with willed action and training.

In upright *stance* the postural muscles of the trunk and legs are coordinated in a dynamic program that changes with each change in posture. The spinal control is aided by cerebral programs derived from proprioceptive, vestibular and visual cues.

Walking, running, and jumping are defined by their biomechanics. In *walking* one foot always touches the ground during the alternating stand- und swing-phases of both legs. During *running* both feet leave the ground in the *Flugphase* (flight phase), whose most extreme form is the jump. The height and distance of the jump increases with the square of the push-off velocity.

The cerebral and peripheral mechanisms of *pointing* and *punching* are analyzed. In standing man, all *unilateral* arm movements need *bilateral* preparation and control of postural adjustment. They are also preceded by bilateral negative potential shifts over both cerebral hemispheres. Trained and untrained movements are compared to investigate the motor learning of skilled performances.

Complex movements and skills are acquired by motor learning and require the development of *cerebral programs* of coordination. These learned programs combine *postural preinnervation* with goal directed action. Postural readiness innvervation precedes aimed action and is followed during the movement by postural adjustments to the changing external conditions. *Reflexes* correct preprogramming and increase the force of voluntary innervation.

Motor training uses preformed circuits of spinal and cerebral coordination before new programs are synthesized and learned. Conscious voluntary movements become unconscious *automatized motor patterns* through exercise. These trained movements are started by the will and then evolve without conscious supervision.

Automatized programs can be elicited by either an external stimulus of internal volition. Both of these cause *slow surface negative brain potential shifts:* the expectation wave (CNV) of Walter follows a warning sensory stimulus or command, and the readiness potential *(Bereitschaftspotential)* of Kornhuber accompanies an act of will.

The readiness innervation of postural preparation begins during the later part of the bilateral cerebral readiness potential. The process of goal direction and equilibrium control is accompanied by a larger cerebral *Zielbewegungspotential* (aiming potential) that ends when the goal is reached. Similar potentials of varying polarity are produced in writing and other skilled performances requiring the use of tools.

In *ball throwing and shot putting,* the unilateral final arm movement is preceded by complex patterned muscle innervations that stabilize the trunk and legs and increase the force of throwing. These preliminary muscle activations result in body rotation which transfers the kinetic energy of the whole body mass to the ball or the shot.

Übersicht

Dieses Buch behandelt die *menschliche Haltungs- und Bewegungsphysiologie* und ihre Steuerung und Regelung bei der Lokomotion zusammen mit der Automatisierung durch Training.

Die Beschränkung auf den Menschen macht es notwendig, manche neuronalen Einzelmechanismen und reflektorischen Regelungen über Muskelspindeln und andere Sinnesorgane zu vernachlässigen. Auch experimentelle Ergebnisse werden nur kurz als Parallelen der Tierphysiologie und der Verhaltensforschung erwähnt.

Unser Buch soll nicht nur physiologische Mechanismen der Bewegung, sondern auch ihre Zusammenhänge darstellen. Diese sind nur mit *Leistungskriterien* zu verstehen, zu denen die Sportphysiologie beitragen kann. Ferner geben *neurologische Störungen* Hinweise auf die Funktion einzelner motorischer Systeme. Wie sich Analyse und Synthese in der Chemie ergänzen, so sollte auch der Physiologe neben Einzelanalysen motorischer Mechanismen eine, wenigstens vorläufige, synthetische Darstellung der Motorik geben, die von den *Bewegungsleistungen des ganzen Organismus* ausgeht.

Die folgenden Beiträge von Dietz und Berger bringen eine gute Darstellung der *Laufbewegungen* beim Menschen mit ihrer Entwicklung und ihren neurologischen Störungen. Hufschmidts und Mauritz' Kapitel über die *Standregulation* bringt eine genauere Darstellung der oben im Prinzip behandelten Stützhaltung und ihrer dreifachen Sinneskontrolle als Wechselwirkung mit spinalen Reflexen. Schmidtbleicher bespricht praktische Anwendungen physiologischer Erkenntnisse des motorischen Lernens beim *sportlichen Training*.

Die Autoren hoffen, mit dieser integrierten Bewegungsphysiologie die weitere Erforschung der menschlichen Motorik zu fördern.

Literatur

1. Adrian ED (1947) The physical background of perception. Clarendon Press, Oxford
2. Adrian ED, Bronk DW (1929) The discharge of impulses in motor nerve fibres. Part II. The frequency of discharge in reflex and voluntary contractions. J Physiol 67:119–151
3. Alexander R McN (1981) Mechanics of skeleton and tendons. In: Brookhart JM, Mountcastle VB (eds) Handbook of physiology. The nervous system. II. Motor control. American Physiological Society, Bethesda, pp 17–42
4. Belen'kii VY, Gurfinkel VS, Paltsev YI (1967) On the elements of control of voluntary movement. Biophysics 12:154–160
5. Bernstein NA (1936) Die kymozyclographische Methode der Bewegungsuntersuchung. In: Abderhalden E (Hrsg) Handbuch der biologischen Arbeitsmethoden, Abt 5, Teil 5A. Urban & Schwarzenberg, Berlin Wien, S 629–680
6. Bernstein NA (1975) Bewegungsphysiologie. In: Pickenhain L, Schnabel G (Hrsg) Sportmedizinische Schriftenreihe, Bd 9. Barth, Leipzig
7. Bernstein NA, Popowa T (1928) Untersuchung über die Biodynamik des Klavieranschlags. Arbeitsphysiologie 1:396–432
8. Brooks VB (ed) (1981) Handbook of physiology. The nervous system, vol II: Motor control, part 1 and 2. American Physiological Society, Bethesda
9. Conrad B, Matsunami K, Meyer-Lohmann J, Wiesendanger M, Brooks V (1974) Cortical load compensation during voluntary elbow movements. Brain Res 71:507–514
10. Cordo PJ, Nashner LM (1982) Properties of postural adjustments associated with rapid arm movements. J Neurophysiol 47:287–302
11. Craik JW (1943) The nature of explanation. University Press, Cambridge
12. DeLong MR, Georgopoulos AP (1981) Motor functions of the basal ganglia. In: Brookhart JM, Mountcastle VB (eds) Handbook of physiology. The nervous system. II. Motor control. American Physiological Society, Bethesda, pp 1017–1061
13. Denny-Brown D (1966) The cerebral control of movement. University Press, Liverpool
14. Dietz V, Schmidtbleicher D, Noth J (1979) Neuronal mechanisms of human locomotion. J Neurophysiol 42:1212–1222
15. DuBois-Reymond R (1903) Spezielle Muskelphysiologie oder Bewegungslehre, Springer, Berlin
16. Eccles JC, Ito I, Szentagothai J (1967) The cerebellum as a neuronal machine. Springer, Berlin Heidelberg New York
17. Engberg I, Lundberg A (1969) An electromyographic analysis of muscular activity in the hindlimb of the cat during unrestrained locomotion. Acta Physiol Scand 75:614–630
18. Evarts EV (1981) Role of motor cortex in voluntary movements in primates. In: Brooks VB (ed) Handbook of physiology. The nervous system, vol II: Motor control. American Physiological Society, Bethesda, pp 1083–1120
19. Evarts EV, Tanji J (1974) Gating of motor cortex reflexes by prior instruction. Brain Res 71:479–494
20. Exner S (1891) Über Sensomobilität. Pflügers Arch Ges Physiol 48:592–613
21. Fischer O (1906) Theoretische Grundlagen für eine Mechanik der lebenden Körper. Teubner, Berlin (Lehrbücher Mathematische Wissenschaften, Bd 22)
22. Fischer O (1913) Medizinische Physik. Hirzel, Leipzig
23. Foerster O (1902) Physiologie und Pathologie der Koordination. Fischer, Jena

24. Foerster O (1927) Schlaffe und spastische Lähmung. In: Bethe A, Bergmann G v, Embden G, Ellinger A (Hrsg) Handbuch der normalen und pathologischen Physiologie, Bd 10. Springer, Berlin, S 893–972

25. Forssberg H, Wallberg H (1980) Infant locomotion: A preliminary movement and electromyographic study. In: Berg K, Eriksson BD (eds) Children and exercise IX. International series of sport sciences, vol 10. University Park Press, Baltimore, pp 32–49

26. Freund H-J (1983) Motor unit and muscle activity in voluntary motor control. Physiol Rev 63:387–436

27. Freund H-J, Büdingen HJ (1978) The relationship between speed and amplitude of the fastest voluntary contractions of human arm muscles. Exp Brain Res 31:1–12

28. Geschwind N (1965) Disconnexion syndromes in animals and man. Part I, Part II. Brain 88: 237–294, 585–644

29. Goodwin GM, McCloskey DI, Mitchell JH (1972) Cardiovascular and respiratory responses to changes in central comand during isometric exercise at constant muscle tension. J Physiol (Lond) 226:173–190

30. Graham Brown T (1913, 1915) Die Reflexfunktionen des Zentralnervensystems, besonders vom Standpunkt der rhythmischen Tätigkeiten beim Säugetier betrachtet. Ergeb Physiol 13: 279–453, 15:480–790

31. Granit R (1970) The basis of motor control. Academic Press, New York

32. Grillner S (1981) Control of locomotion in bipeds, tetrapods, and fish. In: Brookhart JM, Mountcastle VB (eds) Handbook of physiology. The nervous system. II. Motor control. American Physiological Society, Bethesda, pp 1179–1236

33. Grözinger B. Kornhuber HH. Kriebel J (1975) Methodological problems in the investigation of cerebral potentials preceding speech: Determinating the onset and suppressing artifacts caused by speech. Neurophsychologia 13:263–270

34. Grünewald G, Grünewald-Zuberbier E, Hömberg V. Netz J (1979) Cerebral potentials during smooth goal-directed hand movements in right-handed and left-handed subjects. Pflügers Arch 381:39–46

35. Grünewald-Zuberbier E, Grünewald G (1978) Goal-directed movement potentials of human cerebral cortex. Exp Brain Res 33:135–137

36. Grünewald-Zuberbier E, Grünewald G, Jung R (1978) Slow potentials of the human precentral and parietal cortex during goal-directed movements (Zielbewegungspotentiale). J Physiol (Lond) 284:181–182

37. Gurfinkel VS (1973) Physical foundations of the stabilography. Aggressologie 14C:9–14

38. Gurfinkel VS, Lipshits NJ, Popov K (1974) Is the stretch reflex the main mechanism in the system of regulation of the vertical posture in man? Biophysics 19:744–748

39. Henneman E (1979) Functional organization of motoneuron pools: The size-principle. In: Asanuma H, Wilson VJ (eds) Integration in the nervous system. Igaku Shoin, Tokyo, pp 13–25

40. Herder JG (1785) Ideen zur Philosophie der Geschichte der Menschheit, Bd I. Hartknoch, Riga Leipzig

41. Hess WR (1941) Die Motorik als Organisationsproblem. Biol Zentralbl 61:545–572

42. Hess WR (1943) Teleokinetisches und ereismatisches Kräftesystem in der Biomotorik. Helv Physiol Pharmacol Acta I:C62–C63

43. Hess WR (1948) Die funktionelle Organisation des vegetativen Nervensystems. Schwabe, Basel

44. Hess WR (1962) Psychologie in biologischer Sicht, 2. erw. Aufl. 1968. Thieme, Stuttgart

45. Hess WR (1965) Cerebrale Organisation somatomotorischer Leistungen. I. Physikalische Vorbemerkungen und Analyse konkreter Beispiele. Arch Psychiatr Nervenkr 207:33–44

46. Hill AV (1922) The maximum work and mechanical efficiency of human muscles, and their most economical speed. J Physiol (Lond) 56:19–41

47. Hill AV (1925) The physiological basis of athletic records. Nature 116:544–548

48. Hoffmann P (1922) Die Eigenreflexe (Sehnenreflexe) menschlicher Muskeln. Springer, Berlin

49. Hollmann W, Hettinger T (1976) Sportmedizin. Arbeits- und Trainingsgrundlagen. Schattauer, Stuttgart New York

50. Holst E von (1939) Die relative Koordination als Phänomen und als Methode zentralnervö-ser Funktionsanalyse. Ergeb Physiol 42:228–306
51. Holst E von (1951) Zentralnervensystem und Peripherie in ihrem gegenseitigen Verhältnis. Klin Wochenschr 29:97–105
52. Hufschmidt A, Dichgans J, Mauritz K-H, Hufschmidt M (1980) Some methods and parameters of body sway quantification and their neurological applications. Arch Psychiatr Nervenkr 228:135–150
53. Jung R (1941) Physiologische Untersuchungen über den Parkinsontremor und andere Zitterformen beim Menschen. Z Ges Neurol Psychiatr 173:263–332
54. Jung R (1976) Einführung in die Bewegungsphysiologie. In: Gauer OH, Kramer K, Jung R (Hrsg) Physiologie des Menschen, Bd 14: Sensomotorik. Urban & Schwarzenberg, München, Berlin Wien, S 1–97
55. Jung R (1979) Two functions of reflexes in human movement: Interaction with preprograms and gain of force. Prog Brain Res 50:237–241
56. Jung R (1980) Neurophysiologie und Psychiatrie. In: Kisker HW, Meyer JE, Müller C, Strömgren E (Hrsg) Psychiatrie der Gegenwart, 2. Aufl. Springer, Berlin Heidelberg New York, S 753–1103
57. Jung R (1981) Perception and action. In: Szentágothai I, Palkovits M, Hámori J (eds) Regulatory functions of the CNS. Motion and organization principles. (Advances in physiological sciences, vol 1). Pergamon Press, Oxford, Akadémiai Kiadó, Budapest, pp 17–36
58. Jung R (1982) Postural support of goal-directed movements: The preparation and guidance of voluntary action in man. Acta Biol Acad Sci Hung 33:201–213
59. Jung R, Dietz V (1976) Übung und Seitendominanz der menschlichen Willkürmotorik: Zur Programmierung der Stoß- und Wurfbewegung im Rechts-Linksvergleich. Arch Psychiatr Nervenkr 222:87–116
60. Jung R, Fach C (1983) Spiegelschrift und Umkehrschrift bei Linskshändern und Rechtshändern: Ein Beitrag zum Balkentransfer und Umkehrlernen. In: Spillmann L, Wooten B (Hrsg) Sensory experience, adaptation, and perception. Festschrift für Ivo Kohler. Erlbaum, Hillsdale, USA, pp 377–399
61. Jung R, Hassler R (1960) The extrapyramidal motor system. In: Field J et al (eds) Handbook of physiology, sect 1: Neurophysiology 2. American Physiological Society, Washington, pp 863–927
62. Jung R, Hufschmidt A, Moschallski W (1982) Langsame Hirnpotentiale beim Schreiben: Die Wechselwirkung von Schreibhand und Sprachdominanz bei Rechtshändern. Arch Psychiatr Nervenkr 232:305–324
63. Keul J, Doll E, Keppler D (1969) Muskelstoffwechsel. Wissenschaftliche Schriften des DSB, Bd 9, München
64. Kornhuber HH, Deecke L (1965) Hirnpotentialänderungen bei Willkürbewegungen und passiven Bewegungen des Menschen: Bereitschaftspotential und reafferente Potentiale. Pflügers Arch Ges Physiol 284:1–17
65. Kretschmer E (1953) Der Begriff der motorischen Schablonen und ihre Rolle in normalen und pathologischen Lebensvorgängen. Arch Psychiatr Nervenkr 190:1–3
66. Krogh A, Lindhard J (1913) The regulation of respiration and circulation during the initial stages of muscular work. J Physiol (Lond) 47:112–136
67. Küpfmüller K (1971) Grundlagen der Informationstheorie und der Kybernetik. In: Gauer OH, Kramer K, Jung R (Hrsg) Physiologie des Menschen, Bd 10: Allgemeine Neurophysiologie. Urban & Schwarzenberg, München Berlin Wien, S 195–231
68. Liepmann H (1900) Das Krankheitsbild der Apraxie („motorischen Asymbolie'). Karger, Berlin
69. Lorenz K (1943) Die angeborenen Formen möglicher Erfahrung. Z Tierpsychol 5:235–409
70. Lundberg A (1969) Reflex control of stepping. Universitetsforlaget, Oslo
71. Mang L (1928) Lauf, Sprung, Wurf. Pichler, Wien Leipzig
72. Marey E-J (1873) La machine animale. Locomotion terrestre et aérienne. Germer Baillière, Paris
73. Marey E-J (1894) Le mouvement. Masson, Paris

74. Marsden C, Merton P, Morton H (1976) Stretch reflex and servoaction in a variety of human muscles. J Physiol 256:531–560

75. Marsden CD, Merton PA, Morton HB (1977) Anticipatory postural responses in the human subject. J Physiol (Lond) 275:47P–48P

76. Massion J, Smith AM (1974) Ventrolateral thalamic neurons related to posture and movement during a modified placing reaction. Brain Res 71:353–359

77. Melvill-Jones G, Watt DGD (1971) Observations on the control of stepping and hopping movements in man. J Physiol (Lond) 219:709–727

78. McCloskey DI (1981) Corollary discharges: motor commands and perception. In: Brookhart JM, Mountcastle VB (eds) Handbook of physiology. The nervous system. II. Motor control. American Physiological Society, Bethesda, pp 1415–1447

79. Muybridge E (1887) Animal locomotion. An electrophotographic investigation of consecutive phases of animal movements, 12 vol. Philadelphia. Nachdruck (in Auswahl) Dover, New York 1955

80. Nashner LM, Cordo PJ (1981) Relation of automatic postural responses and reaction-time voluntary movements of human leg muscles. Exp Brain Res 43:395–405

81. Poulton EC (1981) Human manual control. In: Brookhart JM, Mountcastle VB (eds) Handbook of physiology. The nervous system. II. Motor control. American Physiological Society, Bethesda, pp 1337–1389

82. Sasaki K, Gemba H (1982) Development and change of cortical field potentials during learning processes of visually initiated hand movements in the monkey. Exp Brain Res 48:429–437

83. Sherrington CS (1906) The integrative action of the nervous system. Yale University Press, New Haven, Constable, London

84. Smith KU (1973) Physiological and sensory feedback of the motor system: Neural metabolic integration for energy regulation in behavior. In: Maser JD (ed) Efferent organization and the integration of behavior. Academic Press, New York London, pp 19–36

85. Steinhausen W (1930) Mechanik des menschlichen Körpers (Ruhelagen, Gehen, Laufen, Springen). In: Bethe A, Bergmann G von, Embden G, Ellinger A (Hrsg) Handbuch der normalen und pathologischen Physiologie mit Berücksichtigung der experimentellen Pharmakologie, Bd 15/1. Springer, Berlin, S 162–235

86. Trendelenburg W (1925) Die natürlichen Grundlagen der Kunst des Streichinstrumentenspiels. Springer, Berlin

87. Vallbo AB (1971) Muscle spindle response at the onset of isometric voluntary contractions in man. Time difference between fusimotor and skelet-motor effects. J Physiol (Lond) 218:403–431

88. Wachholder K (1928) Willkürliche Haltung und Bewegung, insbesondere im Lichte elektrophysiologischer Untersuchungen. Ergeb Physiol 26:568–775

89. Walter WG (1964) Slow potential waves in the human brain associated with expectancy, attention and decision. Arch Psychiatr Nervenkr 206:309–322

Kapitel 2

Physiologie und Pathophysiologie des aufrechten Stehens

A. HUFSCHMIDT und K.-H. MAURITZ

Physiologie des aufrechten Stehens

Aufrechtes Stehen ist eine motorische Leistung, deren wir uns nicht bewußt sind. Daß es sich um einen aktiven Vorgang handelt, der weit mehr als die Kontraktion der tonischen Haltungsmuskulatur beinhaltet, ist einfach zu verstehen, wenn man auf die Balancierbewegungen achtet, die der Gesunde — verstärkt bei Augenschluß — durchführt (Abb. 2.1). Was muß das System der Standregulation leisten? Es muß den Schwerpunkt eines Körpers, der aus multiplen, gegeneinander beweglichen und aktiv gegeneinander bewegten Segmenten besteht, relativ hoch — in 55% der Körperhöhe — über einer kleinen Standfläche balancieren. Dabei müssen nicht nur äußere Störungen des Gleichgewichts kompensiert werden, sondern auch solche, die vom Körper selbst verursacht werden, beispielsweise beim einfachen Ausstrecken eines Armes.

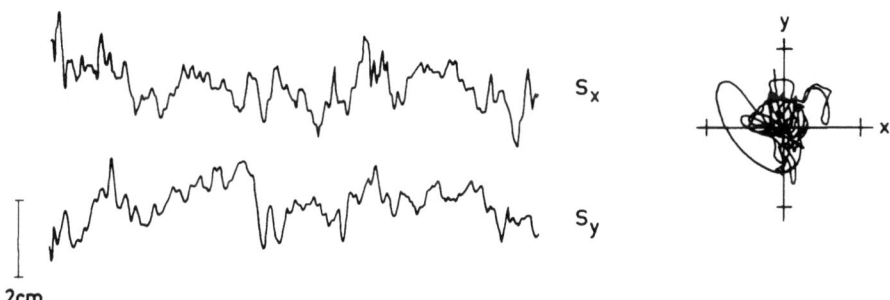

Abb. 2.1. Spontane Körperschwankungen im Stehen, gemessen als Bewegungen des CFP; *links* komponentenweise, *rechts* zweidimensional. Die Eichung ist auf eine vertikal gerichtete, statische Kraft bezogen

Der Körper löst diese Aufgabe durch eine Reihe ineinandergreifender Regelkreise, deren gemeinsame Effektoren die Muskeln des Ober- und Unterschenkels und der Hüfte sind. Als Meßfühler dienen ihnen dabei die Propriozeptoren, das Labyrinth und das visuelle System. Eine starre Verspannung als Standstabilisation würde die oben genannten Forderungen nicht erfüllen, sie wäre zudem energieaufwendiger. Tatsächlich aber ist Stehen eine sehr ökonomische Tätigkeit: Der Energieumsatz liegt dabei 20–30% (zum Vergleich beim Gehen in der Ebene: 200–300%) über dem Grundumsatz.

Berger et al., Haltung und Bewegung beim Menschen
© Springer-Verlag Berlin Heidelberg 1984

Methodik der Körperschwankungsmessung

Die erste Meßapparatur für Körperschwankungen wurde von Miles (1922) gebaut. Bei ihm wurden Kopfbewegungen im Stehen mechanisch abgegriffen und aufgezeichnet. Andere Möglichkeiten sind: Messung der (entfernungsabhängigen) Kapazität zwischen dem Körper und einer Metallplatte (Uchytil 1962, Lee u. Lishman 1975) oder Markierung von Körpersegmenten mit Ultraschallgebern (Gueguen u. Leroux 1973) bzw. Lichtquellen (Montserrat 1969). Die heute am häufigsten verwendete Apparatur mißt fortlaufend die Kräfte, die von den Füßen auf die Standfläche ausgeübt werden. Dies geschieht mit Hilfe von Meßplattformen, die auf Piezoelementen oder Dehnungsmeßstreifen gelagert sind (Abb. 2.2) (Hellebrandt 1938, Thomas u. Whitney 1959, Murray 1976). Die Kraftaufnehmer messen im allgemeinen Kräfte in allen drei Raumrichtungen, so daß nicht nur die momentane Lage des Schwerpunktes (center of gravity, COG) eingeht, sondern auch horizontal gerichtete Scherkräfte, wie sie bei aktiver Beschleunigung des Körpers an der Standfläche auftreten, und Drehmomente in Vor-, Rück- und Seitwärtsrichtung. Die Signale der Kraftaufnehmer werden in Analogrechnern verarbeitet, an deren Ausgang zwei Signale zur Verfügung stehen (s_x und s_y), die den horizontalen Koordinaten eines „Kraftzentrums" (center of foot pressure, CFP, nach Thomas u. Whitney 1959) entsprechen. Aus der Art der Berechnung ergibt sich, daß dieses Kraftzentrum für kurze Zeitabschnitte auch außerhalb der Unterstützungsfläche der Füße liegen kann. Bei langsamen Körperschwankungen entspricht es etwa dem COG; mit zunehmender Frequenz sind die CFP-Bewegungen nicht mehr mit Schwerpunktverlagerungen korreliert. Der Anteil der dann überwiegenden beschleunigungsbedingten Kräfte und Momente beträgt bei 0,5 Hz 50%, bei 1 Hz fast 100% (Gurfinkel 1973). Als quantitative Meßgrößen kann man aus den gefilterten und digitalisierten Signalen s_x und s_y die Wegstrecke des CFP in einer bestimmten Zeit (sway path, SP), seine mittlere Entfernung von einem über die Versuchsdauer gemittelten „arithmetischen Mittelpunkt" (mittlere Amplitude, MA) und die von

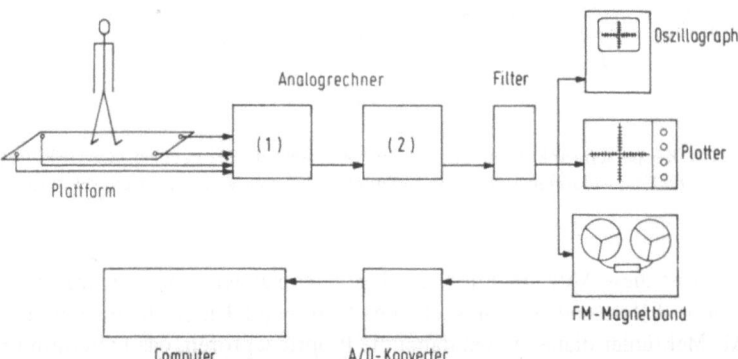

Abb. 2.2. Meßapparatur zur Erfassung von Körperschwankungen. Die Meßplattform ist auf vier Kraftaufnehmer gelagert, die Kräfte in den drei Raumrichtungen messen. Weiterverarbeitung in zwei Analogrechnereinheiten, Tiefpaßfilterung und Aufzeichnung bzw. Darstellung durch Oszillograph oder Plotter. Im Auswerteschritt Digitalisierung der Daten mit einem Abfrageintervall von 30 ms und rechnerische Auswertung

Tabelle 2.1. Normalwerte der wichtigsten Körperschwankungs-
Meßgrößen (Mittelwerte von 28 Normalpersonen)

		Augen offen	Augen geschlossen
MA (mm)	$\bar{x}$	3,44	4,75
	s	1,40	1,65
SP (m/min)	$\bar{x}$	0,64	1,01
	s	0,28	0,45
SA (dm²	$\bar{x}$	0,09	0,16
	s	0,06	0,11

MA = mittlere Amplitude, SP = sway path, SA = sway area

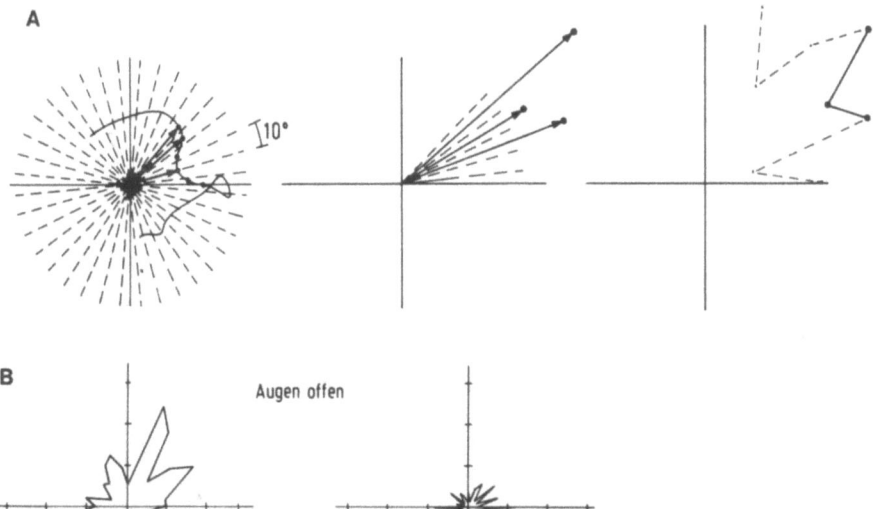

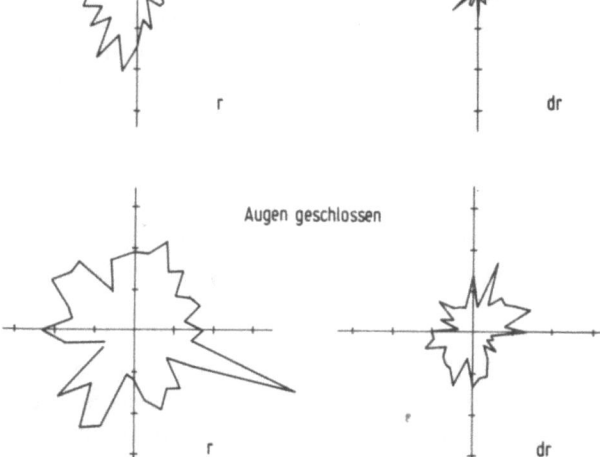

Abb. 2.3. A Berechnung der Winkelhistogramme. Die Beträge der Ortsvektoren *r* werden über Winkelintervallen von 10° aufsummiert, die Summe wird als Vektor in der Intervallmitte aufgetragen und bezeichnet einen Punkt im r-Histogramm. Für das dr-Histogramm werden die Beträge der Wegvektoren *dr* aufsummiert, das weitere Vorgehen ist das gleiche. **B** Winkelhistogramme von Normalpersonen. "Sternfigur" der dr-Histogramme

dem CFP umschriebene Fläche berechnen (sway area, SA). Normalwerte zeigt Tabelle 2.1. Die Ergebnisse sind stark abhängig von der Eckfrequenz des verwendeten Tiefpaßfilters. Die mittlere Amplitude ist ein Maß für die Instabilität, sie ist groß, wenn das CFP im zeitlichen Mittel weit von seiner Sollposition, dem arithmetischen Mittelpunkt, entfernt ist. Der sway path spiegelt die regulatorische Aktivität der Standmotorik wieder (Hufschmidt 1977).

Genaueren Aufschluß über bevorzugte Schwankungseinrichtungen geben die Winkelhistogramme (Abb. 2.3). Das r-Histogramm gibt dabei die Winkelverteilung der Schwankungsamplituden, das dr-Histogramm die des sway path wieder.

Wie andere komplexe motorische Leistungen variiert auch das Stehen bei ein- und demselben Menschen sehr stark. Dies drückt sich in einer großen intraindividuellen Varianz der quantitativen Meßwerte aus (Tabelle 2.2).

Tabelle 2.2. Intraindividuelle Streuung der Meßwerte. Von 8 Normalpersonen gemittelter Variationskoeffizient der Ergebnisse mehrerer Messungen an der gleichen Versuchsperson

	Variationskoeffizient	
	Augen offen	Augen geschlossen
MA	33,5	23,7
SP	24,6	32,9
SA	58,9	47,5

Die Sinnesorgane der Standregulation: Propriozeptoren, Labyrinth und Auge

1857 beschrieb Romberg einen „Stehversuch", mit dem er Patienten mit Tabes dorsalis (einer Folgeerkrankung der Lues, bei der es zu einer Degeneration der Hinter- und Seitenstränge des Rückenmarks kommt) untersucht hatte. Die Patienten standen mit geschlossenen Füßen und vorgehaltenen Armen. Wenn sie die Augen schlossen, bemerkte er eine starke Zunahme ihrer Körperschwankungen, die bei Gesunden unter gleichen Bedingungen fehlte. Offenbar kann das Fehlen des Lagesinns und der Tiefensensibilität, die durch die Hinterstränge geleitet werden, durch optische Informationen kompensiert werden. Schaltet man aber beides aus, so kommt es zu erheblicher Standunsicherheit. Dieser Befund beweist die Beteiligung zweier Systeme an der Standregulation, die sonst nicht ohne weiteres als „Gleichgewichtsorgane" angesehen werden, nämlich die des Sehens und der Beinmuskel-Propriozeptoren, d.h. der Muskelspindeln, der Golgi-Organe in den Sehnen, der Gelenkstellungs- und Tiefenrezeptoren.

Im Experiment gibt es zwei Wege, selektiv die Afferenzen der Muskelspindeln auszuschalten: Durch hochfrequente (50–150 Hz) Vibrationen an den Muskelsehnen, die zu einer Reizüberflutung und damit zur funktionellen Ausschaltung der Spindelafferenzen führen, oder durch ca. 20minütige Unterbrechung der Blutzufuhr. Im Stehen führt das, wenn zusätzlich die Augen geschlossen werden, bei Gesunden zu

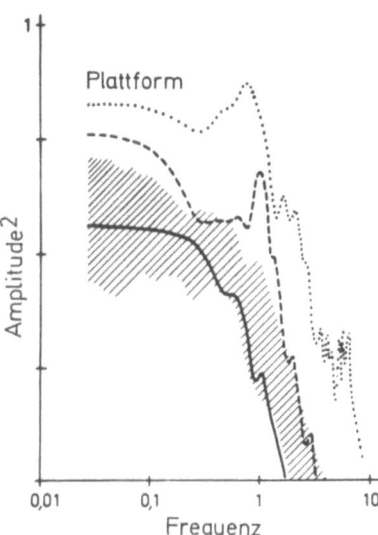

Abb. 2.4. Fourier-Spektrum der Körperschwankungen in Anterior-posterior-Richtung bei Blockierung der propriozeptiven Afferenzen durch Ischämie *(gestrichelt)* und bei einem Patienten mit Tabes dorsalis *(gepunktet)*. Beide zeigen einen Peak bei 1 Hz. *Durchgezogene Linie:* Gemitteltes Power-Spektrum von 15 Normalpersonen, *schraffiert* der Schwankungsbereich

einem posturalen „Tremor" mit einer Frequenz von ca. 1 Hz in Anterior-posterior-Richtung. Wie vorauszusehen, entspricht dieser 1-Hz-Peak sehr genau dem, den man auch bei Patienten mit Tabes dorsalis findet (Abb. 2.4). Die Steuerung des Gleichgewichts geschieht in dieser Situation nur durch das Labyrinth. Die hohe Reizschwelle der vestibulären Richtungs- und Beschleunigungsmessung und die lange Latenz vestibulär induzierter Reflexe in den Beinen (200–300 ms) setzen die Effektivität der Gleichgewichtskontrolle herab und führen zum Schwingen des Reglers (Mauritz u. Dietz 1980).

Bei kleinen Abweichungen von der Vertikalen sind die Dehnungsreflexe der Muskeln zusammen mit den – nicht isoliert erforschbaren – Gelenkstellungs- und Tiefenrezeptoren allein in der Lage, den Schwerpunkt ausreichend in der Sagittalebene zu stabilisieren. Eine Beteiligung der Golgi-Organe, die mit dem Muskel in Serie geschaltet sind und im gesamten Kraftbereich des Muskels als Kraftmesser dienen, ist wahrscheinlich, aber nicht bewiesen. Größere Abweichungen oder ein Driften des Schwerpunktes unterhalb der Erregungsschwelle der Proprizeptoren machen jedoch ständig eine Kontrolle durch andere Regelkreise nötig.

Im Bogengangsystem werden oberhalb einer Frequenz von 0,05 Hz Winkelbeschleunigungen mechanisch integriert, so daß die neuronalen Signale Informationen über die Winkelgeschwindigkeit in den drei Drehrichtungen geben. Die subjektive Reizschwelle hängt von der Richtung der Beschleunigung ab und liegt im Mittel bei $0,5°/s^2$.

Zur Korrektur des durch die Integrationskonstante entstehenden Fehlers und zur Erfassung von Lageänderungen, die mit für die Bogengänge unterschwelligen Beschleunigungen einhergehen, bedarf es mindestens eines weiteren Systems. Hier setzt die Kontrolle durch die Otolithen ein, die im wesentlichen die Orientierung des Schwerkraftvektors zum Kopf unterhalb Schwingungsfrequenzen von 0,1 Hz messen. Die statische Reizschwelle der Otolithen liegt bei $0,36°$ Neigung gegen die Vertikale.

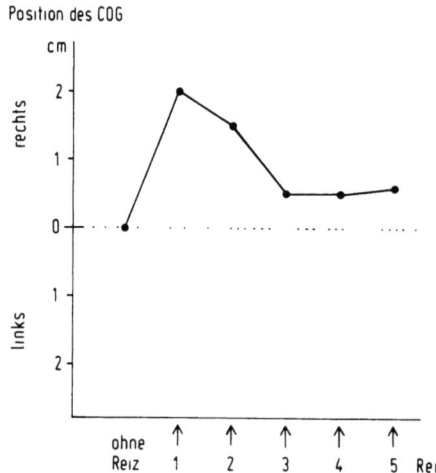

Position des COG

Abb. 2.5. Seitwärtsverlagerung des Schwerpunktes in Drehrichtung eines mit 50°/s in der Frontalebene rotierenden visuellen Umfeldes, Mittelwerte von 5 VP. Die rotierende Hohlhalbkugel löst die Illusion einer Fallneigung aus, die mit einer Körperneigung zur Gegenrichtung beantwortet wird. Bei mehrmaliger Reizung zeigt sich ein Habituationseffekt

Auch das visuelle System ist an der Standregulation beteiligt und wirkt in diesem Rahmen als Propriozeptor. Die Bedeutung der visuellen Kontrolle wird offensichtlich, wenn man die Standfestigkeit auf einem Bein bei offenen und geschlossenen Augen vergleicht. Experimentell läßt sich durch geeignete visuelle Reize die Illusion einer Körperneigung hervorrufen, die mit einer meßbaren Neigung in die Gegenrichtung beantwortet wird (Abb. 2.5) (Dichgans et al. 1972, Mauritz et al. 1977). Dazu läßt man die Versuchsperson in eine Hohlhalbkugel blicken, die das gesamte Gesichtsfeld bedeckt und die um die Sehachse rotiert. Der optische Eindruck ist dabei ähnlich wie der bei einer seitlichen Fallbewegung entgegen der Drehrichtung, lediglich die Bewegungsachse ist eine andere. Neben einer Zunahme der Körperschwankungen kommt es unter diesem Reiz zu einer Körperneigung in Drehrichtung, mit der der optisch wahrgenommene Fall verhindert werden soll.

Für die Standregulation werden hauptsächlich Informationen von der Netzhautperipherie verwendet, indem sie als Eigenbewegungsinformation gedeutet werden, während bewegte Reize im Zentrum des Gesichtsfeldes als Fremdbewegung gedeutet werden (Brandt et al. 1973, Held et al. 1975). Der Arbeitsbereich des visuellen Regelkreises liegt, wie bei den Otolithen, im Bereich von niedrigen Frequenzen unter 1 Hz. Beim Schließen der Augen nehmen die Körperschwankungen, gemessen als Auslenkungen des „Kraftzentrums" der Füße, um 50–100% zu, je nach Meßgröße (s. u.; Edwards 1941, Hufschmidt et al. 1980). Gleichzeitig wird der Schwerpunkt um einige Zentimeter nach vorn verlagert (Edwards 1941). Damit wird er näher zur Mitte des Regelbereiches gebracht, von wo aus größere Auslenkungen nach hinten möglich sind, ohne daß das Gleichgewicht verlorengeht.

Eine weitere Funktion des visuellen Systems, des empfindlichsten „Gleichgewichtsorgans", liegt darin, die übrigen Regelkreise zu eichen. Nur so läßt sich die Tatsache deuten, daß Blinde unruhiger stehen als Sehende mit geschlossenen Augen (Edwards 1946).

Mechanik des Stehens

Auf der efferenten Seite sind an der Standregulation in lateraler Richtung vor allem die Hüftmuskeln, in sagittaler Richtung die Muskeln des Unterschenkels und in geringerem Maße die des Oberschenkels beteiligt. Diese Verteilung ergibt sich aus den Bewegungsachsen der Gelenke. Quantitativ überwiegen beim Gesunden die sagittalen Körperschwankungen um 60–100% über die lateralen.

Das Lot vom Schwerpunkt fällt etwa 5 cm vor die Achse der oberen Sprunggelenke. Dies macht eine ständige Aktivität des M. triceps surae nötig, der ein Überkippen nach vorn verhindert. Bei willkürlicher Neigung nach vorn nimmt sein Tonus zu, da er das verstärkte Drehmoment am oberen Sprunggelenk kompensieren muß. Bei Rückneigung nimmt sein Tonus ab, während gleichzeitig die in Ruhe inaktive Gruppe der Dorsalflexoren aktiv wird.

Als physikalisches Modell der sagittalen Körperschwankungen bietet sich das aufrechte Pendel an. Die mechanische Eigenfrequenz des Körpers beim Pendeln um die Sprunggelenksachse liegt bei 0,2–0,3 Hz. Diese Frequenz tritt jedoch im Fourier-Power-Spektrum nicht besonders hervor (Abb. 2.4), was für ein Überwiegen aktiver Balancierbewegungen gegenüber passiven Schwingungsvorgängen spricht. Gegen das Pendelmodell spricht auch, daß Schwankungsamplitude und -frequenz interindividuell unabhängig von Größe und Gewicht sind (Edwards 1941, Kapteyn 1972, Bessington et al. 1975), ferner, daß die Exkursionen des Kopfes etwa gleich groß sind wie die der Hüfte. Vom letzteren Befund ausgehend wurde ein Zwei-Pendel-Modell vorgeschlagen (Geursen et al. 1976), das zwei aufeinanderstehende, im Hüftgelenk artikulierende aufrechte Pendel vorsieht. Tatsächlich läßt sich unter bestimmten pathologischen Bedingungen die Mechanik der Körperschwankungen damit sehr gut beschreiben (s.u.).

Reflexe bei der Standregulation

Die monosynaptischen Eigenreflexe werden bei Dehnung des Muskels ausgelöst und führen zu einer sehr schnellen Kontraktion, die aber bei physiologischen Eingangsparametern (Betrag und Geschwindigkeit der Dehnung) nur sehr wenig Kraft erbringt. Patienten mit ausgefallenen Beineigenreflexen bei Polyneuropathien stehen sicher, solange nicht zusätzlich ihr Lagesinn betroffen ist. Bei Gesunden lassen sich, wie schon erwähnt, die Spindelafferenzen durch Ischämie selektiv blockieren, was aber nur bei gleichzeitiger Ausschaltung visueller Informationen zu einer Störung der Standregulation führt (Mauritz u. Dietz 1980). Vieles spricht dafür, daß bei Polyneuropathien und unter Ischämiebedingungen nicht der Ausfall des Reflexes selbst zur Destabilisierung führt, sondern der fehlende afferente Einstrom von den Spindeln zu höheren Zentren. Insgesamt spielen die Eigenreflexe bei normalen Stehen also keine große Rolle für die Stabilisation (Gurfinkel et al. 1974). Anders jedoch, wenn das Stehen künstlich erschwert wird, z.B. auf einer Wippe (Dietz et al. 1980). Hier erreichen die Winkeländerungen im Sprunggelenk eine Geschwindigkeit, die zur Auslösung standmotorisch wirksamer Muskeleigenreflexe ausreicht. Dementsprechend führt hier eine Ia-Blockierung auch bei offenen Augen zu deutlicher Instabilität.

Das Konzept der long-loop-Reflexe geht zurück auf Versuche von Hammond (1956). Er hatte beobachtet, daß eine schnelle passive Streckung des Armes im Ellenbogengelenk im M. biceps brachii unterschiedliche Antworten hervorruft, je nachdem, ob die Versuchsperson instruiert wurde, passiv zu bleiben oder der Streckung Widerstand zu leisten. Der Kraftanstieg im M. biceps brachii beginnt im letzteren Fall schon durchschnittlich 73 ms nach Beginn der forcierten Extension, wesentlich früher, als nach der Latenz einer entsprechenden Willkürantwort auf einen sensiblen Reiz ohne passive Streckung zu erwarten gewesen wäre.

Aufgrund der kurzen Latenz der Antwort und ihrer offensichtlichen Abhängigkeit von der Intention der Versuchsperson postulierte Phillips (1969) einen transkortikalen Reflexbogen. Lee und Tatton (1975) benannten die zugrundeliegenden EMG-Antworten M1, M2 und M3, wobei M1 dem segmentalen Eigenreflex entspricht und M2 und M3 instruktionsabhängig sind.

Im Unterschied zu diesen frühen Antworten gibt es solche mit Latenzen über 100 ms. Ein solcher long-loop-Reflex wird z.B. sichtbar, wenn man nach elektrischer Reizung der Ia-Afferenzen des M. gastrocnemius die EMG-Aktivität des M. tibialis ant. beobachtet. Durch den elektrischen Reiz kommt es über einen H-Reflex zu einer Plantarflexion des Fußes, die (insgesamt 120 ms nach dem ursprünglichen Reiz) einen segmentalen Dehnungsreflex des M. tibialis anterior hervorruft (vgl. Abb. 2.13A).

Nach weiteren 120 ms kommt es nochmals zu einer Erregung des M. tibialis ant., manchmal auch zu fortgesetzten Erregungssalven (Mauritz 1979). Bei entsprechenden Reflexen beim Tier wurde nachgewiesen, daß der Reflexbogen über das Paläozerebellum läuft (Murphy et al. 1973, 1975). Hier liegt also einer der oben erwähnten posturalen Regelkreise vor, in diesem Falle ein propriozeptiver. Der long-loop-Reflex des M. tibialis ant. spielt wahrscheinlich eine Rolle bei der Pathogenese des posturalen 3-Hz-Tremors bei Patienten mit Spätatrophie der Kleinhirnrinde (s.u.).

Haltungsregulation bei Willkürbewegungen

Die Standregulation hat nicht nur den Zweck, eine bestimmte Stellung des Körpers zu erhalten. Sie soll den Körper vor allem auch in die Lage versetzen, aus dieser Position heraus zu handeln, d.h. Willkürbewegungen auszuführen, ohne daß das Gleichgewicht verloren geht: Haltungsmotorik als Voraussetzung für Zielmotorik (Abb. 1.2).

Eingangs wurde gezeigt, daß jede Willkürbewegung eine Störung des Gleichgewichts mit sich bringt. Für den Gesunden ist es selbstverständlich, daß er nicht umfällt, wenn er einen Gegenstand aufhebt; für einen Kranken kann diese Aufgabe ein größeres Problem sein.

Wie genau die posturalen Kompensationsmechanismen für Bewegungen aller Art arbeiten, läßt sich am Beispiel der Atmung zeigen. Auch das Atmen bewirkt eine geringe Schwerpunktsverlagerung, die sich mit Averaging-Methoden leicht aus den übrigen spontanen Körperschwankungen herausmitteln läßt. Das Ausmaß dieser Verlagerungen ist bei Kranken mit motorischen Störungen signifikant größer als bei Gesunden; bei den letzteren kann man stattdessen atemsynchrone Bewegungen der Hüftgelenke nachweisen, die sich nur als unbewußte Ausgleichsbewegungen deuten lassen.

Art und Ausmaß der Haltungsvorbereitung richten sich nach der geplanten Zielbewegung. An zwei Beispielen soll das Zusammenspiel von Vorbereitungsbewegungen
und Willkürbewegungen veranschaulicht werden:

1. Beispiel: Gibt man einem Gesunden die Aufgabe, sich auf ein Signal hin auf
die Zehenspitzen zu stellen und diese Position für einige Sekunden beizubehalten, so
erfolgt vor jeder Aktivität des M. gastrocnemius eine Kontraktion des M. tibialis anterior. Eine Plantarflexion (M. gastrocnemius) allein würde lediglich den Schwerpunkt
nach hinten verlagern und möglicherweise zum Umfallen führen (Abb. 2.6c). Tatsächlich aber wird zunächst der Schwerpunkt durch eine kurze Kontraktion des M. tibialis ant. in Bewegung nach vorn versetzt. Dann wird der M. gastrocnemius aktiviert
und bewirkt nun einerseits den Zehenstand, andererseits bringt er den nach vorn
wandernden Schwerpunkt vollends über die neue, verkleinerte Unterstützungsfläche
der Zehen. Die resultierende Haltung ist stabil (Abb. 2.6a, b).

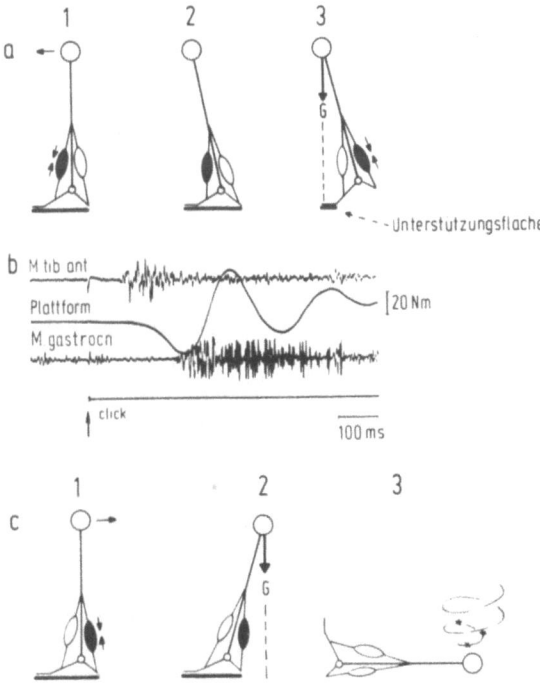

Abb. 2.6a–c. Haltungsvorbereitung beim Überwechseln in den
Zehenstand. a Normaler Ablauf:
1, 2 Haltungsvorbereitung: Kontraktion des M. tibialis ant. –
Beschleunigung des Schwerpunktes nach vorn; 3 Zielhandlung:
Kontraktion des M. gastrocnemius – Zehenstand; dabei liegt
der Schwerpunkt über der Unterstützungsfläche. b EMG-Registrierungen. c Ablauf ohne Haltungsvorbereitung (hypothetisch): 1, 2
Kontraktion des M. gastrocnemius
– Beschleunigung des Schwerpunkts nach hinten; 3 Verlust des
Gleichgewichts

Gibt man die Aufgabe, den Zehenstand sofort nach Erreichen wieder zu verlassen, so fehlt die posturale Vorbereitung. In diesem Fall braucht kein stabiler Zustand
erreicht zu werden (Bernsdorff 1981).

2. Beispiel: Bei schnellen Zeigebewegungen mit dem Arm geht der Zielbewegung
eine längere Sequenz vorbereitender Bewegungen verschiedener Körpersegmente voraus (Bouisset 1981). Die Reihenfolge ist für die Bewegung spezifisch, unter verschiedenen Versuchspersonen aber bis auf zeitliche Unterschiede konstant.

Als erstes werden — 40–60 ms vor Beginn der Armbewegung — Unter- und Oberschenkel des gegenseitigen Beines nach vorn beschleunigt, während die Hüfte eine
Bewegung nach hinten beginnt. Die Bewegung des ipsilateralen Beines beginnt etwa
10 ms später, hier treten Unter- und Oberschenkel in eine Rückwärtsbewegung, die
Hüfte in eine Vorwärtsbewegung ein. Insgesamt kommt es also zu einer Hüftdrehung
in Richtung des Zeigearmes. Die Rückwärtsbewegung des ipsilateralen Beines bei fest-
stehendem Fuß läßt sich nur als Streckung im Kniegelenk deuten. Sie bereitet die
Abstützung der Zielbewegung nach hinten vor. Der Schwerpunkt des Körpers bewegt
sich in dieser Vorbereitungsphase nach vorn und oben. Ziel dieser koordinierten Vor-
bereitungsbewegung ist, die bei der Zielbewegung unvermeidliche Störung des Gleich-
gewichtes so gering wie möglich zu halten. Die „Strategie" ist dabei vermutlich, vorbereitende Massenbewegungen zu initiieren, deren Impuls bzw. Drehimpuls sich mit
dem der schnellen Armbewegung zu Null addiert.

Die Streckung des Armes ohne Vorbereitung beschleunigt als reactio den Körperschwerpunkt nach hinten und unten, ihr Reaktionsmoment auf Rumpf und Hüfte
würde die ipsilaterale Körperseite um die Längsachse des Körpers nach hinten drehen.
Diese beiden Bewegungen werden durch die vorbereitende Beschleunigung des Körperschwerpunktes nach vorn und oben bzw. durch die Drehung der Hüfte in Zeige-
richtung abgefangen.

Pathophysiologie der Standregulation

Theoretisch sind verschiedene Angriffspunkte für Störungen der Standregulation
denkbar. Ein Ausfall wichtiger Rezeptoren wird zur Instabilität führen. Beispiel
hierfür ist die Standataxie bei Störungen im propriozeptiven System, z.B. bei Tabes
dorsalis (Ausfall der Lage- und Tiefensensibilität, Abb. 2.7) oder bei ischämischer
Blockierung der Spindelafferenzen im Experiment. Beim Ausfall eines Vestibular-
organs kommt es zwar auch zur Standunsicherheit, die aber hier weniger durch das
Fehlen von Sinnesmeldungen als vielmehr durch das hiermit entstehende Ungleichgewicht zwischen den vestibulären Informationen der beiden Seiten bedingt ist.

Als zweites kann die zentrale Verarbeitung der verschiedenen Gleichgewichts-
informationen zu einer „subjektiven Vertikalen" gestört sein. Modell hierfür sind die
Störungen des vestibulo-zerebellären Systems bei Läsionen des Archizerebellums.
Schließlich kann eine Standunsicherheit auch auf der Störung einzelner posturaler
Reflexe beruhen. Bei der Spätatrophie der Kleinhirnrinde, die vor allem den Lobus
ant. betrifft, sind solche Reflexe verzögert und gesteigert und führen zum Schwingen
des Regelkreises. Bei M. Parkinson dagegen läßt sich eine Abschwächung bestimmter
Haltungsreflexe nachweisen.

Das *Kleinhirn* besteht anatomisch aus einem kleinen unpaaren medialen Anteil,
dem Kleinhirnwurm (Vermis) und aus den symmetrischen Kleinhirnhemisphären.
Phylogenetisch unterscheidet man drei Anteile:

1. Das Archizerebellum, bestehend aus dem Nodulus, einem kleinen Abschnitt
des Wurms auf der Unterseite des Kleinhirns, dem Flocculus, zwei seitlich des Nodulus gelegenen schmalen Lappen, die dem unteren Kleinhirnstiel anliegen, und dem

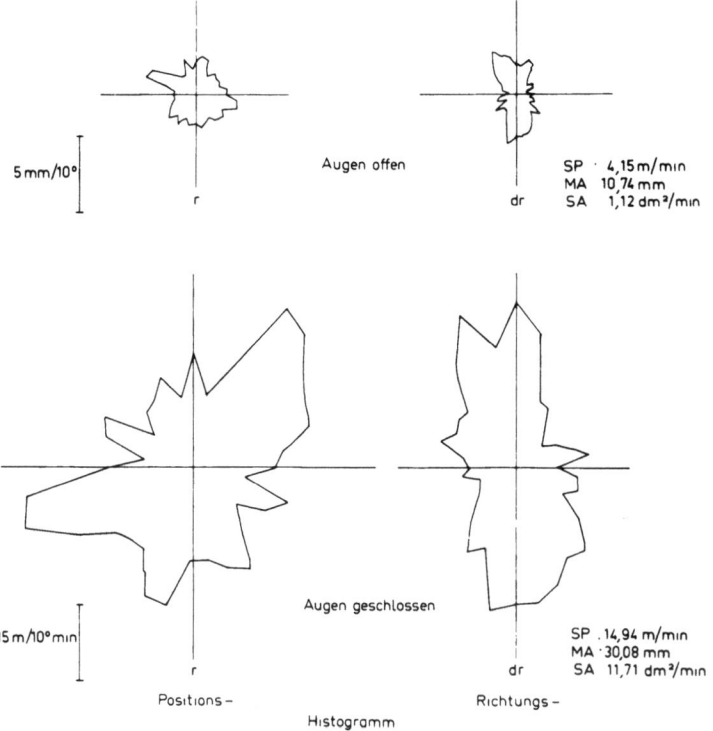

Abb. 2.7. Winkelhistogramm eines Patienten mit Tabes dorsalis mit offenen Augen *(obere Hälfte)* und geschlossenen Augen *(untere Hälfte).* Die Instabilität nimmt bei geschlossenen Augen massiv zu

hinteren Teil der Uvula, die sich auf dem Wurm nach kaudal dem Nodulus anschließt und zwischen den Kleinhirntonsillen liegt. Das Archizerebellum empfängt vor allem vestibuläre Projektionen und wird deshalb auch als Vestibulozerebellum bezeichnet.

2. Das Paläozerebellum, das aus dem Wurm mit Ausnahme der archizerebellären Anteile besteht sowie den wurmnahen Anteilen des vorderen Kleinhirnlappens und vor allem spinale Afferenzen empfängt.

3. Das Neozerebellum, das den Kleinhirnhemisphären entspricht und vor allem der „Detailplanung" von Willkürbewegungen dient.

Kleinhirnläsionen manifestieren sich klinisch am auffälligsten in Störungen der Bewegungskoordination. Eine Zielbewegung, die der Gesunde mühelos glatt und präzise vollführt, gerät zu einem ausfahrenden, unregelmäßigen Zittern (Intentionstremor), schnelle Bewegungen werden nicht rechtzeitig abgebremst, sondern fahren grob über das Ziel hinaus (Dysmetrie), der Gang ist breitbasig und unsicher. Auch das Stehen ist wechselnd betroffen. Gordon Holmes (1922) beschrieb dabei eine Fallneigung zur Seite der Läsion, fehlende Balancierbewegungen und die Unfähigkeit, eine rasche Verschiebung des Körperschwerpunktes auszugleichen. Bei Beugung des Rumpfes nach vorn oder hinten geraten die Patienten in Gefahr, das Gleichgewicht zu verlieren. Es fehlt die oben beschriebene Haltungssynergie, die beim Gesunden durch gegensinnige Bewegung der Hüftpartie dazu führen würde, daß der Schwerpunkt über der Standfläche bleibt.

Aus Abtragungsversuchen an Tieren erhielt man genaueren Aufschluß über die Funktion der verschiedenen Kleinhirnanteile.

Entfernt man Teile des Archizerebellums, so kommt es zu schweren Gleichgewichtsstörungen mit Wackeln des Kopfes und Hinstürzen. Der Gang ist grob ataktisch (Dow 1938). Reflexe and Muskeltonus sind jedoch unbeeinflußt; es besteht keine Extremitätenataxie (Carrea u. Mettler 1947).

Bei Abtragung des medialen Anteils des Lobus anterior, einem Teil des Paläozerebellums, beobachtet man eine Enthemmung von Muskeleigenreflexen und Stützreaktionen und einen auffallenden Haltetremor in allen vier Extremitäten (Fulton u. Connor 1939).

Neozerebelläre Läsionen wirken sich vor allem auf den Muskeltonus aus, der so weit herabgesetzt sein kann, daß der Körper sein eigenes Gewicht nicht mehr trägt. Die Extremitäten auf der Seite der Läsion zeigen eine Dysmetrie (Bremer 1935, Fulton u. Dow 1937, Carrea u. Mettler 1947).

Auch beim Menschen kann es bei einem Krankheitsgeschehen zu einer isolierten Schädigung eines der drei phylogenetischen Anteile kommen.

Ursache für Läsionen des *Archizerebellums* sind häufig Medulloblastome, an der Unterseite des Kleinhirns wachsende maligne Tumoren. Klinisch ist das Krankheitsbild bestimmt durch Gleichgewichtsstörungen im Stehen und im Gehen mit Fallneigung und durch Hirndruck. Die Gleichgewichtsunsicherheit kann so stark sein, daß die Kranken schon beim aufrechten Sitzen deutlich sichtbar schwanken (Rumpfataxie). Wenn sie stehen können, so fallen langsame, weit ausgedehnte Körperschwankungen in allen Richtungen auf. Das Fourier-Spektrum zeigt dementsprechend gegenüber der Normalkurve eine deutliche Vermehrung der niederfrequenten Anteile. Die Schwankungen haben keine bevorzugte Richtung (Abb. 2.8).

Die Störungen bei archizerebellären Läsionen sind ungleich schwerer als bei doppelseitigem Labyrinthausfall. Dies entspricht der Vorstellung, daß im Lobus floccolonodularis nicht nur vestibuläre Informationen umgesetzt werden, sondern auch diejenigen Anteile proprioceptiver und visueller Sinneseindrücke, die Informationen über die Orientierung des Körpers im Raum enthalten. Anders als bei Störungen wie Tabes dorsalis oder Labyrinthläsionen, bei denen nur jeweils ein „Vertikalenorgan" ausfällt, ist bei dem vestibulozerebellären Syndrom die zentrale Rekonstruktion der „subjektiven Vertikalen" aus den verschiedenene Gleichgewichtsinformationen gestört.

Isolierte Schädigungen des *Paläozerebellums* finden sich vor allem bei der Atrophie cérébelleuse tardive (Marie et al. 1922, Victor 1959), einer durch Alkoholismus verursachten Kleinhirndegeneration, die um das 50. Lebensjahr auftritt. Pathologisch-anatomisch sind dabei fast ausschließlich Vermis und Paravermis des Lobus anterior betroffen. Die Patienten haben eine Gang- und Standataxie, selten sind die Arme mit einbezogen oder die Sprache zerebellär verändert. Auffälligstes Symptom sind regelmäßige, pendelartige Körperschwankungen in Vorwärts-Rückwärts-Richtung, die bei geschlossenen Augen deutlich hervortreten. Im Frequenzspektrum entspricht diesen Bewegungen ein scharfer Peak bei ca. 3 Hz (Abb. 2.9), der intraindividuell sehr genau reprodzierbar ist. Die Richtungsbetonung zeigt sich deutlich im dr-Winkelhistogramm (Abb. 2.10).

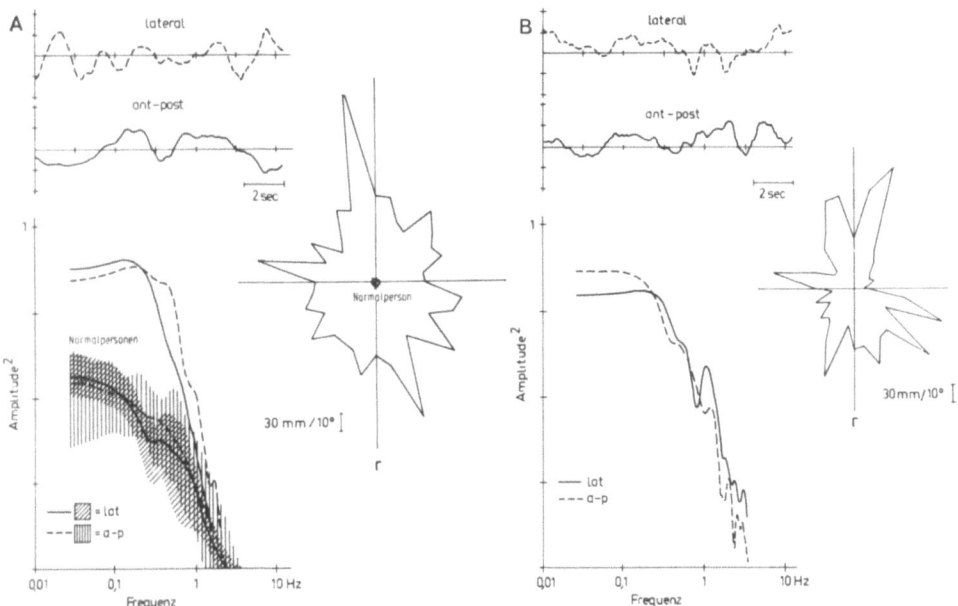

Abb. 2.8. Fourier-Spektren und Richtungshistogramme zweier Patienten (**A, B**) mit archizerebellären Läsionen (Medulloblastome). *Schraffiert* der Normalbereich der Fourier-Spektren. Es zeigt sich ein deutliches Überwiegen niederfrequenter Anteile. Das quantitative Ausmaß der Schwankungen wird deutlich, wenn man das Richtungshistogramm von Patient A *(links)* mit dem in der Mitte des Koordinatenkreuzes gezeichneten eines Gesunden vergleicht

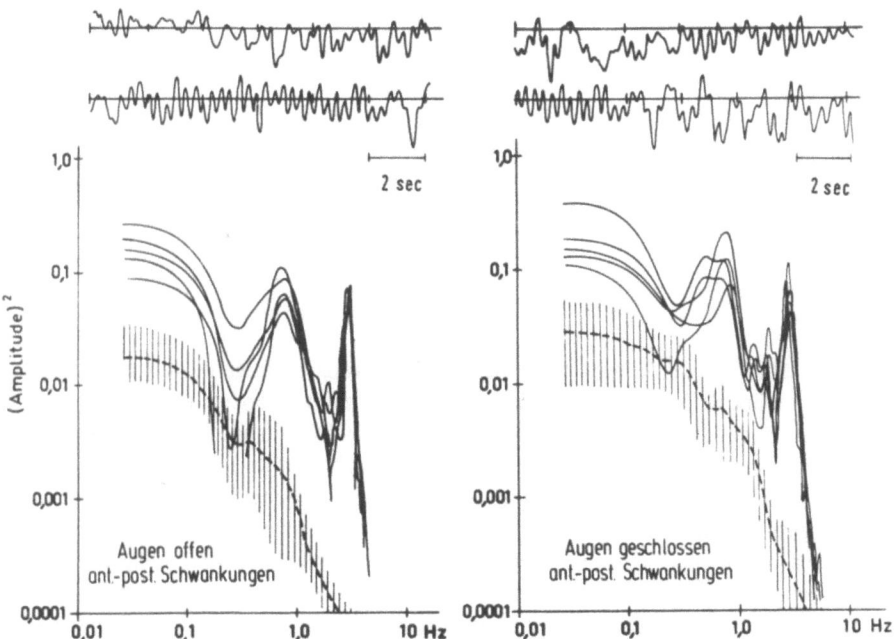

Abb. 2.9. Registrierungen des Kraftzentrums auf der Standfläche und Fourier-Spektren hiervon bei einem Patienten mit Spätatrophie der Kleinhirnrinde. *Links:* Augen offen, *rechts:* Augen geschlossen. *Schraffiert* die mittlere Kurve von 15 gesunden Versuchspersonen. Bei 5 Messungen an 5 verschiedenen Tagen zeigt sich ein exakt reproduzierbarer Aktivitätsgipfel bei 3 Hz

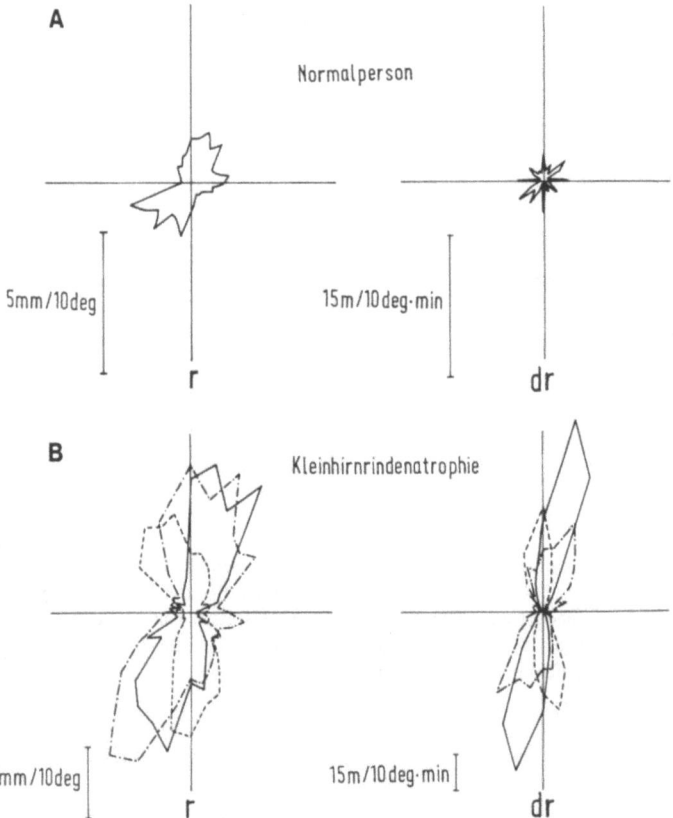

Abb. 2.10A, B. Positions *(r)* und Richtungshistogramm *(dr)* der Auslenkungen des Kraftzentrums eines Gesunden (**A**) und dreier Patienten mit Spätatrophie der Kleinhirnrinde (**B**, verkleinerter Maßstab!). Besonders die Richtungshistogramme zeigen das extreme Überwiegen von Vorwärts-Rückwärts-Schwankungen

Wie schafft es der Körper, trotz dieser Schwankungen einigermaßen stabil stehenzubleiben? Betrachtet man dazu einmal das Verhalten höhergelegener Körpersegmente, so findet sich die 3-Hz-Schwingung in der Hüfte und am Kopf wieder, jedoch auffallenderweise an der Hüfte um 180° phasenverschoben, relativ zur Meßplattform. Der Kopf schwingt dagegen phasengleich (Abb. 2.11). Anschaulich vorgestellt kommt es also zum „Durchschwingen" der Hüfte, oder anders ausgedrückt, der Oberkörper balanciert mit seinen Schwankungen diejenigen der unteren Körperhälfte aus. Ähnliche intersegmentale Bewegungsmuster kann man bei Gesunden sehen, die auf einer Wippe stehen. Bei Patienten im Anfangsstadium der späten Kleinhirnatrophie, die spontan noch keine 3-Hz-Schwankungen zeigen, kann man diese durch plötzliche Kippung der Standfläche nach hinten-unten oder durch elektrische Auslösung eines Muskeleigenreflexes (H-Reflex) provozieren.

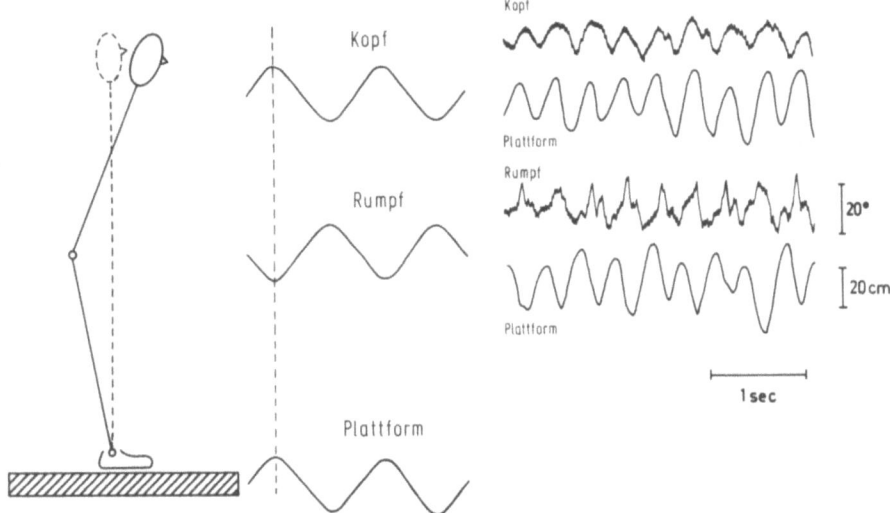

Abb. 2.11. Intersegmentale Bewegungen bei den 3-Hz-Schwankungen von Patienten mit Kleinhirnatrophie. Kopf und Hüfte schwingen in Gegenphase; das Kraftzentrum (CFP) auf der Standfläche schwingt wiederum in Gegenphase zur Hüfte. Auf diese Weise werden die Schwankungen ausbalanciert; der Oberkörper bildet ständig ein Gegengewicht zur unteren Körperhälfte

Die letztere Beobachtung ließ vermuten, daß bei der Entstehung der 3-Hz-Schwankungen der weiter oben beschriebene long-loop-Reflex im M. tibialis ant. mitwirken könnte. Die repetitive EMG-Aktivität im M. tibialis ant. bei den Pendelbewegungen der Patienten ähnelt derjenigen, die auch beim Gesunden nach Auslösen eines H-Reflexes beobachtet wird (Abb. 2.12) und die, wie oben gezeigt, auf einem long-loop-Reflex beruht, dessen Reflexbogen über das Paläozerebellum geht. Der Vergleich von Gesunden und Kleinhirnpatienten in Abb. 2.12 zeigt, daß lediglich die Stärke der Entladungen nicht, wie beim Gesunden, kontinuierlich abnimmt und daß der zeitliche Abstand bei Patienten mit Kleinhirnatrophie geringfügig größer ist. Etwas vereinfachend gesagt, haben wir es in einen Fall mit einer gedämpften, im anderen Fall mit einer ungedämpften Schwingung zu tun.

Wie kommt es dazu, daß die 3-Hz-Schwankungen sich selbst unterhalten?

Der elektrische Reiz löst zunächst nach 30 ms durch Erregung der Spindelafferenzen im N. tibialis einen H-Reflex aus (Abb. 2.13). Durch den H-Reflex (Kontraktion des M. gastrocnemius) wird der M. tibialis ant. gedehnt und zeigt 120 ms nach dem ersten Reiz einen segmentalen Dehnungsreflex. Dieser wiederum bewirkt eine Dorsalflexion des Fußes, dehnt den M. gastrocnemius und löst einen neuen segmentalen Reflex im M. gastrocnemius aus, der nach ca. 200 ms dort eintrifft. Soweit verhalten sich Gesunde und Patienten mit Kleinhirnatrophien identisch. Nun wird jedoch mit dem anfänglichen Reiz auch ein long-loop-Reflex des M. gastrocnemius ausgelöst, der beim Gesunden deutlich vor dem zweiten, segmentalen Reflex einfällt. Durch die Verzögerung in dem transzerebellären Reflexbogen trifft bei den Kleinhirnpatienten dieser long-loop-Reflex, der außerdem noch gesteigert ist, gleichzeitig

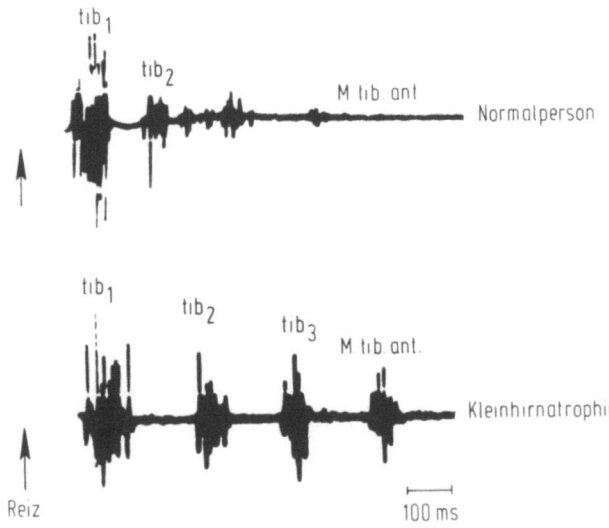

Abb. 2.12. Repetitive Aktivität des M. tibialis ant. nach Auslösung eines H-Reflexes im M. gastrocnemius. *Oben:* Normalperson, *unten:* Patient mit Spätatrophie der Kleinhirnrinde. Die Entladungen nehmen beim Gesunden rasch an Stärke ab, während sie sich bei dem Patienten nach Art einer ungedämpften Schwingung weiter fortsetzen

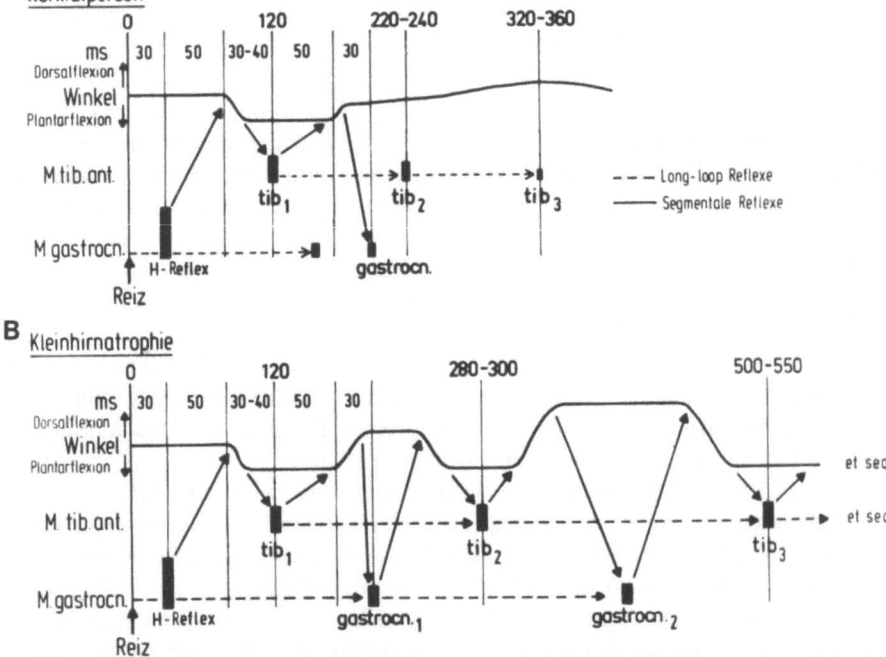

Abb. 2.13A, B. Schematische Darstellung der Reizantworten (elektrische Reizung des N. tibialis) bei einer Normalperson (**A**) und bei einem Patienten mit Kleinhirnrindenatrophie (**B**). Durch den H-Reflex im M. gastrocnemius kommt es nach ca. 50 ms zu einer Dehnung des M. tibialis (Auslenkung im Sprunggelenk nach hinten) und spinalreflektorisch zur tib_1-Entladung. Diese Vorgänge sind bei Normalen und Patienten gleich. Beim Patienten fallen jedoch wegen der verlängerten supraspinalen Reflexe im folgenden die long-loop-Reflexe desselben Muskels mit den spinalen Dehnungsreflexen zusammen und führen so zu einem Aufschaukeln der Oszillation

mit dem zweiten, segmentalen Reflex einfällt. Durch die Verzögerung in dem transzerebellären Reflexbogen trifft bei den Kleinhirnpatienten dieser long-loop-Reflex,
der außerdem noch gesteigert ist, gleichzeitig mit dem zweiten segmentalen Reflex im
Muskel ein. Hierdurch wird der Reflexerfolg so verstärkt, daß die Kontraktion des
M. gastrocnemius zur Auslösung eines neuen Dehnungsreflexes im M. tibialis ant. ausreicht, die dann den Zyklus unterhält. Insgesamt kommt es also durch Verzögerung
von transzerebellären long-loop-Reflexen zu einem zeitlichen Zusammentreffen von
segmentalen und long-loop-Reflexen, was dazu führt, daß die antagonistschen Muskelgruppen am Unterschenkel abwechselnd, gleichsam im Gegentakt, erregt werden.
Beim Gesunden fehlt diese Resonanz.

Das *Neozerebellum,* d.h. die Kleinhirnhemisphären, kann durch Tumoren bzw.
Tumormetastasen oder Infarkte betroffen sein. Die Patienten zeigen eine Extremitätenataxie, dagegen bei ruhigem Stehen keine oder nur sehr geringe Standunsicherheit.
Weder das Frequenz- noch das Richtungsspektrum der Körperschwankungen ist charakteristisch verändert. Gibt man ihnen jedoch die Aufgabe, ihr Kraftzentrum (CFP),
dessen Position ihnen auf einem Leuchtschirm dargeboten wird, willkürlich einer
gegebenen Kurve folgen zu lassen (visuelle Tracking-Aufgabe), so fallen diese Folge-
bewegungen deutlich hypermetrisch und uneben aus (Abb. 2.14).

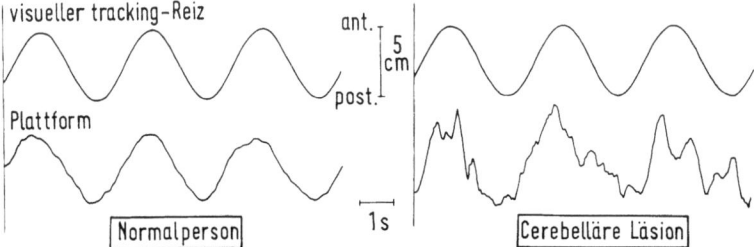

Abb. 2.14. Visueller Trackingversuch bei einem Gesunden und bei einem Patienten mit Kleinhirn-
hemisphärentumor. Die VP bekommt auf einem Oszillographenschirm die Position ihres Kraftzentrums (CFP) in a.-p.-Richtung geboten und muß hiermit einer gleichfalls angebotenen Sinus-
schwingung nachfahren. Bei einer Läsion des Neozerebellums sind die Bewegungen überschießend
und uneben

Dieser Befund entspricht der Ewartung: Die reflektorische Standregulation ist
intakt; kombiniert man jedoch das Stehen mit einer Willkürbewegung, in diesem Fall
bei der Verschiebung des Körperschwerpunktes, so überträgt sich die bei Willkürbewegungen manifeste Extremitätenataxie auf den Stand.

Patienten mit Schäden des *Labyrinths* oder des Vestibularisnerven zeigen als auf-
fälligste Symptome eine Fallneigung zur Seite der Läsion und einen Nystagmus zur
Gegenseite. In ihren Körperschwankungs-Meßwerten differieren sie nur als Kollektiv
von Gesunden; im Einzelfall sind die Unterschiede zu gering. Auffallend ist eine über-
normale Zunahme der Körperschwankungen beim Stehen mit geschlossenen Augen.
Dies kann teilweise durch die von der Läsion verursachte Körperneigung erklärt werden.

Der Körperschwerpunkt kommt in eine „unrationellere" Lage, in der vermehrte Balancierbewegungen nötig sind. Induziert man nämlich beim Gesunden durch visuelle Reize eine Schwerpunktverlagerung (s. o.), so beobachtet man eine quantitative Beziehung zwischen ihrem Betrag und der Menge der Körperschwankungen.

Der Ausfall eines oder beider Labyrinthe wird innerhalb von Wochen oder Monaten durch zentrale Mechanismen kompensiert. Die Patienten zeigen keinerlei Standunsicherheit mehr. Die vestibulären Informationen sind weitgehend durch Informationen der anderen beiden „Gleichgewichtsorgane", Propriozeptoren und Auge, ersetzbar.

Patienten mit *M. Parkinson* haben bei ruhigem Stehen keine Anzeichen einer Standunsicherheit. Bei Registrierungen mit der Kraftmeßplattform kann bei einigen eine Übertragung des Tremors auf die Standfläche beobachtet werden. Hier handelt es sich jedoch nicht um einen „posturalen Tremor" wie bei der Spätatrophie der Kleinhirnrinde, sondern um ein Übergreifen des generalisierten Tremors auf die Standmotorik.

Entsprechend dem klinischen Symptom der Akinesie (Bewegungsarmut) ist bei Patienten mit Parkinson am ehesten eine Abschwächung von automatischen Haltungskorrekturen bei Störungen des Gleichgewichts durch äußere Einwirkungen oder selbst-initiierte Bewegungen zu erwarten. Dieses Defizit läßt sich an einfachen Versuchen modellhaft nachweisen. Ein Gesunder reagiert auf einen Zug am Arm mit einer frühen Anspannung des M. triceps surae (80 ms), die wegen ihrer Latenz reflektorisch bedingt sein muß. (Zum Vergleich: Die Latenzzeit für eine Willkürbewegung im M. triceps surae auf einen akustischen oder taktilen Reiz hin liegt über 100 ms.) Bei Parkinsonkranken ist dieser Haltungsreflex abgeschwächt, oder er fehlt ganz (Traub et al. 1980). Auch die posturale Präinnervation des M. tibialis ant. beim Überwechseln in den Zehenstand (vgl. Abb. 2.6) fällt schwächer aus und ist verzögert (Bernsdorff 1981). Solche unterstützenden und vorbereitenden Haltungsbewegungen sind an die Basalganglien gebunden (Martin 1967).

Zusammenfassung

Bei aufrechtem Stehen werden ständig kleine Balancierbewegungen vollführt, die mit geeigneten Apparaturen meßbar sind. Sie entsprechen den Schwingungen mehrerer ineinandergreifender Regelkreise, deren Meßfühler das *Labyrinth,* das *Auge* und die *Propriozeptoren* sind. Fehlen der propriozeptiven Information führt bei Kranken mit Tabes dorsalis und bei Gesunden unter experimentellen Bedingungen zu charakteristischen Haltungsschwankungen von 1 Hz in Anterior-posterior-Richtung. Das Bogengangsystem gibt Informationen über die Winkelgeschwindigkeit, das Otolithenorgan über die Orientierung des Kopfes zur Schwerkraft. Auch visuelle Eindrücke, vor allem aus der Netzhautperipherie, werden bei der Standregulation verwendet. Gemeinsames Stellglied der posturalen Regelkreise sind vorwiegend die Bein- und Hüftmuskeln.

Jede *Willkürbewegung* stört das Gleichgewicht. Wesentliche Aufgabe der Standregulation ist, diese Störungen zu verhindern und auszugleichen. Eine stützende Grundlage für Willkürbewegungen muß daher vor den reflektorischen Regelungen

Haltungsprogramme entwickeln, die die Willkürhandlung vorbereiten und begleiten (Haltungssynergie).

Bei einer Anzahl *neurologischer Erkrankungen* ist die Haltungsregulation mitbetroffen. Neben dem Ausfall einzelner Rezeptoren oder ihrer afferenten Bahnen (s. o.) kann die zentrale Verarbeitung der Gleichgewichtsinformationen gestört sein (Läsionen des Vestibulozerebellums). Eine andere charakteristische Störung entsteht durch das Schwingen eines posturalen Regelkreises (Syndrom des Lobus anterior).

Summary

When standing upright, normal subjects regulate the coordinated activation of postural mucles by continuous balancing activity. The measurement of such activity reflects the oscillations of several interconnected servoloops, the detectors of which are the *vestibular, visual and proprioceptive systems*. Lack of proprioceptive cues in patients with tabes dorsalis and in normals under experimental conditions produces a characteristic 1-Hz postural tremor in the anterior-posterior direction. The labyrinth provides information on angular velocity, the otoliths on the orientation of the head in relation to gravity. Visual cues involved in postural regulation originate mainly from the peripheral retina. The common effectors of the postural servoloops are the leg and hip muscles.

Voluntary motion disturbs this equilibrium. An important function of postural regulation is the compensation for these disturbances in order to provide a postural basis for voluntary action. This is achieved by automatic, preprogrammed postural movements, some of which precede voluntary movement.

In a number of *neurologic disorders* postural regulation is affected. Disequilibrium may be caused either by damage to proprioceptors or their afferent pathways or by disturbed central computation of graviceptive cues (vestibulocerebellar lesions). A characteristic disorder is caused by oscillation of a postural servoloop (anterior lobe syndrome).

Literatur

Bernsdorff N (1981) Untersuchungen zur Interaktion von Haltungs- und Willkürmotorik an Gesunden und an Patienten mit zentralen motorischen Störungen. Dissertation, Freiburg

Bessington JC, Pacifici M, Bizoo G, Baron JB (1975) Statokinesigrammes, taille, poids, sexe, reproductibilité. Troisième Symposion International de Posturographie, Resumés. Paris

Bouisset S, Zattara M (1981) A sequence of postural movements precedes voluntary movement. Neurosci Lett 22:263–270

Brandt T, Dichgans J, König E (1973) Differential effects of central versus peripheral vision on egocentric and exocentric motion perception. Exp Brain Res 16:476–491

Bremer F (1935) Le cervelet. In: Roger GH, Binet L (eds) Traité de physiologie normale et pathologique, vol 10, pt 1–2. Masson, Paris

Carrea RME, Mettler FA (1947) Physiologic consequences following extensive removal of the cerebellar cortex and deep cerebellar nuclei and effect of secondary cerebral ablations in the primate. J Comp Neurol 87:169–288

Dichgans J, Held R, Young LR, Brandt Th (1972) Moving visual scenes influence the apparent direction of gravity. Science 18:1217–1219

Dichgans J, Diener HC, Brandt Th (1974) Optokinetic-graviceptive interaction in different head positions. Acta Otolaryngol 78:391–398

Dichgans J, Brandt Th, Held R (1975) The role of vision in gravitational orientation. Fortschr Zool 23:255–263

Dietz V, Mauritz K-H, Dichgans J (1980) Body oscillations due to segmental stretch reflex activity. Exp Brain Res 40:85–95

Dow RS (1938) Effect of lesions in the vestibular part of the cerebellum in primates. Arch Neurol Psychiatr 40:500–520

Edwards AS (1941) The measurement of static ataxia. Am J Psychol 55:171–188

Edwards AS (1946) Body sway and vision. J Exp Psychol 36:526–535

Fulton JF, Dow RS (1937) The cerebellum: A summary of functional localization. Yale J Biol Med 10:89–110

Fulton JF, Connor G (1939) The physiological basis of three major cerebellar syndromes. Trans Am Neurol Assoc 65:53–57

Geursen J-B., Altena D, Massen CH, Verduin M (1976) A model of the standing man for the description of his dynamic behaviour. Agressologie 17B:63–69

Gueguen G, Leroux J (1973) Identification d'un modèle représentant les déplacements du centre de gravité de l'homme. Agressologie 14C:73–77

Gurfinkel VS (1973) Physical foundations of the stabilography. Agressologie 14C:9–14

Gurfinkel VS, Kots YM, Paltsev YJ, Feldman AG (1971) The compensation of respiratory disturbances of the erect posture of man as an example of the organization of the interarticular interaction. In: Gurfinkel VS, Tomin SV, Tsetlin ML (eds) Models of the structural-functional organization of certain biological systems. MIT Press, pp 383–395

Gurfinkel VS, Lipshits MJ, Popov K (1974) Is the stretch reflex the main mechanism in the system of regulation of the vertical posture in man? Biophysics 19:744–748

Hammond PH (1956) The influence of prior instruction to the subject on an apparently involuntary neuro-muscular response. J Physiol 132:17–18

Held R, Dichgans J, Bauer J (1975) Characteristics of moving visual scenes influencing spatial orientation. Vision Res 15:357–365

Hellebrandt FA (1938) Standing as a geotropic reflex. Am J Physiol 121:471–474

Holmes G (1922) The Croonian lectures on the clinical symptoms of cerebellar disease and their interpretation. Lancet 100 (1):1177–1182, 1231–1237;(2):59–65, 111–115

Hufschmidt A (1977) Die quantitative Beschreibung der spontanen Körperschwankungen im Stehen: Meßmethoden, Meßgrößen, experimentell-physiologische und klinische Anwendung. Dissertation, Freiburg

Hufschmidt A, Dichgans J, Mauritz K-H, Hufschmidt M (1980) Some methods and parameters of body sway quantification and their neurological applications. Arch Psychiatr Nervenkr 228: 135–150

Jung R, Hassler R (1960) The extrapyramidal motor system. In: Field J, Magoun HW, Hall VE (eds) Handbook of physiology, Sect I: Neurophysiology, vol 2. American Physiological Society, Washington, pp 863–927

Kapteyn TS (1972) Data processing of posturographic curves. Agressologie 13B:29–34

Kapteyn TS, De Wit G (1972) Posturography as an auxiliary in vestibular investigation. Acta Otolaryngol 73:104–111

Lee DN, Lishman JR (1975) Visual proprioceptive control of stance. J Hum Mov Stud 1:87–95

Lee RG, Tatton WG (1975) Motor responses to sudden limb displacements in primates with specific CNS lesions and in human patients with motor system disorders. Can J Neurol Sci 2:285–293

Marie P, Foix C, Alajouanine T (1922) De l'atrophie cérébelleuse tardive à prédominance corticale. Rev Neurol (Paris) 38:849–885, 1082–1111

Martin JP (1967) The basal ganglia and posture. Pitman, London

Mauritz K-H, Dichgans J, Hufschmidt A (1977) The angle of visual roll motion determines displacement of subjective visual vertical. Percep Psychophys 22:557–562

Mauritz K-H (1979) Standataxie bei Kleinhirnläsionen. Habilitationsschrift, Freiburg

Mauritz K-H, Dietz V (1980) Characteristics of postural instability induced by ischaemic blocking of leg afferents. Exp Brain Res 38:117-119

Miles WR (1922) Static equilibrium as a useful test of motor control. J Indus Hyg 3:316-361

Montserrat S (1969) Méthode d'objectivation des troubles de la posture et des tremblements par le test oscillométrique. C R Acad Sci Paris: 2079-2086

Murphy JT, Wong YG, Kwan HC (1973) Distributed feedback systems for muscle control. Brain Res 71:495-505

Murphy JT, Kwan HC, Williams A, Wong YC (1975) Physiological basis of cerebellar dysmetria. J Can Neurol Sci 73:279-284

Murray MP, Seireg A, Scholz RC (1976) Center of gravity, center of pressure and supportive forces during human activities. J Appl Physiol 23:831-838

Nashner LM (1970) Sensory feedback in human posture control. Dissertation, Massachusetts Institute of Technology

Phillips CG (1969) Motor apparatus of the baboons's hand. Proc R Soc B 173:141-174

Romberg MH (1857) Lehrbuch der Nervenkrankheiten des Menschen (2. Aufl). Hirschwald, Berlin, S 904-907

Tepper RH, Hellebrandt FA (1938) The influence of the upright posture on the metabolic rate. Am J Physiol 122:563-568

Thomas DP, Whitney RJ (1959) Postural movements during normal standing in man. J Anat 93:524-529

Traub MM, Rothwell JC, Marsden CD (1980) Anticipatory postural reflexes in Parkinson's disease and other akinetic-rigid syndromes and in cerebellar ataxia. Brain 103:393-412

Uchytil B (1962) Methode der objektiven Aufzeichnung vestibulospinaler Reflexe. Monatsschr Ohrenheilkd 96:554-558

Victor M, Adams RD, Mancall EL (1959) A restricted form of cerebellar cortical degeneration occurring in alcoholic patients. Arch Neurol (Chic) 1:579-688

Elektrophysiologie komplexer Bewegungsabläufe: Gang-, Lauf-, Balance- und Fallbewegungen

V. DIETZ

Einleitung

Komplexe Bewegungen verlangen eine fein abgestimmte Koordination der Muskelaktivierung des Körpers, die im zeitlichen Ablauf und in der Stärke durch Elektromyogramm (EMG) und Gelenkbewegungen registrierbar sind. Wie werden derartige komplexe, meist sehr schnell durchgeführte Bewegungsabläufe in ihren verschiedenen Phasen gesteuert, und wie werden die an sich meist früh erlernten Bewegungen an die jeweils aktuellen Bedingungen und Umgebungsverhältnisse angepaßt? Welche Strukturen des Nervensystems sind an dieser Kontrolle beteiligt, und auf welche Weise erfolgt die Steuerung und Koordination der Muskelaktivität zu bestimmten Zeitpunkten des Bewegungsablaufs? Im wesentlichen reduzieren sich die Fragen darauf, inwieweit die komplizierte Aktivitätsfolge verschiedener Muskelgruppen von zentral, d.h. von höheren Hirnstrukturen aus reguliert wird und im Rahmen vorprogrammierter erlernter Schablonen abläuft bzw. inwieweit die Muskelaktivität durch spinale Dehnungsreflexe (einem einfachen Rückkoppelungssystem von der Muskelspindel über das Rückenmark zum Muskel hin) gesteuert wird. Diese Fragen wurden an verschiedenen mehr oder weniger geläufigen komplexen Bewegungsabläufen untersucht.

Trotz der schon seit mehr als 50 Jahren bekannten elektrophysiologischen Untersuchungsmöglichkeiten der Muskelaktivität beschränken sich die bisher durchgeführten Bewegungsanalysen beim Menschen vorwiegend auf biomechanische Faktoren. Erste Beobachtungen auf diesem Gebiet stammen vom Ende des letzten Jahrhunderts (Marey 1873). Erste elektromyographische Untersuchungen der Beinmuskeln beim Gehen und Hüpfen bzw. Treppen-Hinabgehen ergaben widersprüchliche Ergebnisse bezüglich des Einflusses von segmentalen Dehnungsreflexen auf die Muskelaktivität der Wadenmuskeln (Greenwood u. Hopkins 1976, Melvill-Jones u. Watt 1971a, b), so daß die Frage der neuronalen Organisation der Fortbewegung offenblieb.

Elektrophysiologische Registrierungen von Laufbewegungen wurden zunächst an dezerebrierten und spinalisierten Säugetieren – besonders der Katze – durchgeführt (Engberg u. Lundberg 1969, Grillner 1975). Dann wurde auch über Registrierungen der afferenten, von Extremitätenmuskeln zum Rückenmark fortgeleiteten und der efferenten, vom Rückenmark zum Muskel hingeleiteten Nervenimpulse bei freilaufenden Katzen berichtet (Prochazka et al. 1977a, b), die wesentliche neue Erkenntnisse über die neuronale Organisation der Fortbewegung bei der Katze erbrachten. Obwohl einige Übereinstimmungen im Aktivitätsmuster der Beinmuskeln zwischen dem Zweibeingang des Menschen und dem Vierfüßlergang der Katze vorhanden sind, bestehen doch auch grundlegende Unterschiede, die schon beim Vergleich von

Berger et al., Haltung und Bewegung beim Menschen
© Springer-Verlag Berlin Heidelberg 1984

biomechanischen Parametern sichtbar werden – beispielsweise unterschiedliche Schwung- und Standphasendauer bei verschiedenen Laufgeschwindigkeiten (Dietz 1978, Wetzel u. Stuart 1956). Dies kann zumindest teilweise durch die bei Menschen und Katzen unterschiedliche Reflexkoppelung zwischen proximalen und distalen Beinmuskeln erklärt werden (Pierrot-Deseilligny et al. 1981a, b). Diese Unterschiede in der neuronalen Verschaltung von Muskelgruppen erklären sich vermutlich aus dem aufrechten Gang des Menschen. Untersuchungen am Menschen haben den Vorteil, daß die bei komplexen Bewegungen erfolgende unwillkürliche Muskelaktivierung mit der EMG-Aktivität bei willkürlicher Muskelkontraktion verglichen werden kann. Dies hebt einen großen Vorteil des Tierexperimentes zumindest teilweise wieder auf, der darauf beruht, daß zentrale und periphere Nervenstrukturen direkt gereizt bzw. von diesen abgeleitet werden können. Dies geschieht jedoch meist unter sehr künstlichen Versuchsbedingungen, so daß die dort gewonnenen Ergebnisse nur mit Vorbehalt auf die neuronale Organisation bzw. Muskelaktivierung des intakten, sich frei bewegenden Tieres übertragen werden können.

Im folgenden sollen die wesentlichen Ergebnisse von breit angelegten Versuchsreihen komplexer Bewegungsabläufe beim Menschen dargestellt werden. Im Mittelpunkt steht die Frage, inwieweit die elektrische Aktivität der Extremitätenmuskeln von zentral her programmiert ist bzw. welchen Einfluß die Muskeldehnungsrezeptoren auf diese Aktivität haben. Wesentliches Ergebnis dieser Untersuchungen ist, daß neben der *„zentralen" Kontrolle* der Muskelaktivität in Form von motorischen Programmen der *„peripheren" Regulation* durch die Muskeldehnungsreflexe eine wesentliche Bedeutung bei der Steuerung von komplexen Bewegungsabläufen zukommt. Voraussetzung für die fein abgestimmte Entwicklung und schnelle Kontrolle der Muskelspannung während der Bewegungsabläufe sind die *mechanischen Eigenschaften der Muskelfasern.* Diese bestehen darin, daß die Spannungsentwicklung eines Muskels weitgehend von der elektrischen Muskelaktivierung abhängt. Diese durch mehrere periphere und zentrale Quellen erfolgende Erregung bzw. Hemmung der Motoneurone eines Muskels wiederum erfolgt innerhalb eines Motoneuronpools nach dem sogenannten Henneman-Prinzip (Henneman 1957). Nach diesem Prinzip werden mit zunehmender Aktivierung eines Muskels zunehmend größere motorische Einheiten rekrutiert, die mehr Kraft entwickeln, während die kleinen motorischen Einheiten, die innerhalb eines Motoneuronpools wesentlich zahlreicher vertreten sind, schon bei geringerer Muskelaktivierung rekrutiert werden und durch einen Anstieg der Entladungsfrequenz zum weiteren Kraftanstieg beitragen. Es konnte später gezeigt werden, daß dieses zuerst bei der Katze entwickelte Prinzip grundsätzlich auch für die menschliche Muskelaktivierung gilt (Freund et al. 1975).

Methodik

Das Elektromyogramm antagonistischer Beinmuskeln wurde mit Oberflächenelektroden abgeleitet und über eine Telemetrieanlage auf ein Magnetbandgeräte und einen Direktschreiber übertragen. Es konnten bis zu vier Muskeln gleichzeitig abgeleitet werden. Zusammen mit dem Elektromyogramm (EMG) wurden die Winkeländerungen im Fußgelenk registriert. Beim Gehen bzw. Laufen war im Schuh sowohl unter der Ferse wie auch unter dem Fußballen ein elektrischer Kontakt angebracht, der die jeweilige Aufsetzfläche des Fußes während der Standphase der Fortbewegung anzeigte und gleichzeitig als Triggersignal zum Aufsummieren der EMGs mehrerer Schritte diente. Jeweils zu Versuchsbeginn wurde das EMG der Unterschenkelmuskeln (M. gastrocnemius und M. tibialis anterior) bei maximaler isometrischer Willkürkontraktion aufgezeichnet (der Winkel des Kniegelenkes entsprach dabei dem zum Zeitpunkt des Aufsetzens beim Gehen bzw. beim Laufen, d.h. zu Beginn der Standphase). Bei einigen Versuchspersonen wurde nach dem normalen Laufversuch eine Blockierung der schnell-leitenden Nervenfasern, die die Impulse der Muskeldehnungsrezeptoren zum Rückenmark leiten, d.h. insbesondere der Muskelspindelafferenzen (Gruppe I), durch Ischämie herbeigeführt. Hierzu wurde eine Blutdruckmanschette am Oberschenkel mit einem Druck von 200 mm Hg angebracht. Nach 15–20 min Ischämie wurde der Laufversuch mit gleicher Geschwindigkeit in der Zeitspanne wiederholt, in der ein Großteil der Muskelspindelafferenzen blockiert, d.h. der spinale Dehnungsreflex teilweise unterbrochen war. In diesem Zeitraum werden jedoch die Motoneuronimpulse durch die etwas dünneren efferenten motorischen Nervenfasern vom Rückenmark zum Muskel noch fortgeleitet.

Bei einem Teil der Versuchspersonen wurden auch Spannungsänderungen an der Achillessehne bei verschiedenen Laufgeschwindigkeiten gemessen. Diese Spannungsänderungen wurden durch einen Dehnungsmeßstreifen registriert, der seitlich an der Achillessehne auf einem Bügel befestigt war. Dieser Bügel war mit zwei Haken verbunden, die die Achillessehne von der Gegenseite gegen den Dehnungsmeßstreifen preßten. Weitere methodische Einzelheiten sind in früheren Publikationen beschrieben (Schmidtbleicher et al. 1978, Dietz u. Noth 1978a, b; Dietz et al. 1979).

Regulation der Fortbewegung: EMG-Aktivität beim Gehen und Laufen

Beim normalen langsamen Gehen (Laufbandgeschwindigkeit 1,5–2 km/h) erfolgt das Aufsetzen des Fußes auf dem Boden mit der Ferse, und erst nach Bodenkontakt durch den gesamten Fuß kommt es zum Vorwärtsbeugen des Beines und dadurch zur Dehnung des Triceps surae. In Abb. 3.1 sind diese verschiedenen Phasen eines Schrittes durch das Signal der elektrischen Kontakte im Schuh in einer Originalregistrierung dargestellt. In der Standphase kommt es durch das Vorwärtsbeugen des Beines zu einer mit dem Fußgelenksgoniometer registrierten passiven Dorsalflexion des Fußes, d.h. Dehnung des Triceps surae. Während dieser Dehnungsphase wird der Gastrocnemius aktiviert. Lediglich beim Gehen mit plantarflektiertem Fuß (Zehenspitzen- oder Fußballengang) kommt es wie beim Laufen zu einer Voraktivierung des Gastrocnemius 120–150 ms vor Bodenkontakt. Mit Beginn der Plantarflexion des Fußes zum Abstoßen kommt es zum Sistieren dieser Aktivität, und noch am Ende der Standphase beginnt das Tibialis-anterior-EMG. Während der Schwungphase wird der Fuß durch eine relativ geringe Tibialis-anterior-Aktivität gehoben. Das Tibialis-anterior-EMG dauert bis zu Beginn der Standphase an und fällt häufig im Verlauf der Schwungphase leicht ab, so daß die Tibialis-anterior-Aktivität zweigipflig erscheint.

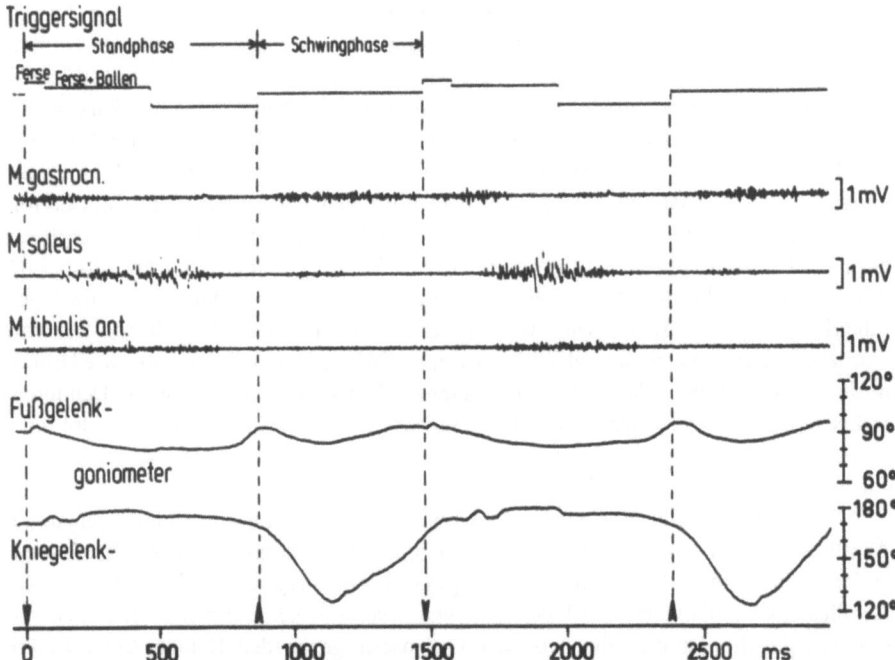

Abb. 3.1. EMG-Aktivitätsmuster beim Gehen. Die EMGs der Unterschenkelmuskeln zusammen mit dem Goniometersignal von Fuß- und Kniegelenk beim langsamen Gehen (Geschwindigkeit des Laufbandes 2 km/h). Durch die zwei getrennt im Schuh angebrachten elektrischen Kontakte können Fersen- und Fußballenkontakt in der Standphase sowie die Schwungphase eines Schritt-zyklus unterschieden werden. Diese Signale dienten auch zum Aufsummieren der verschiedenen EMG- und biomechanischen Signale über mehrere Schrittzyklen. (Aus Dietz et al. 1981b)

Kinder ab 4–5 Jahren und Erwachsene zeigen sowohl im zeitlichen Ablauf wie auch in der Stärke dieses typischen Aktivitätsmusters keine Unterschiede. Während die Stärke der Muskelaktivität bei einer bestimmten Fortbewegungsgeschwindigkeit inter-individuell deutliche Schwankungen zeigt, zeigen Registrierungen einer Person, die an verschiedenen Tagen bei gleicher Geschwindigkeit durchgeführt wurden, keine wesentlichen Unterschiede. Das aufsummierte EMG ein und derselben Person variiert in der Amplitude bei Registrierung an verschiedenen Tagen um nicht mehr als 10%.

In Abb. 3.2 ist eine typische Originalregistrierung des EMGs der Unterschenkel-muskulatur beim Laufen zusammen mit dem Signal des Fußgelenkgoniometers und den auf die Lauffläche wirkenden Kräften dargestellt. Im Gegensatz zum Gehen kommt es schon 120–150 ms vor dem Aufsetzen zu der schon früher von Melvill-Jones und Watt (1971a, b) beschriebenen Voraktivierung der Wadenmuskeln. Nach dem Aufsetzen steigt die Aktivität des M. gastrocnemius während der passiven Dor-salflexion des Fußes, d.h. der Dehnungsphase des Triceps surae wie beim Gehen, deutlich an und fällt mit der Fußextension, d.h. Verkürzung des Triceps surae, rasch

Sprint

rechtes Bein

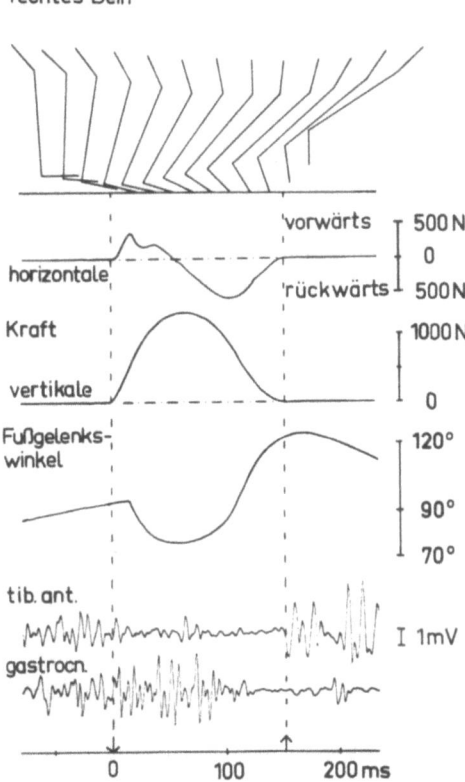

Abb. 3.2. Aktivitätsmuster beim Sprint. EMGs der Unterschenkelmuskeln zusammen mit dem Signal des Fußgelenkgoniometers sowie die horizontal und vertikal auf den Boden wirkende Kraft beim Sprint über eine Plattform (mit 4 Piezo-Druckaufnehmung an den Ecken). Oben ist ein vom Film rekonstruiertes Strichdiagramm des Beines dargestellt. Die *Pfeile* markieren das Aufsetzen (↓) und Abheben (↑) des Fußes. (Aus Dietz et al. 1979)

wieder ab. Auch hier beginnt die Tibialis-anterior-Aktivität am Ende der Standphase desselben Laufzyklus und leitet die aktive Dorsalflexion während der Schwungphase des Laufens ein. Außer der beim Laufen deutlichen Voraktivierung des Gastrocnemius bestehen somit lediglich quantitative Änderungen gegenüber der Aktivität der Unterschenkelmuskeln beim Gehen.

Zentral vorprogrammierte versus reflexausgelöste Aktivierung bei automatisierten Bewegungsabläufen

Im folgenden soll nun gezeigt werden, daß die Aktivitätszunahme während der Dehnung des Wadenmuskels in der Standphase zumindest beim schnellen Laufen weitgehend – wenn nicht sogar allein – durch den spinalen Dehnungsreflex hervorgerufen wird. Dieses einfache spinale Rückkoppelungsystem bietet die Möglichkeit für eine rasch einsetzende Verstärkung der Muskelaktivität des passiv gedehnten Triceps surae noch während der Standphase ein und desselben Laufzyklus.

Zur genauen Analyse des zeitlichen Ablaufes der Gastrocnemiusaktivierung wurde das Myogramm 30—100mal aufsummiert, wobei der Aufsetzzeitpunkt als Triggersignal diente. Zuvor mußte das Myogramm gleichgerichtet werden, damit ein gegenseitiges Auslöschen von negativen und positiven Potentialschwankungen beim Aufsummieren ausgeschlossen wurde. In Abb. 3.3 ist ein derartiges gleichgerichtetes und aufsummiertes Gastrocnemius-EMG beim schnellen Laufen abgebildet. Aus dieser Abbildung gehen die drei wesentlichen Beobachtungen hervor, auf denen die Annahme basiert, daß die Aktivitätszunahme des Gastrocnemius-EMG nach Bodenkontakt durch die segmentale bzw. spinale Muskeldenungsreflexaktivität erfolgt.

a) Die ca. 130 ms vor Bodenkontakt einsetzende Gastrocnemiusaktivierung geht in ein Plateau über, und es erfolgt 40 ms nach dem Aufsetzen des Fußes mit dem Fußballen, d.h. nach Einsetzen der Triceps-surae-Dehnung, ein zweiter, wesentlich steilerer Anstieg des Gastrocnemius-EMGs. Die Zeitspanne von 40 ms zwischen Beginn der Muskeldehnung und dem Aktivitätsanstieg stimmt mit der Leitungszeit des spinalen Dehnungsreflexes (der vom Dehnungsfühler im Muskel — den Muskelspindeln — über das Rückenmark zum Muskel verläuft) überein. Somit muß zumindest der Anfang dieses steilen Aktivitätsanstigs auf den kurzen und schnell-leitenden segmentalen Dehnungsreflexbogen zurückgeführt werden.

Das Aktivitätsmaximum dauert beim Sprint während der Standphase ca. 50 ms an, somit wird auch beim Sprint, in dem die Standphasendauer nur ca. 100 ms beträgt (Dietz et al. 1978), das reflexinduzierte Aktivitätsmaximum für den Abstoß mechanisch voll wirksam (trotz der spinalen Reflexlatenzzeit, der Dauer des Aktivitätsanstiegs und der elektromechanischen Koppelungszeit). Dies ist insofern wichtig, als bisher aufgrund von Versuchen an der Katze angenommen wurde, daß die Standphasendauer bei der schnellen Fortbewegung zu kurz ist, um den spinalen Dehnungsreflex noch in ein und demselben Laufzyklus wirksam werden zu lassen (Grillner 1972).

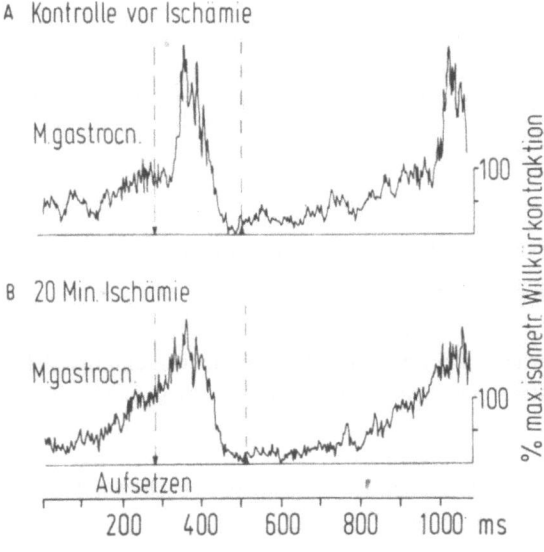

A Kontrolle vor Ischämie

M.gastrocn.

100

B 20 Min. Ischämie

M.gastrocn.

100

Aufsetzen

200 400 600 800 1000 ms

% max. isometr. Willkürkontraktion

Abb. 3.3A, B. Gastrocnemiusaktivität beim Sprint vor und nach Blockierung von Muskelspindelafferenzen. Gleichgerichtetes und aufsummiertes (50 Durchläufe) Gastrocnemius-EMG beim schnellen Laufen. **A** Kontrolle vor Ischämie zeigt den typischen steilen Anstieg des Myogramms 35—40 ms nach Bodenkontakt. **B** Nach 20 min Ischämie am Oberschenkel ist das durch den Dehnungsreflex induzierte EMG reduziert, ohne daß die Aktivität vor Bodenkontakt verändert ist. Die *Pfeile* markieren Aufsetzen und Abheben des Fußes. (Aus Dietz et al. 1979)

b) Wie aus Abb. 3.3 zu ersehen ist, übersteigt die Aktivitätszunahme des M. gastrocnemius während der Standphase des Laufens deutlich (beim Sprint zwei- bis dreifach) die bei kurzer maximaler isometrischer Willküraktivierung erreichte EMG-Stärke. Diese Beobachtung besagt, daß über den Muskeldehnungsreflex eine der Willküraktivierung nicht zugängliche Aktivitätsreserve mobilisiert wird. Für das Training von Sportstudenten ergibt sich die Folgerung, daß im Gegensatz zum konzentrischen Training lediglich beim exzentrischen Krafttraining eine volle Ausschöpfung des Aktivitätsmaximums eines Muskels erreicht wird (vgl. Kap. 6).

c) Eine weitere Möglichkeit, den Einfluß des Muskeldehnungsreflexes auf die Gastrocnemiusaktivität zu untersuchen, besteht in der Blockierung von afferenten Nervenfasern der Gruppe I durch Ischämie (Dietz et al. 1979). Die Funktion der motorischen efferenten Nervenfasern von den Motoneuronen zum Muskel bleibt während dieser ischämischen Laufversuche intakt (die Kontrolle erfolgt in Form der erhaltenen EMG-Aktivität bei maximaler Willküraktivierung des Muskels). Da der Dehnungsreflex weder den M. tibialis anterior während der Schwungphase noch den M. gastrocnemius in der Aktivitätsperiode vor der Standphase beeinflußt, würde sich eine Aktivitätsänderung, die sich aus der ischämischen Blockierung der afferenten Nervenfasern ergibt, hauptsächlich in der Aktivitätsphase nach Bodenkontakt, d.h. während der Dehnungsperiode des Triceps surae, auswirken. In Abb. 3.3 ist unten das aufsummierte Gastrocnemiusmyogramm während einer derartigen ischämischen Blockierung beim schnellen Laufen aufgezeichnet. Nach 20 min Ischämie ist das Gastrocnemius-EMG während der Dehnungsphase im Vergleich zum Laufversuch ohne Ischämie deutlich reduziert. Dagegen ist die Stärke der Voraktivierung des Gastrocnemius unverändert. Diese Versuche zeigen, daß die Aktivitätsspitze während der Standphase des Laufens tatsächlich teilweise bzw. weitgehend durch den Muskeldehnungsreflex hervorgerufen wird.

Wodurch erfolgt die rasche Aktivitätszunahme nach Bodenkontakt? Nach Untersuchung des Rekrutierungs- und Entladungsverhaltens einzelner motorischer Einheiten beim Menschen (Büdingen u. Freund 1976, Freund et al. 1975) kann angenommen werden, daß bei maximaler isometrischer Willküraktivierung eines Muskels alle motorischen Einheiten des Motoneuronpools rekrutiert sind. Dies würde, auf den Sprint übertragen, heißen, daß schon während der Voraktivierung des Gastrocnemius zu Beginn der Standphase die EMG-Stärke erreicht ist, in der alle motorischen Einheiten des Gastrocnemius rekrutiert sein müßten. Somit würde die steile Aktivitätszunahme nach Bodenkontakt zumindest weitgehend über einen raschen Anstieg der Entladungsfrequenz erfolgen. Da bekannt ist, daß Entladungsfrequenzen bis über 100/s für kurze Zeit mechanisch wirksam sind (Marsden et al. 1971, Dietz et al. 1979), könnten während des EMG-Aktivitätsgipfels bis zu 5–6 Impulse pro motorische Einheit den Muskel aktivieren und zum Abstoß am Ende der Standphase beitragen. Derartig hohe Entladungsfrequenzen von Motoneuronen können, wie Untersuchungen über die Muskelermüdung gezeigt haben, nur für sehr kurze Zeiträume aufrecht erhalten werden, in der sie zu einer maximal möglichen Kraftentwicklung beitragen (Marsden et al. 1971, Dietz 1978). Danach sind kurze Aktivitätspausen erforderlich, um eine sonst rasch eintretende Kraftabnahme zu verhindern. Ein rascher Wechsel zwischen sehr kurzen maximalen Aktivitätsphasen und etwas längeren Pausen besteht beim Sprint, so daß dort eine frühe Muskelermüdung verhindert wird.

Funktionen spinaler Dehnungsreflexe: Schnelle Korrektur und Anpassung der Muskelaktivität

Um der Frage nach der funktionellen Bedeutung des segmentalen Dehnungsreflexes weiter nachzugehen, wurde die Stärke und die zeitliche Veränderung der Dehnungsreflexaktivität bei unerwarteter Veränderung der Aufsetzebene und bei verschiedenen Laufgeschwindigkeiten untersucht. Es handelt sich dabei um zwei Laufbedingungen, die in der Realität von großer Bedeutung sind und bei denen rasche Korrekturen der Aktivierung der Beinmuskulatur notwendig werden. Bei der ersten Laufbedingung lief die Versuchsperson auf der Stelle, wobei die Aufsetzebene eines Fußes durch Einschieben bzw. Wegziehen eines Podestes für die Versuchsperson unerwartet um 8 cm höher bzw. tiefer war. Eine optische oder akustische Kontrolle über diese unerwarteten, randomisierten Veränderungen der Auftrittshöhe war ausgeschlossen. Abbildung 3.4 zeigt ein typisches Beispiel mit dem aufsummierten Gastrocnemius-Myogramm und der Goniometerkurve des rechten Fußgelenkes bei dieser Versuchsbedingung. In A war das Aufsetzen ebenerdig, in B war die Auftrittsebene rechts um 8 cm höher und in C um 8 cm tiefer. Durch die unterschiedliche Dauer der Voraktivierung des Gastrocnemius in den drei verschiedenen Beispielen wird dokumentiert, daß die Änderungen der Auftrittsebene tatsächlich unerwartet erfolgten. So war das Aufsetzen bei B früher als erwartet, d.h. die Voraktivierung war in Bezug auf den Aufsetzzeitpunkt kürzer, und in C war es später, d.h. die Voraktivierung war in Bezug auf den Aufsetzzeitpunkt länger. Da das Einsetzen der Dehnungsreflexaktivität jedoch von der Dehnung des Triceps surae abhängt, die in allen drei Versuchsbedingungen direkt nach dem Aufsetzen begann, ist die Latenz zwischen Aufsetzzeitpunkt und dem Aktivitätsanstieg zu Beginn der Standphase in A bis C mit 40—45 ms gleich lang. Durch die unterschiedliche Verlagerung des Körpergleichgewichts in den verschiedenen Versuchsbedingungen zum Zeitpunkt des Aufsetzens war die Geschwindigkeit der Dorsalflexion des Fußes (s. Signal des Fußgelenkgoniometers), die die Dehnungsgeschwindigkeit des Triceps surae bestimmt, unterschiedlich. In B war sie wesentlich geringer als in A, und in C war die Geschwindigkeit größer als in den zwei anderen Versuchsbedingungen. Gekoppelt mit der Dehnungsgeschwindigkeit des Wadenmuskels war die Aktivitätszunahme nach dem Aufsetzen in C wesentlich größer als in A und B, während sie bei langsamer Muskeldehnung bei der unerwartet höheren Aufsetzebene deutlich reduziert war. Diese Beobachtung besagt, daß bei einer unerwartet tieferen Auftrittsebene ein durch Körperverlagerung auf diese Seite verursachtes Ungleichgewicht mit Hilfe einer raschen Verstärkung der EMG-Aktivität durch den segmentalen Dehnungsreflex zumindest teilweise kompensiert werden kann. Diese Abhängigkeit der Dehnungsreflexaktivität von der Dehnungsgeschwindigkeit des Wadenmuskels ist in Abb. 3.5 anhand der Ergebnisse von 12 Normalpersonen zusammengefaßt. Die in der Abbildung angegebenen Parameter sind als relative Werte auf die EMG-Aktivität (integriertes Gastrocnemius-EMG von 40—100 ms nach dem Einsetzen der Muskeldehnung) und die Winkelgeschwindigkeit im Fußgelenk (nach dem Aufsetzen) bei normalem freiem Laufen bezogen. Das Histogramm zeigt eine nahezu lineare Beziehung zwischen der Aktivität des spinalen Dehnungsreflexes und der relativen Dehnungsgeschwindigkeit des M. gastrocnemius. Eine ähnliche lineare Beziehung zwischen Dehnungsgeschwindigkeit des Wadenmuskels und

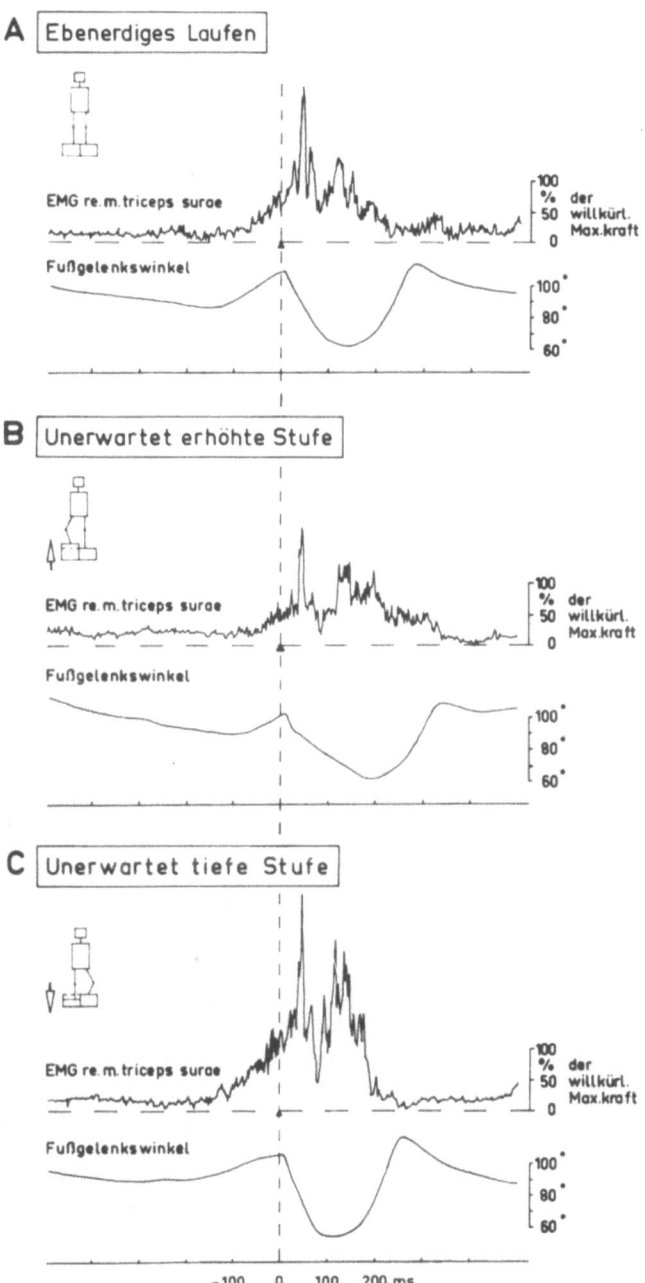

Abb. 3.4A–C. Gastrocnemiusaktivität bei unerwarteten Veränderungen der Aufsetzebene. Gleichgerichtetes und aufsummiertes (30 Durchläufe) Gastrocnemius-EMG zusammen mit dem Goniometersignal des Fußgelenkes beim Laufen auf der Stelle. Während des Laufens auf gleichem Niveau (**A**) wurde die Aufsetzebene unter dem rechten Bein unerwartet nach oben (**B**) oder nach unten (**C**) versetzt durch das Einschieben oder Wegziehen eines Podestes von 8 cm Höhe. Visuelle oder akustische Kontrolle durch die Versuchsperson wurde ausgeschlossen

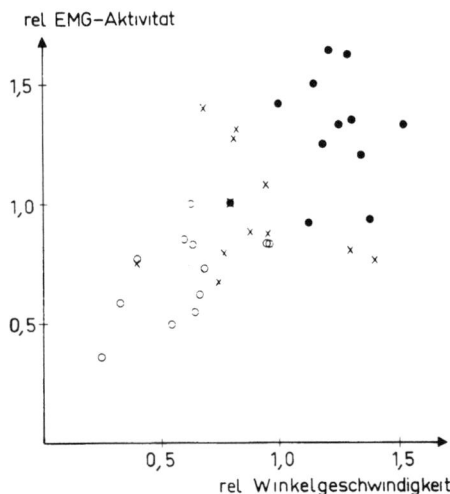

rel EMG-Aktivität

1,5

1,0

0,5

0,5   1,0   1,5
rel Winkelgeschwindigkeit

Abb. 3.5. Korrelation zwischen Gastrocnemius-EMG und Winkeländerung im Fußgelenk beim Laufen. Korrelation zwischen dem integrierten (40–100 ms nach Einsetzen der Dehnung des Triceps surae), gleichgerichteten und aufsummierten (N = 30) Gastrocnemius-EMG und der maximalen Winkelgeschwindigkeit im Fußgelenk. Es sind die Ergebnisse von 12 Normalpersonen der in Abb. 3.4 beschriebenen Versuche zusammengefaßt. Die *Symbole* bezeichnen die verschiedenen Laufbedingungen: + normale Höhe; ○ unerwartet höhere; ● unerwartet tiefere Aufsetzebene. Die Werte sind normalisiert in Bezug auf die Reflexaktivität und die Winkelgeschwindigkeit im Fußgelenk beim freien Laufen

der spinalen Reflexaktivität wurde vor kurzem von Gottlieb und Agarwal (1979) berichtet, wobei die Dehnung in diesem Experiment jedoch mit Hilfe eines Torque-Motors ausgelöst wurde.

Inwieweit ist die spinale Reflexaktivität von der Laufgeschwindigkeit abhängig? Um diese Frage zu untersuchen, wurde das Gastrocnemius-EMG während des Laufens auf einem Laufband bei drei verschiedenen Geschwindigkeiten (6, 9 und 12 km/h) analysiert. In Abb. 3.6 ist ein typisches Beispiel der gleichgerichteten und aufsummierten (n = 30) Gastrocnemiusaktivität bei verschiedenen Laufgeschwindigkeiten zu sehen. Während die Amplitude der Winkeländerung im Fußgelenk bei den verschiedenen Laufgeschwindigkeiten nahezu gleich war, stieg die maximale Winkelgeschwindigkeit nach dem Aufsetzen von $295°/s$ (bei 6 km/h) auf $340°/s$ (bei 9 km/h) bis auf $410°$ (bei 12 km/h) an. Entsprechend war das zwischen 40 und 100 ms nach dem Aufsetzen integrierte Gastrocnemius-EMG bei der Laufgeschwindigkeit von 9 km/h 1,7mal und bei 12 km/h 2,2mal größer als das bei 5 km/h; dies, obwohl sich die Stärke der Voraktivierung des Gastrocnemius bei den verschiedenen Laufgeschwindigkeiten nicht wesentlich unterschied. Aus Abb. 3.6 wird außerdem deutlich, daß die Dauer der während der Standphase verstärkten Gastrocnemiusaktivität der Dauer der Muskeldehnung entsprach, d.h. sie war länger bei langsamerer Laufgeschwindigkeit und kürzer bei höherer Geschwindigkeit. Wurden diese Ergebnisse von mehreren Versuchspersonen zusammengefaßt, so zeigte sich auch hier eine nahezu lineare Beziehung zwischen Muskeldehnungsgeschwindigkeit und der Stärke der EMG-Aktivität der Wadenmuskeln nach dem Aufsetzen zu Beginn der Standphase des Laufens. Die bei allen Laufgeschwindigkeiten konstante Amplitude der Fußgelenksexkursion hat zur Folge, daß Dehnung und Kontraktion des aktivierten Wadenmuskels immer im gleichen, optimalen Arbeitsbereich erfolgen.

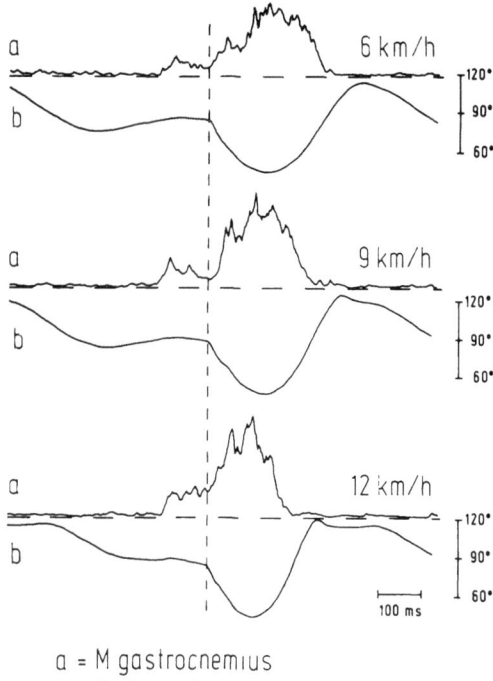

Abb. 3.6. Gastrocnemius-EMG und Fuß-gelenksbewegungen bei verschiedenen Laufgeschwindigkeiten. Gleichgerichtetes und aufsummiertes (N = 30) Gastrocnemius-EMG mit dem aufsummierten Goniometersignal bei einer Laufgeschwindigkeit von 6, 9 und 12 km/h. Die *unterbrochene vertikale Linie* markiert den Aufsetzzeitpunkt

a = M gastrocnemius
b = Fußgelenkgoniometer

Mechanische Eigenschaften der Wadenmuskeln bei der Spannungsentwicklung

In den vorangegangenen Abschnitten wurde die Grundlage der elektrischen Aktivierung der Wadenmuskeln beim Gehen und Laufen besprochen und gezeigt, daß diese aus vorprogrammierter und durch Dehnungsreflexe hervorgerufener Aktivität zusammengesetzt ist. Um beurteilen zu können, inwieweit diese EMG-Aktivität beim Laufen zum Abstoßen des Körpers am Ende der Standphase beiträgt, ist die Analyse eines dritten Faktors erforderlich, dem der mechanischen, d.h. visko-elastischen und kontraktilen Eigenschaften der Muskelfasern. Über diese wird die EMG-Aktivität in mechanische Spannung umgesetzt. Um diese durch das Elektromyogramm hervorgerufene Spannungsentwicklung der Wadenmuskeln beim Laufen zu untersuchen, wurde die Spannungsänderung durch einen seitlich an der Achillessehne angebrachten Dehnungsmeßstreifen registriert. Wie die Registrierungen der Spannungsänderungen des Triceps surae beim Gehen und Laufen mit verschiedener Fortbewegungsgeschwindigkeit zeigen (Abb. 3.7), waren diese Spannungsänderungen vom Einsetzen und zeitlichen Ablauf der Muskelaktivität bzw. von deren Stärke abhängig, während die Dehnungsamplitude bei den verschiedenen Laufgeschwindigkeiten weitgehend konstant blieb. Durch diese enge Korrelation zwischen Spannungszunahme und EMG-Aktivität sind rasche Spannungsänderungen zur Regulation des Gehens bzw. Laufens möglich. Durch die bei höheren Laufgeschwindigkeiten zunehmende EMG-Aktivierung des Gastrocnemius während der Standphase wird durch die entsprechend zunehmende

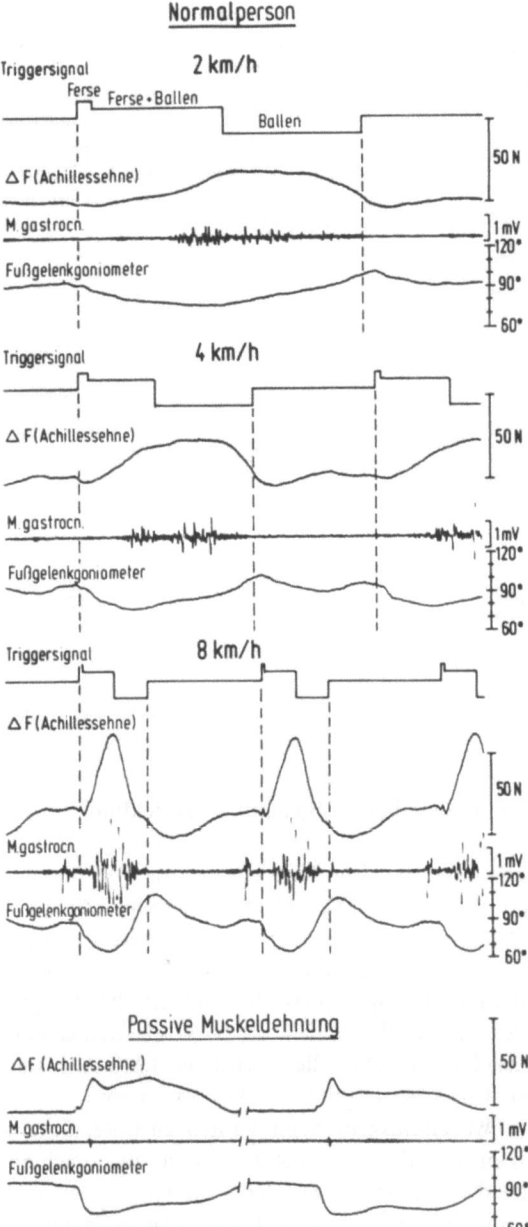

Abb. 3.7. Abhängigkeit der Achillessehnenspannung von der elektrischen Gastrocnemiusaktivierung. Originalregistrierung von Gastrocnemius-EMG zusammen mit dem Signal des Fußgelenkgoniometers und dem des an der Achillessehne angebrachten Kraftaufnehmers (der die Veränderung der Sehnenspannung registriert) bei verschiedenen Geh- bzw. Laufgeschwindigkeiten und bei passiver Dorsalflexion des Fußes. Durch die unter Ferse und Fußballen angebrachten Kontakte sind die verschiedenen Abschnitte der Standphase und die Schwungphase angezeigt. Die *vertikalen Linien* markieren Aufsetzen und Abheben des Fußes

Spannungsentwicklung des Triceps surae das Körpergewicht unterstützt und nach vorn abgestoßen. Wie schon zuvor (s. S. 96) beschrieben, bleibt die Amplitude der Auslenkung im Fußgelenk bei verschiedenen Laufgeschwindigkeiten gleich, lediglich die Geschwindigkeit der Dorsalflexion des Fußes während der Standphase steigt mit zunehmender Laufgeschwindigkeit an. Durch die Dehnungsgeschwindigkeit wird die Aktivität des spinalen Dehnungsreflexes reguliert und – wie oben ausgeführt – bestimmt die dadurch hervorgerufene Zunahme der EMG-Aktivität wiederum die Spannungsentwicklung dieses Muskels. Es besteht somit eine enge Wechselbeziehung zwischen vorprogrammierter und reflexinduzierter EMG-Aktivität auf der einen und den mechanischen Muskelfasereigenschaften auf der anderen Seite. Durch diese Faktoren werden die Wadenmuskeln rasch und effektiv bei der Fortbewegung kontrolliert. Ist einer dieser Teilmechanismen defekt, so leidet vor allem die schnelle Fortbewegung, wie entsprechende Untersuchungen des Gehens bei Patienten mit motorischen Störungen zeigen.

Funktionen spinaler Dehnungsreflexe an Armstreckermuskeln

Es stellt sich die Frage, ob auch in den Muskeln der oberen Extremitäten, die weniger darauf spezialisiert sind, der Fortbewegung entsprechende stereotype Bewegungen aufzuführen, die Aktivität des spinalen Dehnungsreflexes eine wesentliche Rolle spielt. Um diese Frage zu untersuchen, wurde die Regulation des Abfangens des Körpers beim Vorwärtsfallen auf die ausgestreckten Arme untersucht, einem Vorgang, bei dem den Oberarmstreckermuskeln eine wichtige Funktion zukommt. Das EMG der Oberarmstreckermuskeln (Triceps brachii) wurde ähnlich registriert und analysiert wie das der Wadenmuskeln beim Laufen. Zusätzlich wurde die Winkeländerung im Ellbogengelenk durch ein Goniometer und die vertikal beim Abfangen mit den Händen auf die Plattform ausgeübte Kraft durch Piezo-Druckaufnehmer gemessen, wobei der rasche Kraftanstieg als Triggersignal zum Aufsummieren des EMGs benutzt wurde. Die Plattform wurde in verschiedenen Höhen fixiert, so daß das Vorwärtsfallen bei verschiedenen Fallwinkeln und entsprechenden Fallhöhen untersucht werden konnte. In Abb. 3.8 ist die aufsummierte EMG-Aktivität (n = 30) des Triceps brachii bei einem derartigen Versuch aufgezeichnet. Darunter ist die Goniometerkurve des Ellbogengelenks und die beim Aufsetzen auf die Plattform wirkende Kraft dargestellt. Der Fallwinkel der Versuchsperson von der senkrechten bis zur schräg angebrachten Plattform betrug in diesem Fall 70°. Die Registrierung zeigt, daß auch die Oberarmstreckermuskeln ca. 130 ms vor Plattformkontakt aktiviert wurden. 25 ms nach dem Plattformkontakt kam es zu einem zweiten, wesentlich steileren Anstieg der Muskelaktivität. Diese Latenz des EMG-Anstiegs nach Beginn der Dehnung der Oberarmstreckermuskeln entspricht der Latenz des segmentalen Dehnungsreflexes dieser Muskeln. Der Aktivitätsgipfel erreichte das zwei- bis dreifache der Voraktivierung und war ebenfalls, entsprechend den Laufversuchen, größer als die bei maximaler isometrischer Willkürkontraktion dieses Muskels erreichte EMG-Aktivität. Der Unterschied zwischen Aktivitätsmaximum beim Fallen und dem bei maximaler Willküraktivierung war jedoch nie so groß wie beim schnellen Laufen (Dietz et al. 1981a).

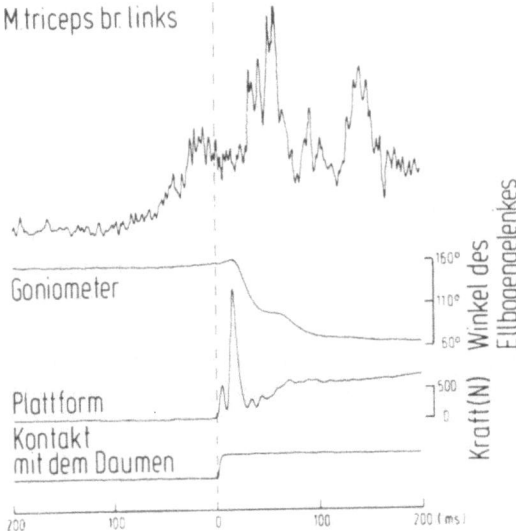

Abb. 3.8. Aktivität des Triceps brachii beim Vorwärtsfallen auf die ausgestreckten Arme. Gleichgerichtetes Triceps-brachii-EMG *(obere Kurve)*, Goniometersignal vom Ellbogengelenk *(mittlere Kurve)* und Plattformkraft *(untere Kurve)* beim Vorwärtsfallen auf eine Plattform (Summationskurve von 30 Durchläufen). Der erste Kontakt mit der Plattform erfolgte durch den Daumenballen, markiert durch die *vertikale Linie*

Die Dauer der Voraktivierung betrug beim Fallen mit Augenkontrolle unabhängig von der Fallhöhe konstant etwa 130 ms. Lediglich die Stärke der Voraktivierung und das Aktivitätsmaximum nach dem Aufsetzen nahm mit zunehmender Fallhöhe zu. Wurde die Fallhöhe bzw. der Fallwinkel randomisiert verändert (50–90°) und war diese der Versuchsperson bei fehlender Augenkontrolle nicht bekannt, so setzte die Voraktivierung mit dem Beginn des Vorwärtsfallens ein, d.h. sie war länger als 130 ms bei einer Fallhöhe von 90° (Fallen auf den flachen Boden), und sie war kürzer bei einer Fallhöhe von lediglich 50° (Dietz u. Noth 1978a). Daraus resultiert, daß das zentrale Programm nicht fixiert ist, sondern an eine jeweilige Situation angepaßt wird. Der derart voraktivierte Muskel wurde nach dem Aufsetzen rasch gedehnt, und es kam mit Hilfe der Dehnungsreflexaktivität zu einem zweiten steilen Anstieg des Triceps-brachii-EMGs. Diese Aktivitätszunahme erfolgte noch während der Dehnungsphase dieses Muskels, d.h. noch im Verlauf des Abfangens des Körpergewichts. Somit ist an dem funktionellen Beitrag des spinalen Dehnungsreflexes beim Abfangen des Körpers mit den Armen nach diesen Untersuchungen nicht zu zweifeln.

Während sich bei allen Versuchspersonen mehr oder weniger deutlich ausgeprägte reflexinduzierte Aktivitätsmaxima 25–30 ms nach dem Aufsetzen fanden, traten bei der Mehrzahl der Versuchspersonen nicht nur, wie beim Laufen, eine Aktivitätsspitze, sondern zwei oder mehrere hintereinander folgende Aktivitätsmaxima während des Abfangens des Körpers auf. Das zweite Aktivitätsmaximum trat bei verschiedenen Versuchspersonen mit sehr unterschiedlichen Latenzen auf. Außerdem zeigte sich, daß das Intervall zwischen erstem und zweitem bzw. den nachfolgenden Aktivitätsmaxima mit zunehmender Fallhöhe kleiner, d.h. die EMG-Oszillation, höherfrequent wurde. Bei insgesamt 55 untersuchten Versuchspersonen betrug die mittlere Frequenz der EMG-Oszillation nach dem Aufsetzen bei einem Fallwinkel von 90° 28 Hz, dagegen betrug diese mittlere Oszillationsfrequenz bei einem Fallwinkel von 60 und 70° nur 20 Hz und unterschied sich signifikant von der Oszillationsfrequenz bei tieferen Fallhöhen (Noth 1981, persönliche Mitteilung). Man kann aus diesen Ergebnissen den Schluß ziehen, daß die verschiedenen Aktivitätsspitzen den Impulsen der aktivierten Motoneuronen bzw. die Senken zwischen den Aktivitätsmaxima den Entladungsintervallen entsprechen. Die Motoneurone werden nach dem Aufsetzen durch den Dehnungsreflex zu einer extrem synchonisierten Entladung angeregt, so daß auch der zweite und dritte Impuls der Entladungsserien verschiedener Motoneurone noch synchronisiert erfolgt. Zumindest sprechen die obigen Beobachtungen gegen unterschiedliche spinale Hirnstamm- bzw. transkortikale Rückkoppelungsschleifen (sog. „long-loop-Reflexe"), wie sie für Aktivitätsmaxima unterschiedlicher Latenz (in der Literatur als M1 bis M3 bezeichnet) nach Dehnungsreiz beschrieben (Marsden et al. 1976, Tatton et al. 1975) und weithin als solche anerkannt wurden. Erste Zweifel daran, daß die einem segmentalen Dehnungsreflex folgenden und der Muskeldehnung entgegenwirkenden Aktivitätsmaxima unterschiedlichen Schaltungen über supraspinale Hirnzentren entsprechen müßten, ergaben sich dadurch, daß derartige Aktivitätsmaxima mit der gleichen Latenz auch nach Dehnungsreizen am *spinalisierten* Tier zu erhalten waren (Ghez u. Shinoda 1978). Außerdem konnten Hagbarth et al. (1980) kürzlich bei Ableitung von Muskelspindelafferenzen beim Menschen zeigen, daß bei einem Dehnungsreiz schon die afferenten Impulse von den Muskelspindeln des gedehnten Muskels in verschiedene Aktivitätsmaxima segmentiert sind und entsprechend auch segmentierte EMG-Antworten in dem entsprechenden Muskel mit den gleichen Intervallen zwischen den einzelnen Aktivitätsmaxima hervorrufen.

Es stellt sich noch die Frage, warum in früheren EMG-Untersuchungen beim Menschen (Hammond et al. 1956) keine signifikante spinale Dehnungsreflexaktivität beobachtet wurde. Die Bedeutung dieses Reflexsystems für eine rasche Kompensation einer aufgezwungenen Muskeldehnung wurde durch die Ergebnisse dieser Untersuchungen überhaupt in Frage gestellt. Zwei Möglichkeiten bieten sich zur Erklärung der Diskrepanzen an:

1. Die Dehnungsgeschwindigkeit des Muskels muß groß genug sein, um eine ausreichende Aktivierung der Muskelspindeln herbeizuführen. Für diese Annahme spricht die oben schon beschriebene und auch mit Hilfe eines Torque-Motors gezeigte lineare Zunahme der Aktivität des Dehnungsreflexes mit der Dehnungsgeschwindigkeit des Triceps surae (Gottlieb u. Agarwal 1979). Bei den Fallversuchen betrug die maximale Winkelgeschwindigkeit des Ellbogens nach dem Aufsetzen bei einem 90°-Fall über 1000°/s. Dieser Wert liegt über zehnfach höher als die maximale Dehnungsgeschwindigkeit, bei der in früheren Versuchen die Aktivität des Dehnungsreflexes untersucht wurde (Hammond et al. 1956).

2. Die Voraktivierung der Extensorenmuskeln beim Fallen und Laufen erhöht den Verstärkungsfaktor des spinalen Dehnungsreflexes. Da anzunehmen ist, daß schon während der Voraktivierung die Gamma-Motoneurone aktiviert werden, durch deren Impulse wiederum die intrafusalen Muskelfasern (der Muskelspindeln) aktiviert werden, wird schon vor dem Aufsetzen das spinale Reflexsystem empfindlicher gestellt. Die Verstärkung der Aktivität des Dehnungsreflexes durch die Voraktivierung eines Muskels wurde ebenfalls durch die Untersuchung von Gottlieb und Agarwal (1979) bestätigt.

Standregelung bei erschwerten Bedingungen: Balancieren

Rasche Kontrolle der Balancierbewegungen

Die normale Standregulation erfolgt bekanntlich mit Hilfe der Rückmeldung über das Auge, des Gleichgewichtsorgans und der propriozeptiven Signale der Beine (Dichgans et al. 1976, Nashner 1979, 1976, Nashner u. Berthoz 1978). Es besteht bei Gesunden somit eine Redundanz an Information über die aufrechte Stellung des Körpers im Raum. Bekanntlich kommt es auch bei dem in der klinischen Routinediagnostik üblichen Romberg-Test, d.h. dem Stehen mit geschlossenen Augen, beim Gesunden und Patienten mit leichten motorischen Störungen zu keinen abnormen Körperschwankungen. Wie kürzlich beschrieben wurde, zeigt der Gesunde selbst beim Stehen mit geschlossenen Augen und einer Reduktion der propriozeptiven Information durch ischämische Blockierung von Muskelspindelafferenzen zwar gröbere Körperschwankungen mit einer Frequenz um 1 Hz, die Standregulation ist jedoch selbst unter dieser Bedingung noch möglich (Mauritz u. Dietz 1980). Dies alles gilt für den Stand auf festem Boden (vgl. auch Kap. 2). Wie schon im vorigen Abschnitt gezeigt, erfordert das Balancieren eine wesentlich schnellere Regulation des Körpergleichgewichts und ist auch für den Gesunden wesentlich schwieriger. In dieser Situation sind Balancierbewegungen zur Aufrechterhaltung des Gleichgewichts notwendig. Obwohl das Balancieren eine wesentliche Voraussetzung zur Durchführung bestimmter beruflicher Tätigkeiten und Sportarten darstellt, ist es bisher kaum untersucht. Die hier dargestellten elektrophysiologischen Untersuchungen des Balancierens wurden durchgeführt, während die Versuchsperson auf einer Wippe unterschiedlicher Krümmung und Höhe stand. Die Wippe wiederum stand auf einer Plattform, an deren Ecken Piezo-Druckaufnehmer angebracht waren, so daß die Vor- und Rückwärtsschwankungen der Wippe auf der Plattform als Kraftschwankungen aufgezeichnet werden konnten. Neben dem EMG der Unterschenkelmuskeln wurden die Kopfbewegungen und die Winkeländerungen im Fußgelenk registriert und analysiert (für weitere methodische Details s. Dietz et al. 1980). Später wurden die Balancierbewegungen und die Muskelaktivität der Beinmuskeln außerdem getrennt an beiden Beinen analysiert, während die Versuchsperson mit jedem Bein auf einer separaten Wippe einschließlich Plattform stand (Abb. 3.9).

In Abb. 3.10 ist eine typische Originalregistrierung der Schwankungen beim Balancieren auf einer Wippe von 12 cm Höhe mittlerer Krümmung (Radius 30 cm) zu sehen. Neben unregelmäßigen langsamen Wippen- und Körperschwankungen herrschten in allen Kraft- und Goniometerregistrierungen schnelle Balancierschwankungen von 4−5 Hz vor. Diese Schwankungen der Wippe und der Versuchsperson waren von kurzer reziproker EMG-Aktivität der Unterschenkelmuskeln begleitet. Wie aus dem Strichdiagramm neben Abb. 3.10A zu sehen ist, war die Amplitude der Schwankungen der Versuchsperson bei diesen Balancierbewegungen relativ gering. Wurde das Balancieren auf einer Wippe mit stärkerer Krümmung durchgeführt, so war das Balancieren zwar schwieriger, und es traten häufiger schnelle 4−5-Hz-Balancieroszillationen auf, deren Frequenz und Amplitude sich jedoch bei den verschiedenen Wippenkrümmungen nicht änderte. Dagegen wurden die Vorwärts- und Rückwärtsschwankungen sowohl der Wippe wie auch der Versuchsperson größer und deren

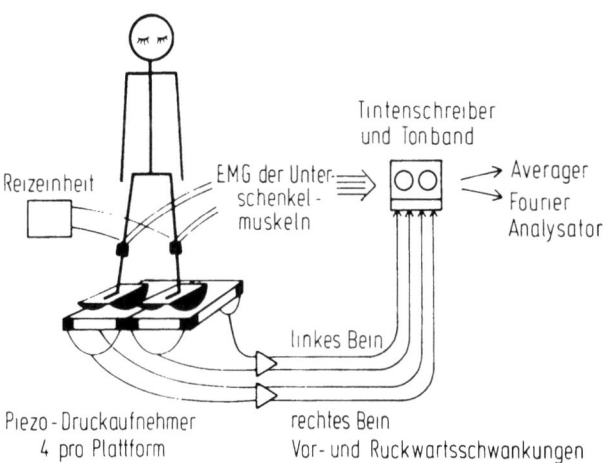

Abb. 3.9. Versuchsaufbau bei den Balancierversuchen auf zwei getrennten Wippen

Frequenz langsamer, begleitet von einer stärkeren EMG-Aktivität der Unterschenkelmuskeln, wenn die Versuchsperson auf einer höheren Wippe stand (Abb. 3.10B, Wippenhöhe 44 cm). Auffallend war jedoch, daß die Fußgelenksexkursionen nach der Goniometerregistrierung am Fußgelenk in beiden Versuchsbedingungen (Balancieren auf der 12 cm und der 44 cm hohen Wippe) gleich waren und ca. 5° betrugen. Dies kann durch die physikalischen Eigenschaften des Wippsystems erklärt werden, das dem eines Metronoms ähnelt. Mit zunehmender Entfernung der Versuchsperson vom Drehpunkt der Wippe auf der Plattform ruft die gleiche Winkeländerung im Fußgelenk größeramplitudige Vor- und Rückwärtsschwankungen des Körpers und der Wippe hervor. Daraus folgt, daß die Winkeländerung im Fußgelenk und damit die dadurch hervorgerufene Dehnung der Unterschenkelmuskeln ein entscheidender Faktor für die Regulation des Balancierens und der dadurch hervorgerufenen Schwankungen ist. Die minimale und konstante Schwellenänderung von ca. 5° im Fußgelenk ist offensichtlich notwendig, um eine ausreichende Dehnungsamplitude und -geschwindigkeit der Unterschenkelmuskeln zu erreichen, um eine korrigierende Gegenbalancierbewegung auszulösen. Tatsächlich liegt sowohl die Dehnungsamplitude (Gurfinkel et al. 1976) als auch die Dehnungsgeschwindigkeit von 100–200°/s der Unterschenkelmuskeln bei den Balancierschwankungen in den Bereichen (Gottlieb u. Agarwal 1979), in denen eine Dehnungsreflexaktivität erwartet werden kann. Die Annahme, daß die raschen Balancierbewegungen durch den Dehnungsreflex der Unterschenkelmuskeln erfolgen, wird auch durch die Beobachtung gestützt, daß nach Blockierung der Fußgelenke durch Gips (Abb. 3.10C, D) und nach ischämischer Blockierung von afferenten Nervenfasern der Muskelspindeln (zur Methode vgl. S. 89) diese vorherrschenden 4–5-Hz-Oszillationen fehlen und die Versuchsperson bei sonst gleicher Versuchsbedingung wesentlich instabiler ist. Letzteres wird in Abb. 3.11 veranschaulicht. Nach 22 min Ischämie an beiden Oberschenkeln kommt es im Vergleich zum normalen Balancieren vor Ischämie zu langsamen (um 1 Hz), großamplitudigen Körper- und Wippenschwankungen, während die schnellen Balancierfrequenzen von 4–5 Hz weitgehend fehlen. Wie die stärkere EMG-Aktivität der Unterschenkelmuskeln unter

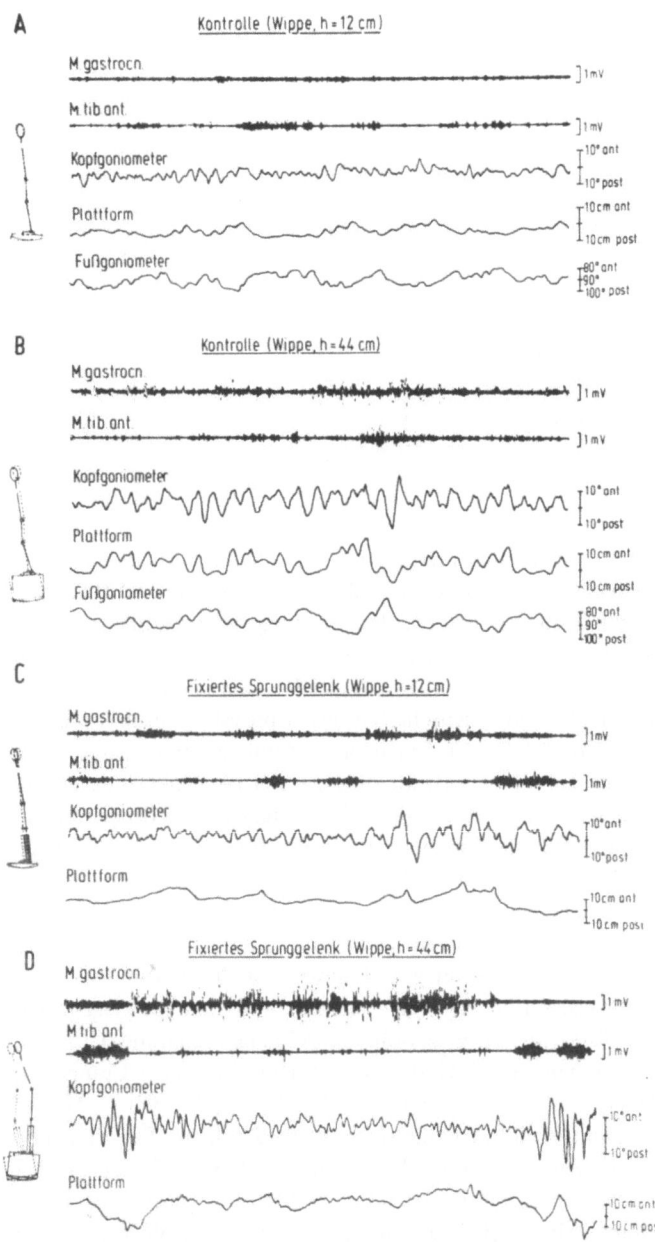

Abb. 3.10A–D. Beinmuskelaktivität beim Balancieren. EMG der Unterschenkelmuskeln beim Balancieren mit geschlossenen Augen auf einer Wippe von 12 cm (**A**) und 44 cm (**B**) Höhe, zusammen mit dem Goniometersignal von Kopf- und Fußgelenk und den Vor- und Rückwärtsverlagerungen des Körperschwerpunktes, die durch die Bewegung der Wippe auf der Plattform entstehen. In **C** und **D** balanciert die VP mit durch Unterschenkelgips bei 90° fixierten Fußgelenken. Die *Strichdiagramme an der linken Seite* sind von gefilmten Koordinaten markierter Körperpunkte rekonstruiert und repräsentieren die äußersten Vor- und Rückwärtspositionen während des Balancierens über 3 min

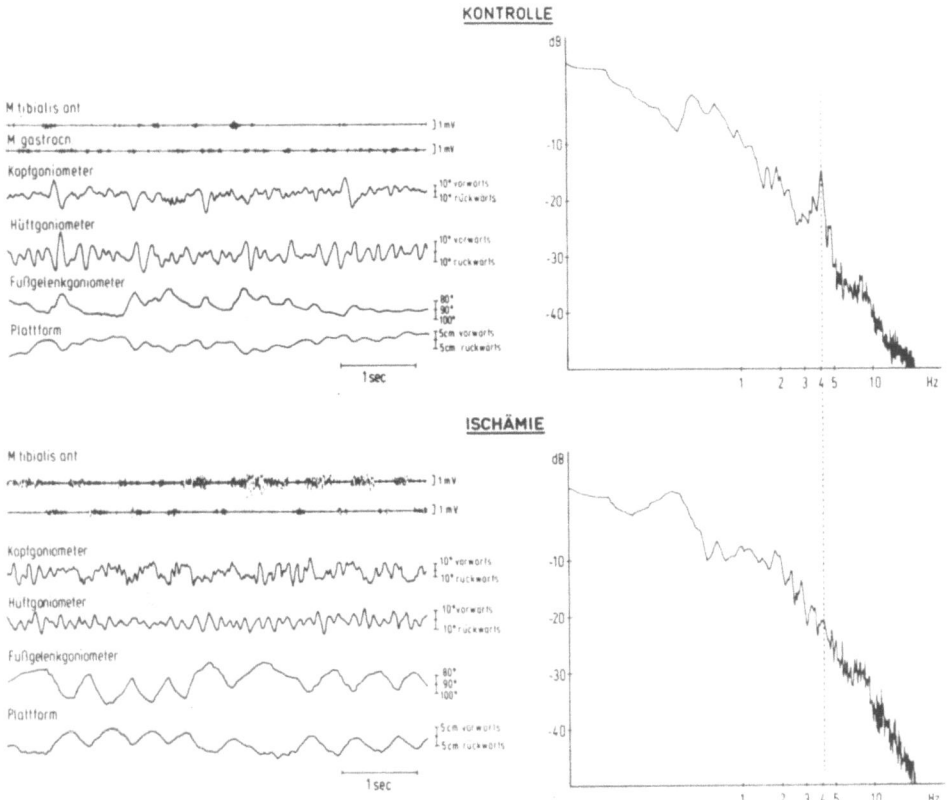

KONTROLLE

ISCHÄMIE

Abb. 3.11. Balancieren nach Blockierung von Muskelspindelafferenzen. Gleiche Parameter wie in Abb. 3.10 während des Balancierens auf einer 12 cm hohen Wippe. *Oben* das Kontrollexperiment mit geschlossenen Augen, *darunter* nach 20 min Ischämie an beiden Oberschenkeln. Auf der *rechten Seite* sind die Power-Spektren der Kraftveränderungen aufgezeichnet, die durch die Schwingungen der Wippe auf der Plattform hervorgerufen wurden

Ischämie zeigt, sind die efferenten motorischen Nervenfasern noch nicht blockiert. Daraus ergibt sich, daß zwar Korrekturbewegungen durch Muskelaktivierung noch durchgeführt werden können, die afferente Rückmeldung von den Muskelspindeln jedoch fehlt, was die deutliche Standunsicherheit beim Balancieren zur Folge hat.

Die obigen Beobachtungen zeigen die erhebliche Bedeutung des Dehnungsreflexes beim Balancieren, sie geben jedoch keinen Aufschluß darüber, ob die Muskelspindelaktivität bei Dehnung der Unterschenkelmuskeln über einen kurzen segmentalen bzw. spinalen Reflexbogen oder eine lange Reflexschleife über höhere Hirnstrukturen geleitet wird, um die Unterschenkelmuskeln zur Gegenregulation zu aktivieren. Um die Art des beim Balancieren vorherrschenden Reflexmechanismus zu bestimmen, wurde die Dauer von Beginn der Dehnung bis zum Einsetzen der die Gegenregulation einleitenden Muskelaktivität bestimmt. Dazu wurde der N. tibialis beidseits elektrisch submaximal gereizt. Durch die dadurch ausgelöste Kontraktion der Mm. triceps surae kam es zu einer Plantarflexion der Füße, was ein Vorwärtskippen der Wippe und Destabilisierung der Versuchsperson zur Folge hatte. In Abbildung 3.12 ist die auf die elektrischen Reize folgende Kompensations-EMG-Aktivität und -Bewegung nach mehreren Reizen aufsummiert. Wie aus der Abbildung hervorgeht, kam es ca. 40–50 ms nach dem Vorwärtskippen der Wippe bzw. dem Beginn der Plantarflexion der Füße zum Einsetzen des Tibialis-anterior-EMGs, wodurch die Korrekturbewegung eingeleitet wurde. Die EMG-Aktivitätsfolge nach dem Reiz (Tibialis anterior, Gastrocnemius und Tibialis anterior) spiegelt in ihrem zeitlichen Verlauf eine komplette Balancierschwankung von ca. 220 ms (entspricht 4–5 Hz) wider. Das heißt, daß die Korrekturaktivierung des Tibialis anterior nach der Destabilisierung durch elektrischen Reiz offenbar überschießend war und eine erneute Gegenbewegung mit Gastrocnemiusaktivierung und danach wiederum Tibialis-anterior-Aktivierung eingeleitet wurde.

Es stellt sich nach diesen Ergebnissen die Frage, inwieweit diese raschen, willkürlich nicht beeinflußbaren und sich selbst unterhaltenden Balancierschwankungen tatsächlich zur Aufrechterhaltung des Gleichgewichts auf der Wippe notwendig sind. Nach Abb. 3.12 wird durch jede rasche Balancierschwankung eine so starke Reflexaktivität ausgelöst, die eine Überkompensation der Korrekturbewegung zur Folge hat und erneut eine Reflexaktivität auslöst. Sicher haben z.B. Artisten, die gewohnt sind zu balancieren, keine derart häufigen ungewollten Schwankungen. Damit stellt sich die Frage, inwieweit die Balancierschwankungen durch Übung reduziert werden können.

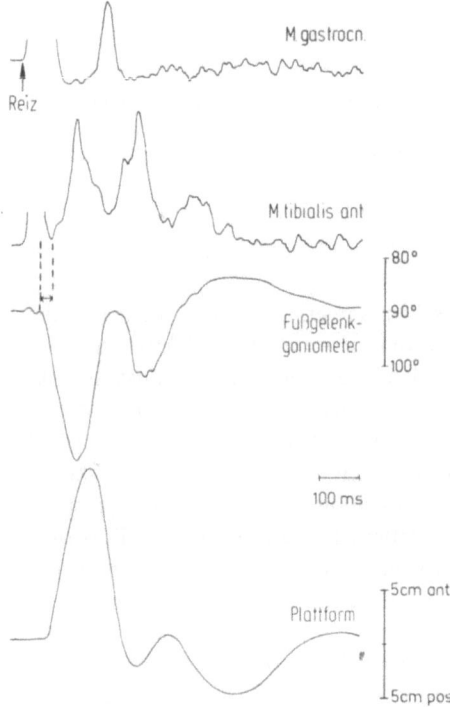

Abb. 3.12. EMG-Antwort der Unterschenkelmuskeln nach Destabilisierung beim Balancieren. Aufsummierte (N = 32) Antworten der gleichgerichteten Gastrocnemius- und Tibialis-anterior-EMGs, des Goniometersignals vom Fußgelenk und der Plattformkraft nach elektrischer Reizung beider Nn. tibiales bei einer VP während des Balancierens auf einer Wippe (12 cm). Der Reizartefakt, der H-Reflex und die M-Antwort sind weggelassen *(unterbrochene Linie)*. Die Verzögerung zwischen dem Einsetzen der Veränderung im Fußgelenk und dem Beginn der Tibialis-anterior-Aktivierung (45 ms) ist durch den *horizontalen Pfeil* markiert. (Aus Dietz et al. 1980)

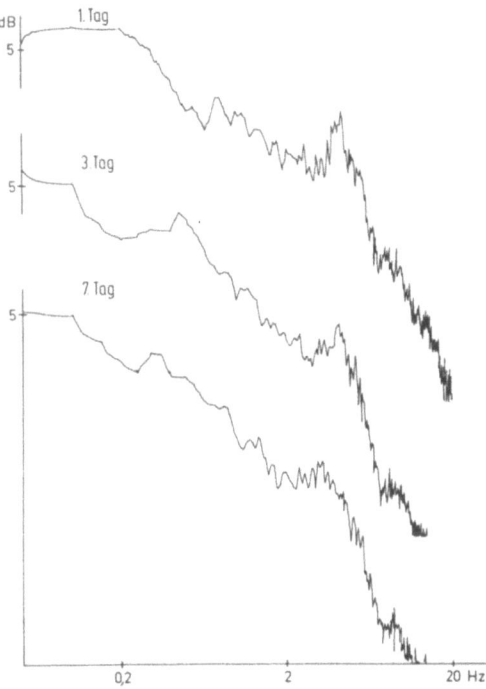

Abb. 3.13. Übungseffekte beim Balancieren. Power-Spektren der Balancierbewegungen am 1., 3. und 7. Tag bei täglich über 5 min geübtem Balancieren. Neben der Gesamtreduktion der Balancierbewegungen ist die darüber hinausgehende Reduktion der schnellen Balancierbewegungen um 4−5 Hz zu beachten

In Abb. 3.13 ist der Verlauf der Power-Spektren von Balancierschwankungen bei zunehmender Übung aufgezeichnet. Die Versuchsperson balancierte täglich 5−10 min, und es ist zu sehen, daß sie schon nach 7 Tagen wesentlich stabiler wurde, d.h. die Schwankungen in diesem Zeitraum insgesamt abnahmen. Hinzu kommt, daß die raschen 4−5-Hz-Schwankungen im Vergleich zu den übrigen vorwiegend langsameren Schwankungen deutlich stärker reduziert waren und nach 7 Tagen nur noch eine kleine Spitze in diesem Frequenzbereich des Power-Spektrums zu sehen war. Es ist danach zu vermuten, daß die Empfindlichkeit des Dehnungsreflexes anfangs bei der für die Versuchsperson ungewohnten Gleichgewichtsregulation auf der Wippe durch supraspinale motorische Zentren so hoch eingestellt ist, daß es zu diesen sich selbst unterhaltenden Oszillationen im segmentalen Dehnungsreflexbogen kommt. Mit zunehmender Übung wird die Empfindlichkeit des Reflexsystems an die motorische Situation angepaßt, so daß schnelle Korrekturbewegungen über den Dehnungsreflex durchgeführt werden, wenn diese notwendig sind, ohne daß es zu perpetuierenden Oszillationen kommt. Diese Experimente unterstützen die Vermutung von Welford (1974), daß sich das motorische System jeweils rasch an neue äußere Bedingungen anpaßt und daß das Muster der Muskelaktivierung rasch verändert wird mit dem Ziel, Fehler bei der Ausübung einer motorischen Aufgabe zu reduzieren.

Aus den hier darglegten Untersuchungen kann nichts darüber ausgesagt werden, wie die langsamere Balancierbewegungen bei geschlossenen Augen kontrolliert werden, ob über das vestibuläre System oder über lange Reflexschleifen, die über höhere Hirnzentren laufen. Sicher sind diese langsameren Schwankungen ebenfalls notwendig zur Aufrechterhaltung des Gleichgewichts beim Balancieren.

Die Rechts-links-Koordination beim Balancieren auf getrennten Wippen

Bei Untersuchungen der normalen Standregulation oder des oben beschriebenen Balancierens wird üblicherweise die EMG-Aktivität eines Beines registriert und analysiert. Es wird allgemein angenommen, daß die EMG-Aktivität beider Beine hierbei gleich ist, was auch für die normale Standregulation schon gezeigt wurde (Bonnet et al. 1976). Wie ist die Koordination der EMG-Aktivität der Beinmuskeln beider Seiten jedoch organisiert, wenn, wie in Abb. 3.9 schematisch dargestellt, die Versuchsperson auf zwei getrennten Wippen balanciert?

In der Originalregistrierung (Abb. 3.14) ist zu sehen, daß sowohl langsame wie schnelle Korrekturbewegungen beim Balancieren als auch die Aktivität der Unterschenkelmuskeln beider Beine vollständig parallel verlaufen und damit, wie schon von der normalen Standregulation bekannt, eine beidseits synchrone Aktivierung homologer Unterschenkelmuskeln erfolgt.

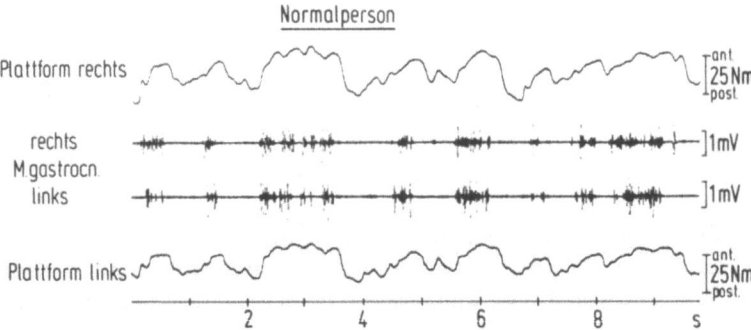

Abb. 3.14. Balancieren auf zwei getrennten Wippen. Gastrocnemius-EMG beider Beine und die durch die Vor- und Rückwärtsbewegungen der beiden Wippen hervorgerufenen Kraftänderungen auf zwei getrennten Plattformen beim Spontanbalancieren einer VP. Sowohl bei den Wippenbewegungen wie bei der Gastrocnemiusaktivierung bestehen keine wesentlichen Unterschiede zwischen beiden Seiten. (Aus Dietz u. Berger 1982)

Wird die Versuchsperson durch – in diesem Falle supramaximale – elektrische Reize des N. tibialis beidseits destabilisiert, so erfolgt, wie in Abb. 3.15 zu sehen ist, mit einer Latenz von 40–50 ms nach Vorwärtskippen der Wippen eine beidseitige phasische Tibialis-anterior-Aktivierung. Durch diese werden die durch den elektrischen Reiz plantarflektierten Füße wieder in ihre Ausgangsstellung zurückgebracht. An die kurze, starke Tibialis-anterior-Aktivierung schließt sich eine längere niederamplitudigere EMG-Aktivität des Tibialis anterior an, durch die offensichtlich der durch die Triceps-surae-Kontraktion nach hinten abgelenkte Körper der Versuchsperson wieder nach vorn in eine Mittelstellung gebracht wird. Wird der N. tibialis nur einer Seite elektrisch gereizt, so zeigt sich überraschenderweise (Abb. 3.15), daß sich an der *beidseitigen* Tibialis-anterior-Aktivierung nichts ändert. Selbst die Latenz von ca. 50 ms zwischen Beginn der Plantarflexion der Füße und Beginn der Tibialis-anterior-Aktivität ist gleich an beiden Beinen. Nach diesem Ergebnis muß angenommen

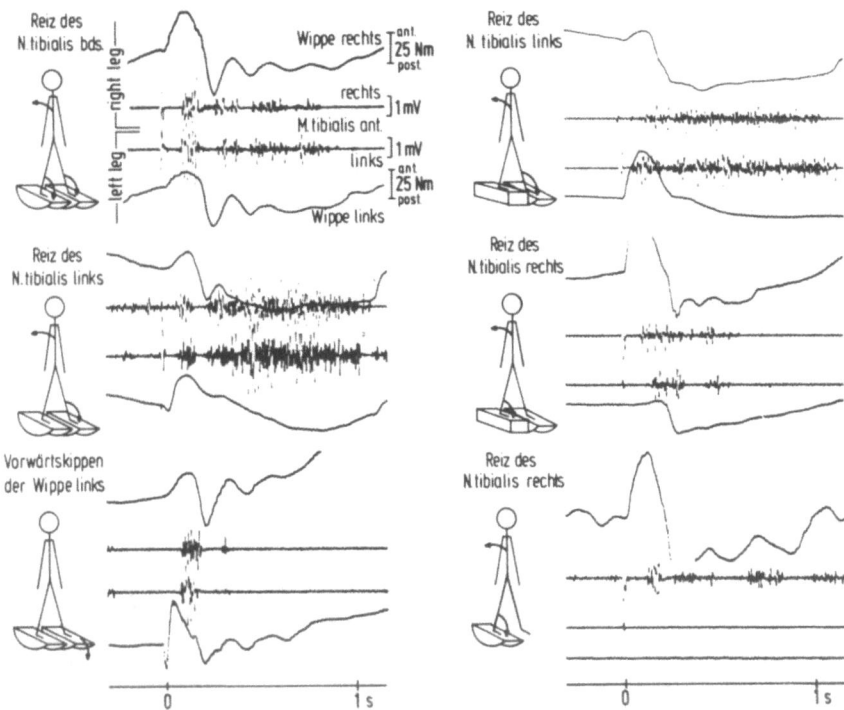

Abb. 3.15. Rechts-links-Koordination der Tibialis-anterior-Aktivierung nach Destabilisierung. EMG-Antworten des Tibialis anterior und der Plattformkraft beider Seiten nach Destabilisierung bei unterschiedlichen Balancierbedingungen auf zwei getrennten Wippen. (Aus Dietz u. Berger 1982)

werden, daß die Aktivierung der Unterschenkelmuskeln beider Seiten in zentralnervösen Strukturen reguliert wird. Nach den kurzen Latenzen handelt es sich um eine Rechts-links-Koordination der EMG-Aktivität, die auf spinaler Ebene erfolgt. Sowohl nach den Originalregistrierungen wie auch den aufsummierten EMG-Kurven setzt die frühe phasische Tibialis-anterior-Aktivität sowohl bei beidseitiger wie auch bei einseitiger Reizung des N. tibialis auf beiden Seiten mit gleicher Latenz ein. Dies spricht dafür, daß nur wenige Interneurone zwischen den motorischen Nervenzellen beider Seiten geschaltet sein können, um beide Muskeln nahezu gleichzeitig zu aktivieren, auch wenn nur eine Seite destabilisiert wurde. Diese spinale Koordination einer beidseitigen Muskelaktivierung ist, wie in Abb. 3.15 zu sehen ist, nicht davon abhängig, daß die Destabilisierung durch elektrischen Reiz erfolgte, sondern sie trat auch bei einseitigem mechanischem Vorwärtskippen der Wippe auf. Die synchrone Beinmuskelaktivierung war jedoch von der spezifischen Versuchsbedingung des Balancierens abhängig, d.h. sie änderte sich, sobald die Versuchsbedingung verändert wurde. Wurde z.B. ein Bein auf ein feststehendes Podest, das andere auf eine Wippe gestellt und der N. tibialis einer Seite elektrisch gereizt, so kam es, wie in Abb. 3.15 auf der rechten Seite zu sehen ist, unabhängig davon, welche Seite gereizt wurde, zu einem verzögerten Einsetzen des Tibialis-anterior-EMGs auf der nicht gereizten Seite.

Wenn ein Bein überhaupt nicht unterstützt wurde, sondern die Versuchsperson nur mit einem Bein auf einer Wippe stand, so erfolgte überhaupt keine Aktivierung des frei-schwebenden Beines. Das heißt aber, daß entweder von supraspinalen motorischen Zentren oder über periphere Rezeptoren diese Rechts-links-Verschaltung, abhängig von der jeweiligen motorischen Aufgabe, blockiert oder in Funktion gesetzt wurde.

Untersuchungen der Reflexprojektionen von Beinmuskeln bzw. Hautafferenzen zum Motoneuronpool anderer Muskelgruppen eines Beines und deren Hemmung bzw. Förderung unter verschiedenen äußeren Bedingungen (Pierrot-Deseilligny et al. 1981a, b) zeigten, daß ein *peripherer* Einfluß auf eine funktionell angepaßte spinale Aktivitätskoordination verschiedener Beinmuskeln möglich ist. Nach den Verlaufs-untersuchungen beim Balanciertraining (s. S. 107) ist jedoch auch anzunehmen, daß ein *zentraler* supraspinaler Einfluß auf diese Verschaltung besteht.

Schlußfolgerungen

Funktionelle Bedeutung des spinalen Dehnungsreflexes

Durch die Untersuchungen konnte die Bedeutung und Stärke des spinalen Dehnungs-reflexes und sein Beitrag zur EMG-Aktivität der Bein- und proximalen Armmuskula-tur bei komplexen Bewegungsabläufen gezeigt werden. Offensichtlich ist dessen Bei-trag zur Muskelaktivität besonders bei automatisierten Bewegungsabläufen wie dem Laufen sehr ausgeprägt. Das spinale Reflexsystem hat bei der Kontrolle von Laufbe-wegungen – wie die verschiedenen Untersuchungen gezeigt haben – mehrere Vorteile. Die von zentral her vorprogrammierte Muskelaktivität kann beim Sprung während der Standphase rasch verstärkt werden und wird so noch für den Abstoß wirksam. Durch die Schnelligkeit der Aktivitätskorrektur kann die Muskelaktivität und dadurch auch die Muskelspannung rasch an Unebenheiten des Bodens angepaßt werden. Mit Hilfe des spinalen Dehnungsreflexes erfolgt eine optimale Anpassung des Aktivitätsmusters der Beinmuskeln beim Laufen an die jeweiligen äußeren Gegebenheiten. Außerdem wird durch den Dehnungsreflex die Muskelaktivität an die von zentral her bestimmte Laufgeschwindigkeit angepaßt, wobei die Exkursion im Fußgelenk weitgehend stabil bleibt, d.h. daß Dehnung und Kontraktion der Unterschenkelmuskeln immer im sel-ben Bereich erfolgen. Diese Regulation erfolgt dadurch, daß die Aktivität der Waden-muskeln, die die Muskelspannung der Fußextensoren reguliert, durch die Dehnungs-reflexaktivität moduliert wird. Letztere ist wiederum von der Geschwindigkeit der Muskeldehnung, d.h. der Dorsalflexion des Fußes während der Standphase abhängig. All diese Punkte zeigen, daß die optimale Feineinstellung der Laufregulation über das spinale Reflexsystem erfolgt und eine bewußte Aktivitätskontrolle bei weitem nicht so effektiv sein könnte wie dieses spinale Rückkoppelungssystem. Bekanntlich ist der Versuch einer willkürlichen Aktivitätskontrolle beim Gehen oder Laufen eher hinder-lich für einen glatten Bewegungsablauf und würde sich störend auf diesen auswirken. Aus den Ergebnissen ergibt sich, daß eine maximale Aktivierung der Streckermuskeln erst durch den Einsatz des Dehnungsreflexes erzielt wird. Es ist daraus für das Trai-ning zu folgern, daß lediglich bei exzentrischen Übungen mit Hilfe des spinalen Deh-nungsreflexes eine maximale Muskelleistung erreicht werden kann.

Wechselbeziehung zwischen vorprogrammierter und reflexinduzierter EMG-Aktivität sowie mechanischen Muskeleigenschaften bei der Kontrolle automatisierter Bewegungsabläufe

Oben wurde auf die Bedeutung des spinalen Dehnungsreflexes beim Laufen und Fallen auf die ausgestreckten Arme hingewiesen. Der Dehnungsreflex hat jedoch lediglich im Rahmen einer engen Wechselbeziehung zwischen der vermutlich in höheren Hirnstrukturen vorprogrammierten Muskelaktivierung und den mechanischen Eigenschaften des aktivierten Muskels seine Bedeutung. Die vorprogrammierte Aktivierung der Arm- bzw. Beinstreckermuskeln, die vor dem Aufsetzen beginnt, wurde beim Hüpfen, Gehen und Fallen auf die Beine schon früher beschrieben (Greenwood u. Hopkins 1974, 1976, Mellvill-Jones u. Watt 1971a, b, Melvill-Jones 1973, Herman et al. 1973). Die Voraktivierung der Streckermuskeln vor dem Aufsetzen des Fußes beim Laufen bzw. der Hände beim Fallen scheint in zweierlei Hinsicht wesentlich zu sein. Zum einen entwickelt der aktivierte Muskel nach dem Aufsetzen mit zunehmender Dehnung mehr aktive Spannung entsprechend einer sich spannenden Feder und verhindert damit eine zu starke Muskeldehnung vor dem Einsetzen der reflexinduzierten Aktivität. Zum anderen sind die meisten Alpha-Motoneurone durch die Voraktivierung schon rekrutiert oder dicht an ihre Entladungsschwelle gebracht, so daß sie auf den erregenden afferenten Impulseinstrom von den Muskelspindeln während der Dehnung ohne weitere Verzögerung mit einer Erhöhung der Entladungsfrequenz antworten können.

Die Änderungen in der Achillessehnenspannung während des Gehens und Laufens wiederum zeigen die Abhängigkeit der Spannungsentwicklung von der EMG-Aktivität der Fußextensorenmuskeln. Somit können kurzdauernde Aktivitätsspitzen noch mechanisch rasch wirksam werden. Diese mechanische Eigenschaft der Muskelfasern mit einer engen Anpassung der Spannungsentwicklung an die EMG-Aktivität mit raschem Spannungsanstieg und schneller Muskelerschlaffung ist Voraussetzung für schnelle Bewegungsabläufe wie z.B. beim Sprint. Wie unter pathologischen Bedingungen gezeigt wird (vgl. Kap. 5), können Veränderungen dieser mechanischen Muskelfasereigenschaften begrenzend für die Schnelligkeit eines Bewegungsablaufes sein.

Willkürlich kontrollierte versus reflexinduzierte Muskelaktivität

Zwar konnte auch beim Vorwärtsfallen in den Armextensorenmuskeln eine deutliche segmentale Reflexaktivität registriert werden, diese war jedoch im Vergleich zu der in den Beinextensoren beim Laufen wesentlich geringer. Auch der Vergleich zur EMG-Aktivität bei maximaler Willkürkontraktion zeigte, daß beim Laufen eine bis zu zwei- bis dreifach höhere Aktivität durch den Dehnungsreflex zu erhalten war, während beim Fallen die durch den Reflex verstärkte Triceps-brachii-Aktivität das EMG bei maximaler Willküraktivierung nur gering überstieg. Diese Ergebnisse und die Beobachtungen anderer Autoren (Marsden et al. 1972), die in den Handmuskeln keine bzw. nur eine geringe Aktivität des spinalen Dehnungsreflexes nachweisen konnten, zeigen die unterschiedliche Bedeutung dieses Reflexsystems in verschiedenen Muskeln mit unterschiedlichen motorischen Aufgaben. Offensichtlich hat der segmentale Dehnungsreflex eine weit geringere Bedeutung in Muskeln, die überwiegend für Willkürbewegungen gebraucht werden. Bei diesen Bewegungen könnte eine spinale Reflexaktivität als Verstärkersystem der Muskelaktivität eher hinderlich für einen feinen, willkürlich kontrollierten Ablauf sein. Dagegen ist es bei automatisch ablaufenden Bewegungen wie dem Laufen gerade umgekehrt: Hier würde die Willkürkontrolle den glatten automatisierten Bewegungsablauf eher stören.

Ein funktionelles Grundprinzip des hierarchischen Aufbaus des ZNS ist die Dominanz entwicklungsgeschichtlich jüngerer motorischer Zentren des Gehirns gegenüber den älteren Systemen, denen der spinale Dehnungsreflex zuzurechnen ist. Nach den hier dargelegten Ergebnissen werden diese „primitiven" Reflexe jedoch nicht obligatorisch ausgeschaltet, wie es für die frühkindlichen tonischen Reflexe angenommen werden kann, sondern sie werden – wie das Beispiel des spinalen Dehnungsreflexes beim Laufen zeigt – in sinnvoller Weise in ein zentrales Programm eingebaut. Dadurch bleibt die kurze spinale Reaktionszeit als ein wesentlicher Vorzug dieses Reflexsystems gegenüber den in der Hirnrinde umgeschalteten Reflexen erhalten. Diese Regelung gewinnt für die weitgehend automatisierten Bewegungsabläufe der Beine besondere Bedeutung, während die Bewegung der Arme und Hände weit mehr der willkürlichen Kontrolle unterliegt. Da der Verstärkungsfaktor des spinalen „Rückkoppelungskreises" von zentral her verstellbar ist, steht dem Großhirn als höchster motorischer Instanz noch eine wesentliche Regulationsmöglichkeit für die Steuerung motorischer Abläufe zur Verfügung.

Neurophysiologische Regelung des Balancierens

Im Gegensatz zu den bisher im Vordergrund stehenden Untersuchungen des normalen Standes erfordert das Balancieren wesentlich raschere neurophysiologische Regulationsmechanismen, um das Gleichgewicht zu halten. Die schnellen Korrekturbewegungen erfolgen nach den hier beschriebenen Untersuchungsergebnissen mit Hilfe der spinalen Dehnungsreflexaktivität. Deren Empfindlichkeit wird von supraspinalen motorischen Zentren eingestellt, wobei diese Einstellung anfangs nicht optimal an die für die Versuchsperson neue motorische Situation des Balancierens auf der Wippe angepaßt ist. Die unwillkürlichen, unbeeinflußbaren Oszillationen bei ersten Balancierversuchen auf der Wippe dienen nicht nur der Stabilisierung des Körpergleichgewichtes, sondern stellen sich selbst unterhaltende Oszillationen im spinalen Dehnungsreflexbogen dar. Erst mit zunehmender Gewöhnung an die Balanciersituation erfolgt eine optimalere Anpassung der Reflexempfindlichkeit an die spezifische motorische Aufgabe. Die raschen Korrekturbewegungen stellen allerdings nur einen Teil der Gleichgewichtsregulation dar; für die langsamere Regulation sind andere neuronale, hier nicht berücksichtigte und untersuchte Mechanismen, wie z.B. das vestibuläre System und transkortikale Reflexe, wesentlich.

Die Balancieruntersuchungen auf getrennten Wippen zeigen eine ausgeprägte Rechts-links-Koordination mit synchroner Aktivierung homologer Beinmuskeln. Diese symmetrische Muskelaktivierung gilt demnach nicht nur für die normale Standregulation, wo eine symmetrische Aktivierung homologer Muskeln beider Beine ebenfalls beschrieben wurde (Bonnet et al. 1976). Diese nach den Latenzen des Auftretens spinal organisierte Rechts-links-Koordination ist nicht willkürlich veränderbar. Sie ist jedoch von der motorischen Aufgabe abhängig, d.h. sie wird durch periphere und supraspinale Einflüsse modifiziert, wie die Veränderung der Beinmuskelaktivierung, z.B. beim einbeinigen Balancieren oder beim Gehen, zeigt.

Zusammenfassung

Neurophysiologie der menschlichen Fortbewegung: Vorprogrammierte versus reflexinduzierte Regulation

Zur Untersuchung der Regulation komplexer Bewegungsabläufe wurde das *Oberflächenmyogramm (EMG) der Beinmuskeln* zusammen mit dem Goniometersignal des Fußgelenkes bei verschiedenen Fortbewegungsgeschwindigkeiten registriert und analysiert. Beim *Gehen* und *Laufen* steigt die schon *vor* Bodenberührung beginnende Gastrocnemiusaktivität 40–45 ms *nach* Bodenkontakt steil an und erreicht ihr Maximum am Ende der Muskeldehnung in der Standphase des Laufens. Diese Aktivitätsspitze verstärkt die langsam ansteigende Gastrocnemiusaktivierung, die 120–150 ms *vor* Bodenkontakt beginnt und im Zentralnervensystem vorprogrammiert ist. Der steile Anstieg der Gastrocnemiusaktivität in der Standphase des Laufens ist zumindest teilweise durch den segmentalen Dehnungsreflex hervorgerufen. Diese Dehnungsreflexaktivität des Gastrocnemius erzeugt eine Kraftverstärkung, um den Körper am Ende der Standphase beim schnellen Laufen abzustoßen, und garantiert eine Anpassung der Beinmuskelaktivität an die jeweilige Laufbedingung. Am Ende der Standphase bei Plantarflexion des Fußes zum Abstoßen des Körpers wird der Gastrocnemius inaktiv, und der Tibialis anterior wird aktiviert. So besteht sowohl bei unerwarteter Höhenänderung der Laufebene als auch beim Laufen bei verschiedenen Geschwindigkeiten eine enge Korrelation zwischen der Aktivität des segmentalen Dehnungsreflexes und der Geschwindigkeit der Dorsalflexion des Fußes in der Standphase. Durch den Dehnungsreflex werden somit die Stärke und der zeitliche Einsatz des Gastrocnemius-EMGs optimal reguliert. Der Beitrag des segmentalen Dehnungsreflexes zur EMG-Aktivität der Beinmuskeln wird ermöglicht durch die enge Wechselbeziehung zwischen der vorprogrammierten Aktivität und den mechanischen Eigenschaften der Muskelfasern. Die vorprogrammierte Muskelaktivität verhindert eine zu starke Dehnung des Triceps surae nach Aufsetzen des Fußes und bahnt die reflektorische Muskelaktivierung nach Beginn der Standphase. Die Muskelspannungsänderungen, die mit der EMG-Aktivität korrelieren, ermöglichen rasche und kräftige Abstoßbewegungen. Veränderungen dieser Muskelfasereigenschaften bei Patienten mit Muskeltonuserhöhung werden diskutiert.

Vorprogrammierte und reflexinduzierte Aktivierung der Armmuskeln bei Fallversuchen

Die EMG-Aktivität des Triceps brachii beim Vorwärtsfallen auf vorgestreckte Arme wurde mit dem Druck einer Meßplatte registriert und analysiert. Die Dehnung des Triceps brachii dauert 200–300 ms, und direkt nach Aufsetzen werden Winkelgeschwindigkeiten des Ellbogengelenkes bis zu 1000°/s erreicht. Der Anstieg der EMG-Aktivität des Triceps brachii beginnt mit kurzer Latenz 20–30 ms nach Bodenkontakt. Sie ist, wie die Gastrocnemiusaktivität beim Laufen, einer 140 ms vor dem Aufsetzen beginnenden Voraktivierung aufgesetzt und geht dann in ein Plateau über. Die vorprogrammierte EMG-Aktivität und die Verstärkung durch segmentale Dehnungsreflexe verstärken die Muskelaktivität des Triceps brachii nach dem Aufsetzen, um den Körper abzufangen. Beim tiefen Fallen zeigt ungefähr die Hälfte der untersuchten Personen vier oder mehr regelmäßige Aktivitätsspitzen während der Dehnungsphase des Triceps brachii nach dem Aufsetzen. Die mittlere Frequenz dieser EMG-Oszillationen für Fallwinkel von 90° unterscheidet sich signifikant von denen für geringere Fallwinkel (60 und 70°). Die zweite EMG-Spitze erscheint nicht mit einer festen Latenz nach dem Aufsetzen. Es wird angenommen, daß die EMG-Aktivitätsgipfel, nach starker Dehnung des voraktivierten Triceps brachii, *segmentalen Dehnungsreflexen* und nicht Reflexen längerer Latenz (sog. Long-loop-Reflexe) entsprechen.

Standregelung unter erschwerten Bedingungen (Balancieren)

Während die Probanden auf einer Wippe, die aus einer Plattform mit einer gekrümmten Basis bestand, balancierten, wurden Vor- und Rückwärtsschwingungen von Kopf und Körper und Veränderungen im Fußgelenkswinkel registriert und analysiert. Das EMG der Unterschenkelmuskeln und die durch die Wippe auf einer Druckmeßplattform verursachte Kraftveränderung wurden gleichzeitig registriert. Unter dieser Bedingung werden Balancierschwankungen mit einer mittleren Frequenz von 4–5 Hz beobachtet, die von kurzer reziproker EMG-Aktivität der Unterschenkelmuskeln begleitet sind. Wenn der N. tibialis elektrisch gereizt wird, um den Probanden durch die Kontraktion des Triceps surae zu destabilisieren, beginnt die EMG-Aktivität des Tibialis anterior ca. 50 ms später, um die Gegenbalancierbewegung einzuleiten. Diese Verzögerung liegt in dem Zeitraum, den ein schneller segmentaler Dehnungsreflex benötigt. Nach teilweiser Blockierung der Muskelspindelafferenzen von den Unterschenkelmuskeln durch Ischämie fehlen die vorherrschenden schnellen Balancierfrequenzen, und das Körpergleichgewicht wird wesentlich instabiler. Eine Schwellenauslenkung im Fußgelenk beim Balancieren ist notwendig, um die segmentale Dehnungsreflexaktivität auszulösen, die eine schnelle Regulation des Balancierens bestimmt. Wenn die Probanden auf zwei getrennten Wippen stehen und balancieren, erfolgen die Balanceoszillationen und EMG-bursts der Unterschenkelmuskeln symmetrisch auf beiden Seiten. Nach einer Destabilisierung, hervorgerufen durch Reizung des N. tibialis oder durch plötzliche Vorwärtsbewegung einer Wippe, beginnen die EMG-Antworten der Tibialis-anterior-Muskeln beider Seiten mit gleicher Latenz (ca. 50 ms) und EMG-Stärke, auch wenn der N. tibialis nur einer Seite gereizt, d.h. ein Bein destabilisiert wurde. Aus den Ergebnissen wird geschlossen, daß die symmetrische Unterschenkelmuskelaktivierung durch einen spinalen Koordinationsmechanismus geregelt wird, dessen Funktion von der jeweiligen motorischen Aufgabe abhängt.

Summary

Neuronal Mechanisms of Human Locomotion

The surface electromyogram (EMG) of human leg muscles was recorded together with the goniometer signal of the ankle joint during running at different speeds. During running the electrical activity of the gastrocnemius muscle increases sharply 35–45 ms after ground contact and reaches its maximum at the end of muscle stretch. This activity is superimposed on the slowly increasing level of gastrocnemius activation which begins 120–150 ms before ground contact. At the end of the stance phase the gastrocnemius becomes inactive and simultaneously there is a sudden increase in tibialis anterior activity. It can be demonstrated that the steep increase in the gastrocnemius EMG activity reflects a segmental stretch reflex activity. The significance of the stretch reflex activity during running consists in a quick increase of leg extensor EMG activity for pushing the body off at the end of the stance phase. On the other hand, the stretch reflex activity adapts the EMG activity to the actual running condition. This can be shown by unexpectedly varying the ground level while the subject is running on the spot or by having the subject run at different speeds on a treadmill. In both conditions a positive correlation is found between spinal stretch reflex activity and speed of foot dorsiflexion in the stance phase. It is supposed that the regulation of strength and timing of the gastrocnemius EMG for pushing the leg off is optimized by the contribution of the stretch reflex activity. Such a fast regulation of muscle activation would be accomplished neither by long loop reflexes nor by preprogrammed muscle activation alone. However, the significance of the segmental stretch reflex activitiy is only possible in a close interaction between the preprogrammed activity and the mechanical properties of muscle fibres. The preprogrammed EMG activity prohibits too large a muscle stretch, and a quick enhancement of EMG activity at the beginning of the stance phase is feasible. Fast movements are made possible by the mechanical muscle fibre properties, which show quick changes in tension correlated to the activation strength. The latter point is quite important in respect of the changes seen in patients with muscle hypertonia.

EMG Activity of Triceps Brachii During Landing from Forward Falls

The EMG responses of triceps brachii were analyzed during landing from forward falls onto a platform. In such a condition the stretching period of triceps brachii lasts 200–300 ms, and immediately after landing angular velocities of the elbow joint up to $1000°/s$ are reached. The short-latency EMG responses of the triceps brachii begin 20–30 ms after touchdown, arising from a more or less plateau-like activity which starts about 130 ms before impact, as described for the gastrocnemius EMG during running. From the results obtained it is concluded that both the preprogrammed activity and the stretch-reflex-induced EMG contribute significantly to the overall activity of the triceps brachii to decelerate the body after impact. For deep falls about half of the subjects show four or more regular peaks during the stretching phase of the triceps brachii after impact. The mean frequency of the EMG oscillations

for falls of 90° differs significantly from that of the less deep falls (of 60° and 70°).
Correspondingly, the second EMG peak shows no consistent latency after impact.
From these results it is concluded that the EMG peaks following vigorous stretch of
the pre-activated triceps brachii are due to segmental stretch reflex mechanisms rather
than to long loop responses.

Neuronal Mechanisms of Balancing

While subjects balanced on a seesaw consisting of a platform with a curved base, the
antero-posterior sway of head and body and changes in the angle of the ankle joint
were recorded and analyzed for their frequency power spectrum. The EMG of the
leg muscles and the position of the resulting force, exaggerated by the seesaw, on a
force measuring platform were simultaneously registered and analyzed. Balancing
oscillations with a mean frequency of 4–5 Hz are observed under this condition.
They are accompanied by short reciprocally organized bursts of EMG activity of leg
muscles. When the tibial nerve is stimulated to produce a displacement, the EMG
activity of tibialis anterior starts to induce the counter-balancing movement about
50 ms later, an order of delay requiring a fast-conducting segmental stretch reflex.
After a partial ischaemic blockade of muscle spindle afferents from the leg muscles
the predominant sway frequency is lacking and body balance is more unstable.
It is obvious that a threshold change in the ankle angle is the determining factor in
the production of spinal stretch reflex activity for fast regulation of balance. When
subjects are standing and balancing on two separate seesaws, the balancing oscillations
and the accompanying reciprocally organized bursts of EMG activity in the leg muscles
occur quite symmetrically on both sides. After a displacment, induced by stimulation
of the tibial nerves or by a brisk anterior movement of one seesaw, the EMG responses
of the tibialis anterior muscles on both sides start with the same latency (about
50 ms) and strength, even when only one side is displaced. From the results it is concluded that the symmetrical leg muscle activation is mediated by a spinal coordinat-
ing mechanism, the function of which depends on the actual motor task.

Literatur

Bonnet M, Gurfinkel S, Lipchits M-J, Popov K-E (1976) Central programming of lower limb mus-
    cular activity in the standing man. Agressologie 17B:35–42
Büdingen NJ, Freund H-J (1976) The relationship between the rate of rise of isometric tension
    and motor unit recruitment in a human forearm muscle. Pfluegers Arch 362:61–67
Dichgans J, Mauritz K-H, Allum JHJ, Brandt Th (1976) Postural sway in normals and atactic
    patients. Analysis of the stabilizing and destabilizing effects of vision. Agressologie 17:
    15–24
Dietz V (1978) Analysis of the electrical muscle activity during maximal contraction and the
    influence of ischaemia. J Neurol Sci 37:187–197
Dietz V, Freund H-J (1975) Comparison between the activity of simultaneously recorded human
    motor units from the gastrocnemius muscles. Pfluegers Arch [Suppl] 359:R80
Dietz V, Noth J (1978a) Pre-innervation and stretch responses of triceps brachii in man falling
    with and without visual control. Brain Res 142:576–579

Dietz V, Noth J (1978b) Spinal stretch reflexes of triceps surae in active and passive movements. J Physiol 284:180−181

Dietz V, Hillesheimer W, Freund H-J (1974) Correlation between tremor, voluntary contraction and firing pattern of motor units in Parkinson's disease. J Neurol Neurosurg Psychiatr 37: 927−937

Dietz V, Schmidtbleicher D, Noth J (1979) Neuronal mechanisms of human locomotion. J Neurophysiol 42:1212−1222

Dietz V, Mauritz K-H, Dichgans J (1980) Body oscillations in balancing due to segmental stretch reflex activity. Exp Brain Res 40:89−95

Dietz V, Noth J, Schmidtbleicher D (1981a) Interaction between pre-activity and stretch-reflex in human triceps brachii during landing from forward falls. J Physiol 311:113−125

Dietz V, Quintern J, Berger W (1981b) Electrophysiological studies of gait in spasticity and rigidity. Evidence that altered mechanical properties of muscle contribute to hypertonia. Brain 104:431−449

Dietz V, Schmidtbleicher D, Ledig T, Noth J (1978) Timing of stance and swing phases and occurrence of phasic stretch reflex in running man. Eur J Physiol [Suppl] 373:R71

Engberg J, Lundberg A (1969) An electromyographic analysis of muscular activity in the hindlimb of the cat during unrestrained locomotion. Acta Physiol Scand 75:614−630

Freund H-J, Büdingen HJ, Dietz V (1975) The activity of single motor units from human forearm muscles during voluntary isometric contractions. J Neurophysiol 38:933−946

Ghez C, Shinoda Y (1978) Spinal mechanisms of the functional stretch reflex. Exp Brain Res 32: 55−68

Gottlieb G, Agarwal G (1979) Response to sudden torques about ankle in man: myotactic reflex. J Neurophysiol 42:91−106

Greenwood RJ, Hopkins AP (1974) Muscle activity in falling man. J Physiol 241:26−27P

Greenwood RJ, Hopkins AP (1976) Landing from an unexpected fall and a voluntary step. Brain 99:375−386

Grillner S (1972) The role of muscle stiffness in meeting the chaning postural and locomotor requirements for force development by the ankle extensors. Acta Physiol Scand 86:92−108

Grillner S (1975) Locomotion in vertebrates: central mechanisms and reflex interaction. Physiol Rev 55:147−304

Gurfinkel VS, Lipshits MI, Mori S, Popov KE (1976) The state of stretch reflex during quiet standing in man. In: Homma S (ed) Understanding the stretch reflex. Prog Brain Res 44: 473−486

Hagbarth K-E, Young RR, Hägglund JV, Wallin EU (1980) Segmentation of human spindle and EMG responses to muscle stretch. Neurosci Lett 19:213−217

Hammond P, Merton P, Sutton G (1956) Nervous graduation of muscular contraction. Br Med Bull 12:214−218

Hennemann E (1957) Relation between size of neurons and their susceptibility to discharge. Science 126:1345−1347

Herman R, Cook T, Cozzen B, Freedman W (1973) Control of postural reaction in man: the initiation of gait. In: Stein RB, Pearson KG, Smith S, Redford JB (eds) Control of posture and locomotion. Plenum Press, New York, pp 363−388

Lestienne F, Berthoz A, Mascot J-C, Koitcheva V (1976) Effects postureaux induits par une scène visuelle en mouvement linéaire. Agressologie 17C:37−46

Marey EJ (1873) La machine animale. Locomotion terrestre et aérienne. Germer Baillière, Paris

Marsden C, Meadows J, Merton P (1971) Isolated single motor units in human muscle and their rate of discharge during maximal voluntary effort. J Physiol 217:12

Marsden C, Merton P, Morton H (1972) Servo-action in human voluntary movement. Nature 238: 140−143

Marsden C, Merton P, Morton H (1976) Stretch reflex and servo-action in a variety of human muscles. J Physiol 256:531−560

Mauritz K-H, Dietz V (1980) Characteristics of postural instability induced by ischaemic blocking of leg afferents. Exp Brain Res 38:117−119

Melvill-Jones G (1973) Is there a vestibulo-spinal reflex contribution to running? Adv Otorhinolaryngol 19:128−133

Melvill-Jones G, Watt D (1971a) Observation on the control of stepping and hopping movements in man. J Physiol 219:709–727

Melvill-Jones G, Watt D (1971b) Muscular control of landing from unexpected falls in man. J Physiol 219:729–737

Nashner LM (1970) Sensory feedback in human posture control. Thesis Sc D, Man-vehicle Laboratory, Center for Space Research, Massachusetts Institute of Technology, Cambridge

Nashner LM (1976) Adapting reflexes controlling the human posture. Exp Brain Res 26:59–72

Nashner LM, Berthoz A (1978) Visual contribution to rapid motor responses during posture control. Brain Res 150:403–407

Pierrot-Deseilligny E, Morin C, Bergego C, Tankov N (1981a) Pattern of group I fibre projections from ankle flexor and extensor muscles in man. Exp Brain Res 42:337–350

Pierrot-Deseilligny EC, Bergego C, Katz R, Morin C (1981b) Cutaneous depression of Ib reflex pathways to motoneurones in man. Brain Res 42:351–361

Prochazka A, Schofield P, Westerman RA, Ziccone SP (1977a) Reflexes in cat ankle muscles after landing from falls. J Physiol (Lond) 272:705–719

Prochazka A, Westerman RA, Ziccone SP (1977b) Ia afferent activity during a variety of voluntary movements in the cat. J Physiol (Lond) 268:423–448

Schmidtbleicher D, Dietz V, Noth J, Antoni M (1978) Auftreten und funktionelle Bedeutung des Muskeldehnungsreflexes bei Lauf- und Sprintbewegungen. Leistungssport 8:480–490

Tatton WG, Forner SD, Gerstein GL, Chambers WW, Liu CM (1975) The effect of postcentral cortical lesions on motor responses to sudden upper limb displacements in monkeys. Brain Res 96:108–113

Welford AT (1974) On the sequencing of action. Brain Res 71:381–392

Wetzel MC, Stuart DG (1976) Ensemble characteristics of cat locomotion and its neural control. Prog Neurobiol 7:1–98

Die Untersuchungen wurden durch die Deutsche Forschungsgemeinschaft unterstützt (SFB 70 – Hirnforschung und Sinnesphysiologie)

Kapitel 4

Entwicklung des Zweibeinganges beim Kleinkind

W. BERGER

Neurophysiologie der Gangentwicklung

Die vorangehende Darstellung des menschlichen Ganges (Kap. 3) hat gezeigt, daß beim Laufen eine vorprogrammierte Muskelinnervation erfolgt, die durch Muskeldehnungsreflexe moduliert und an die jeweiligen Laufverhältnisse adaptiert wird. Da beim Vierfüßlergang, z.B. bei der Katze, die Dehnungsreflexe wenig oder nicht zur Laufinnervation beitragen, ist es wichtig, die Gangentwicklung beim Kleinkind vom Vierfüßlerkrabbeln des Säuglings bis zum normalen Zweibeingang mit der Rolle der Dehnungsreflexe in diesen verschiedenen Stadien zu untersuchen.

Forssberg und Wallberg haben 1980 gezeigt, daß beim Neugeborenenschreiten eine Koaktivierung der Beuger und Strecker der Beine auftritt, die wesentlich verschieden von dem reziproken Aktivitätsmuster der Siebenjährigen ist, das dem beim Erwachsenen registrierten Laufmuster entspricht (Berger et al. 1982).

Die Zweibeingangentwicklung wurde auf einem Laufband bei 50 Kindern im Alter zwischen 6 Monaten und 7 Jahren durch EMG-Ableitungen, Registrierung des Auftretens, der Fußgelenksexkursionen und Filmaufnahmen analysiert, indem sich die Kinder über dem Laufband festhalten konnten (Berger et al. 1983). Die Empfindlichkeit der unter dem Fußballen und der Ferse angebrachten elektrischen Kontakte war der Altersstufe angepaßt und betrug zwischen 10 und 100 g.

Entsprechend den Entwicklungsstufen des Ganges wurden die Kinder in vier Altersgruppen eingeteilt und die EMG- und Filmbefunde verglichen: 1. Säuglinge unter einem Jahr, die zwar noch keine selbständigen Schritte durchführen, bei denen jedoch Schreitbewegungen auf dem Laufband induziert werden konnten; 2. Kinder zwischen 1 und 2 Jahren, bei denen freies Gehen möglich wurde; 3. Kinder zwischen 2 und 4 Jahren, bei denen der Gang leichter und sicherer wurde; 4. Kinder zwischen 4 und 7 Jahren, dem Alter, in dem der Gang des Erwachsenen erreicht wurde.

Abbildung 4.1 zeigt in Strichdiagrammen der Filmaufnahmen die wesentlichen biomechanischen Veränderungen, die zwischen dem 1. und 4. Lebensjahr mit dem Erwerb der Fußabrollung erfolgen. Man sieht, daß das einjährige Kind im Gegensatz zum vierjährigen mit dem Vorderfuß aufsetzt, so daß nach dem Bodenkontakt des Fußballens eine passive Dorsalflexion des Fußes auftritt. Im Gegensatz zum Schulkind und Erwachsenen bleibt das Beim beim Einjährigen während der Standphase in einer vorwiegend senkrechten Haltung von Ober- und Unterschenkel, anfangs in Streck- und am Ende der Standphase in Beugestellung. Die beim Säugling von Forssberg beschriebene starke Beugung von Hüft- und Kniegelenk ist geringer und wird erst im Beginn der Schwungphase deutlich. Dagegen wird das Bein beim Vierjährigen

Berger et al., Haltung und Bewegung beim Menschen
© Springer-Verlag Berlin Heidelberg 1984

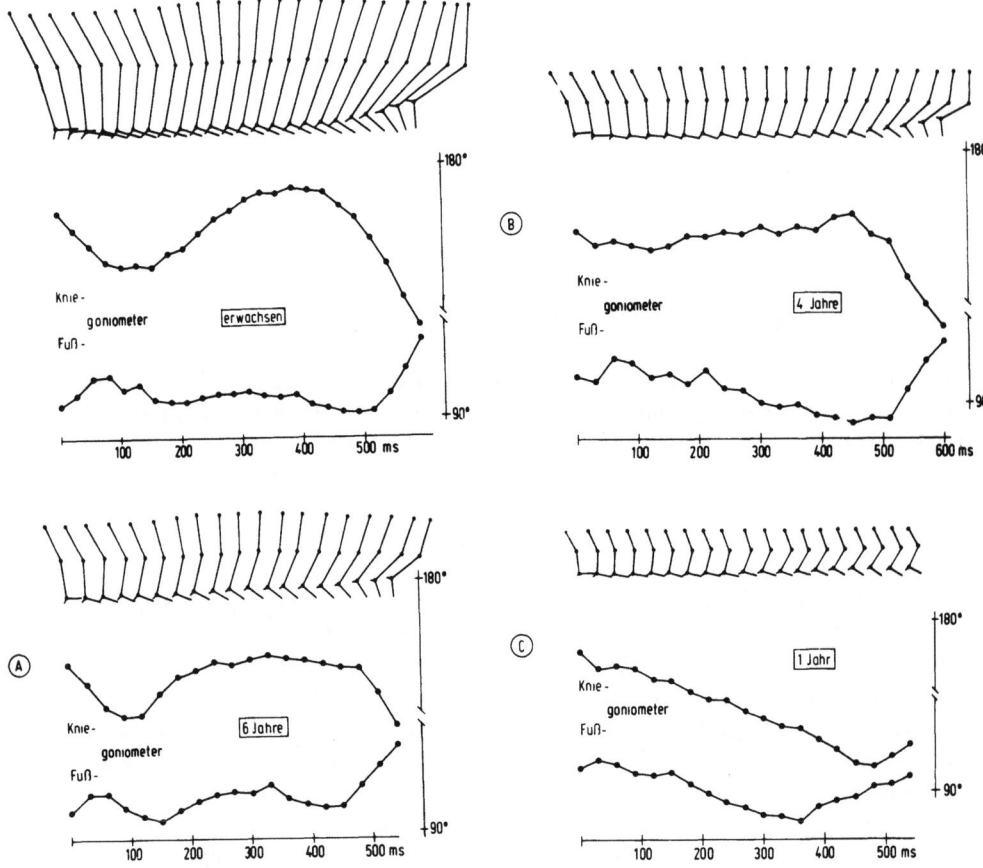

Abb. 4.1. Strichdiagramm der Bein- und Fußstellung und Winkeländerung von Fuß- und Kniegelenken nach Filmaufnahmen bei 3 Kindern unterschiedlicher Altersstufen und einem Erwachsenen

zu Beginn der Standphase mehr nach vorn und am Ende nach hinten ausgestreckt. Diese zwei Beispiele entsprechen wesentlich verschiedenen Mechanismen der Fortbewegung: Während beim Einjährigen das Standbein den Körper in aufrechter Stellung unterstützt und Beugung im Hüftgelenk zustande kommt, wird der Körper des Vierjährigen über das Standbein abgerollt und nach vorn abgestoßen.

Auch die EMG-Registrierungen zeigen die deutlichsten Änderungen des Gangmusters bis zum 2. Lebensjahr. Abbildung 4.2 gibt eine Übersicht typischer EMG-Registrierungen des Ganges bei verschiedenen Altersstufen. Abbildung 4.3 zeigt die Mittelwertskurven aller aufsummierten und auf einen Schrittzyklus normierten Registrierungen der Altersgruppen 2–4.

Gesunde Kinder

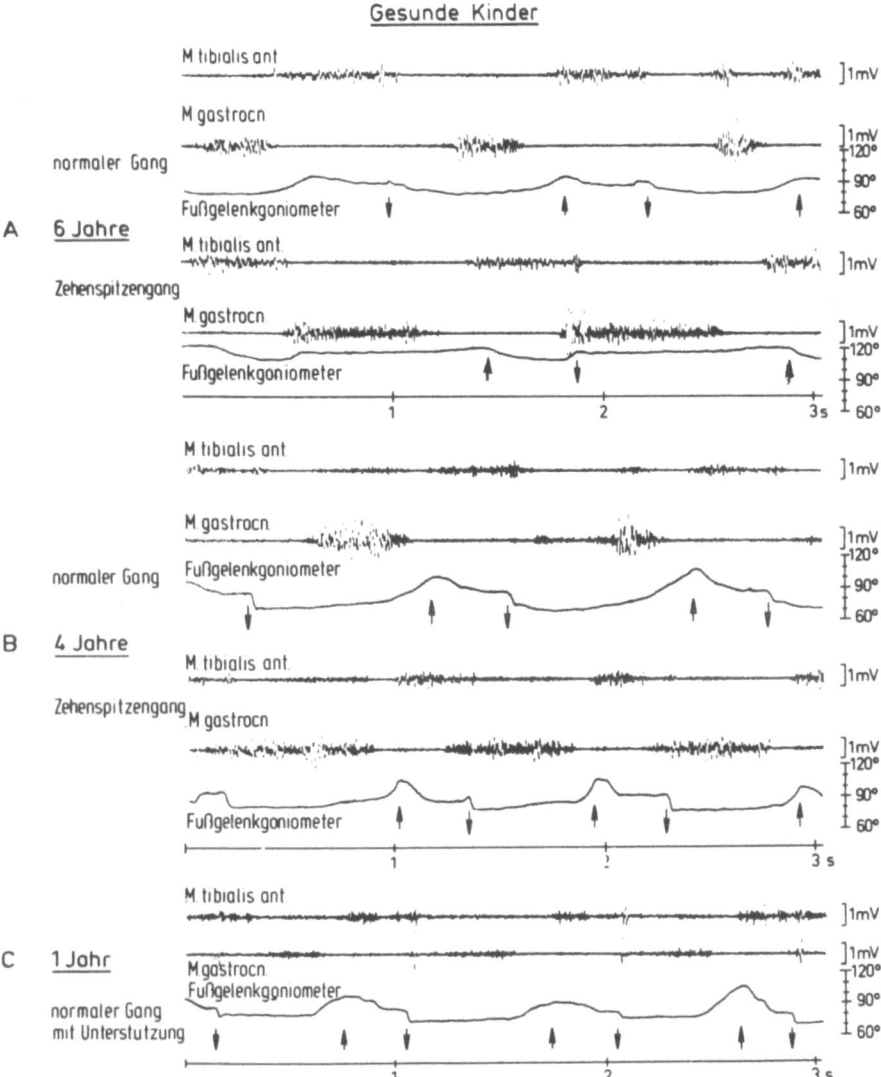

Abb. 4.2A–C. Charakteristische Ausschnitte von Roh-Myogrammen der Unterschenkelmuskeln und Fußgelenksänderung bei 3 Kindern in verschiedenen Altersstufen. Das 4- und das 6jährige Kind sind zusätzlich beim Zehenspitzengang abgebildet. Die *Pfeile* bedeuten Aufsetzen (↓) und Abheben (↑) des Fußes

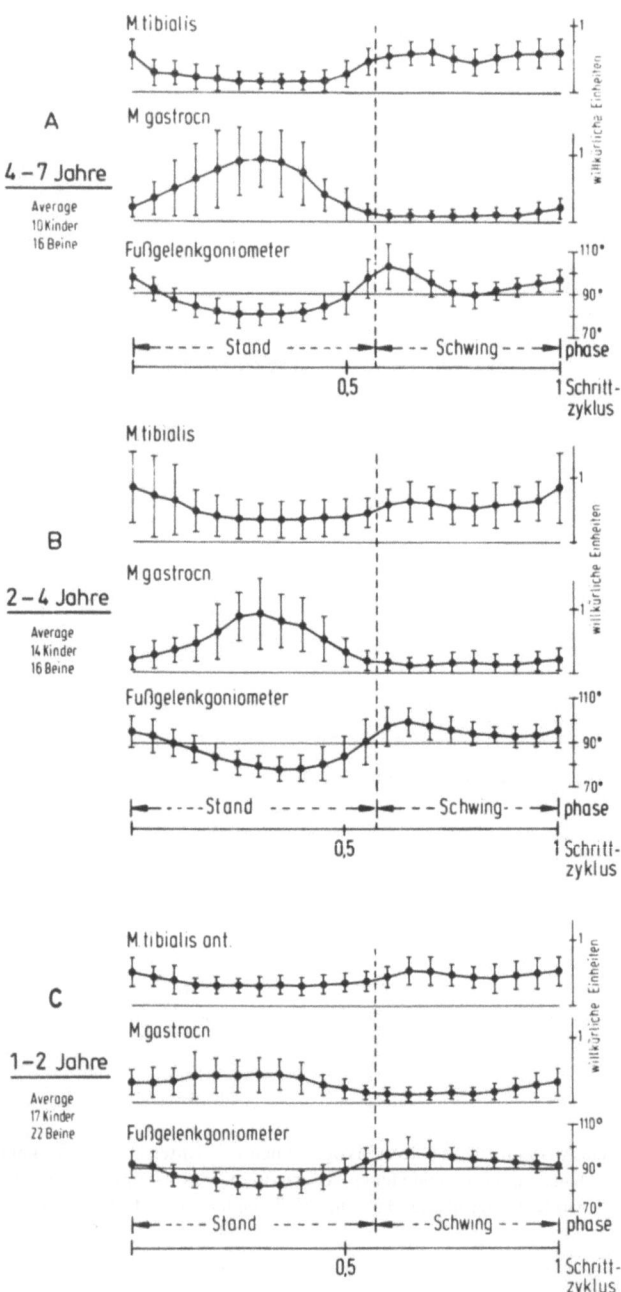

Abb. 4.3A–C. Mittelwerte mit Standardabweichungen des gleichgerichteten und aufsummierten (N = 10) EMGs des Tibialis anterior und Gastrocnemius, zusammen mit den Winkeländerungen im Fußgelenk bei Kindern in drei verschiedenen Altersgruppen. Der Schrittzyklus ist normiert. Die *senkrechte Linie* zeigt das Ende der Standphase an. Eine willkürliche Einheit entspricht etwa 1 mV

Das kindliche Gangmuster

Unsere Untersuchungen ergeben vier typische Kennzeichen des „unreifen" Ganges beim Kleinkind:

1. Eine Koaktivierung antagonistischer Unterschenkelmuskeln während der Standphase des Schrittzyklus. Beuger und Strecker werden bis zum 4. Lebensjahr noch nicht wie beim Erwachsenen streng reziprok-alternierend innerviert, sondern der Tibialis anterior zeigt eine Daueraktivität auch in der Standphase.

2. Große biphasische Reflexpotentiale, die meist nach Bodenkontakt in der Standphase im Gastrocnemius und seltener im Tibialis anterior auftreten. Die kurze Latenz (25–30 ms) dieser Reflexzacken nach dem Aufsetzen des Fußballens, d.h. nach Dehnung des Triceps surae, beweist, daß es sich um segmentale Dehnungsreflexe handelt.

3. Eine geringe Gastrocnemiusaktivierung in der Standphase bis zum 2. Lebensjahr im Vergleich zum Tibialis anterior und dem späteren EMG-Muster. Während sich die Stärke des Tibialis-anterior-EMGs in der Schwungphase im Verlauf der Gangentwicklung kaum verändert, wird die anfänglich etwa gleichstarke Gastrocnemiusaktivität in der Standphase später (vgl. Abb. 4.3A und C) um das Doppelte größer.

4. Geringere Fußhebung trotz relativ starker Tibialis-anterior-Innervation in der Schwungphase.

Diese frühen EMG-Merkmale des unreifen Ganges verschwinden im 3.–4. Lebensjahr weitgehend. Man sieht sie später nur noch in geringer Ausprägung (z.B. Koaktivierung, Abb. 4.3B). Rasche Änderungen im Fußgelenkswinkel nach dem Aufsetzen (Abb. 4.2B) oder bei besonderen Bedingungen können noch bis zum 5. Lebensjahr auftreten: Beim willkürlichen Spitzengang (Abb. 4.2B) mit Gastrocnemiusaktivierung vor dem Aufsetzen erscheinen wieder große biphasische Dehnungsreflexe mit kurzer Latenz nach Dehnung der Wadenmuskeln, die beim normalen Gehen von Vierjährigen fehlen.

Das Gangmuster des normalen und des Zehenspitzengangs der 6–7jährigen entspricht dann in der Zeitfolge und Stärke der Beinmuskelaktivierung dem des Erwachsenen (Dietz et al. 1981). Der Säuglingsgang, der bei 4 Kindern unter einem Jahr untersucht wurde, ist wesentlich unregelmäßiger, zeigt sonst aber keine weiteren Besonderheiten gegenüber den in Abb. 4.2C und 4.3C abgebildeten Gangmustern des Kleinkindes.

Gangkontrolle und Gangmuster des Kleinkindes

Während der aufrechte Stand und Gang bei Erwachsenen durch das Gleichgewichtsorgan, propriozeptive Meldungen von Muskeln und Gelenken und das Sehsystem kontrolliert werden, scheint bei Erlernen des Zweibeinstandes und -ganges um das 1. Lebensjahr nur die vestibuläre Kontrolle voll funktionsfähig zu sein (Eviatar et al. 1974, Tibbling 1969). Dies hat den Nachteil langer Latenzen für die Korrekturbewegung bei Kontrolle des aufrechten Standes (Nashner 1976, Mauritz u. Dietz 1980). Der visuelle Beitrag zur Körperstabilisierung (Brandt et al. 1976) ist in diesem Lebensalter nur sehr gering. Auch die propriozeptive Regulation der Beinmuskeln ist mit

Hilfe der isolierten synchronisierten Reflexpotentiale nicht möglich. Wenn wir annehmen, daß die stabilisierende Koaktivierung der Beinmuskeln in der Standphase vorwiegend vestibulär induziert ist, so werden mit der Ausreifung des Gangmusters zur reziproken Muskelaktivierung auch die visuellen und propriozeptiven Regelungen in einem jahrelangen Lernprozeß zur Gangregulierung integriert.

Beim Erwachsenengang sind die Dehnungsreflexe in der Streckerinnervation integriert (Dietz et al. 1979). Beim Kleinkind erscheinen dagegen vorprogrammierte und Reflex-Aktivität in den ersten 1–2 Jahren beim Erlernen des freien Gehens getrennt. Die synchronisierten Eigenreflexe haben in diesem Alter nur eine geringe funktionelle Bedeutung. Erst im 4.–5. Lebensjahr werden die segmentalen Dehnungsreflexe mit Erlernen des freien Gehens allmählich in das Gastrocnemius-EMG integriert. Das erkennt man an der zunehmenden Stärke der Gastrocnemiusaktivität mit der Gangentwicklung und auch an der größeren Sicherheit und Geschwindigkeit des Gehens beim Schulkind. Die Dehnungsreflexe modulieren die Innervationsmuster je nach den peripheren Gegebenheiten und adaptieren die Muskelinnervation an Unebenheiten des Bodens, unvorhergesehene Widerstände usw. Offenbar ist dieser Reflexbeitrag zum sicheren Zweibeingang notwendiger als zur Vierfüßerfortbewegung, da die laufende Katze nur sehr geringe segmentale Dehnungsreflexe zeigt (Engberg u. Lundberg 1969, Grillner 1972).

Die großen biphasischen Eigenreflexpotentiale der Kinder sind nach unseren Beobachtungen wahrscheinlich durch zwei Bedingungen fehlender motorischer Ausreifung verursacht: 1. Vorwiegend spinale Reflexschaltungen, d.h. eine noch nicht entwickelte supraspinale Kontrolle der im Rückenmark koordinierten Gangregulation. 2. Andersartige Muskelmechanik: Die Muskelkontraktion und ihre visko-elastischen Bedingungen verändern sich wahrscheinlich unter zunehmendem supraspinalem Einfluß in den ersten Lebensjahren.

Die bessere supraspinale und geringere spinale Koordination zeigt sich in der Verminderung der biphasischen Eigenreflexpotentiale mit zunehmendem Lebensalter. Ähnliche Muskeldehnungen wie beim Auftreten des Einjährigen erzeugen beim Vierjährigen nur noch bei starker bahnender Voraktivierung des Zehenspitzengangs biphasische Reflexpotentiale. Der segmentale Dehnungsreflex verstärkt die Muskelaktivität beim Gehen. Dies erfolgt erst beim älteren Kind und Erwachsenen in einer Integration der desynchronisierten Reflexaktivität und der Muskelaktivierung statt in synchronen Reflexpotentialen des Kleinkindes.

Wie kürzlich gezeigt werden konnte, kommt es beim Erwachsenen bei einer raschen Muskeldehnung zu einer in verschiedene aufeinanderfolgende Aktivitätsgipfel segmentierten Antwort sowohl der Muskelspindeln wie mit entsprechender segmentaler Latenz auch der EMG-Aktivität (Hagbarth et al. 1981). Diese Segmentierung der Dehnungsreflexantwort wurde auf intramuskuläre Oszillation zurückgeführt. Offenbar treten diese muskulären Oszillationen mit entsprechender Segmentierung des EMGs bei den Kleinkindern noch nicht auf, sondern entwickeln sich erst mit dem Erlernen des freien Gehens. Die Beobachtung, daß bei Kindern mit Zerebralparese (s. S. 135) beim Gehen ebenfalls nach dem Aufsetzen häufig biphasische Potentiale auftreten, spricht für die Annahme, daß diese muskulären Veränderungen auf supraspinale Einflüsse zurückzuführen sind. Auch die fehlende Fußhebung in der Schwungphase sowohl bei Kleinkindern wie bei Spastikern, obwohl der Gastrocnemius nicht gleichzeitig mit dem M. tibialis anterior aktiviert wird, ist ebenfalls am besten durch muskuläre Veränderungen erklärt.

Zusammenfassung

Das Gangmuster der Kleinkinder hat folgende Charakteristika:

1. Koaktivierung von Streckern und Beugern mit allmählicher Entwicklung der reziproken Innervation.
2. Große Eigenreflexpotentiale 20–30 ms nach Bodenkontakt.
3. Geringe Gastrocnemiusaktivierung in der Standphase im Vergleich zum M. tibialis anterior.
4. Geringere Fußhebung trotz relativ starker Tibialis-anterior-Aktivierung.
5. Unregelmäßige Schrittlängen und Fußgelenksbewegungen.

Die Gangentwicklung bei Kleinkindern zeigt im 2.–4. Lebensjahr elektrophysiologisch eine zunehmende Koordination der vorprogrammierten und reflexinduzierten EMG-Muster bis zur Ausreifung der reziproken Innervation im 5. Lebensjahr. Die anfängliche Koaktivierung der Beuger und Strecker in der Standphase wird bis zum 5. Lebensjahr durch ein reziprokes Innervationsmuster ersetzt. Erst mit dem 6. Lebensjahr erreicht die Fußstreckeraktivierung beim Abstoß die für den Erwachsenengang typische doppelt größere EMG-Amplitude gegenüber dem Beuger-EMG (Tibialis anterior) der Schwungphase.

Bei ersten Gehversuchen im 2. Lebensjahr bis zum Laufen des Vierjährigen erscheinen die Dehnungsreflexe der Standphase im EMG der Beinstrecker als große biphasische Reflexpotentiale nach Bodenkontakt. Die segmentalen Dehnungsreflexe werden mit dem Erlernen des freien Gehens zunehmend in die vorprogrammierte Streckerinnervation integriert und bewirken eine Kraftverstärkung für den Abstoß und eine modulierende Anpassung an den Boden.

Summary

The activity pattern of younger children (1–2 years) during stepping is characterized by the following:

1. A co-activation of antagonistic leg muscles during stance phase
2. Large solitary reflex potentials arising in the gastrocnemius EMG 20–30 ms after muscle stretch by ball contact of the foot (physiological tip-toeing)
3. Reduced activity of gastrocnemius EMG during stance
4. Reduced active dorsiflexion of the foot during swing phase despite a 'normal' tibialis anterior activation
5. Irregularity of steps and of excursions of the ankle joint, as well as prolonged stance phase

The development of bipedal gait in children from the 2nd to 4th year of age is characterized by an integration of preprogrammed and segmental stretch reflex-induced activity, which appear separately in the early stages of gait. The co-activation of antagnostic leg muscles in the beginning changes into a reciprocal innervation. The magnitude of electrical activity of gastrocnemius is enhanced by integration of reflex-induced activity, and thus enables the child to propel the body forward at the end of stance phase.

Literatur

Berger W, Quintern J, Dietz V (1982) Pathophysiological aspects of gait in children with cerebral palsy. Electroencephalogr Clin Neurophysiol 53:538–548

Berger W, Altenmüller E, Dietz V (1983) Normal and impaired neuronal development of children's gait (submitted)

Brandt TH, Wenzel D, Dichgans J (1976) Die Entwicklung der visuellen Stabilisation des aufrechten Standes beim Kind: ein Reifezeichen in der Kinderneurologie. Arch Psychiatr Nervenkr 223:1–13

Dietz V, Schmidtbleicher D, Noth J (1979) Neuronal mechanisms of human locomotion. J Neurophysiol 42:1212–1222

Dietz V, Quintern J, Berger W (1981) Electrophysiological studies of gait in spasticity and rigidity. Evidence that altered mechanical properties of muscle contribute to hypertonia. Brain 104:431–449

Engberg I, Lundberg A (1969) An electromyographic analysis of muscular activity in the hindlimb of the cat during unrestrained locomotion. Acta Physiol Scand 75:614–630

Eviatar L, Eviatar A, Naray I (1974) Maturation of neurovestibular responses in infants. Develop Med Child Neurol 16:435–446

Forssberg H, Wallberg H (1980) Infant locomotion: a preliminary movement and electromyographic study. In: Berg K, Eriksson BD (eds) Children and exercise IX. International series on sport sciences, vol 10. University Park Press, Baltimore, pp 32–49

Grillner S (1972) The role of muscle stiffness in meeting the changing postural and locomotor requirements for force development by the ankle extensors. Acta Physiol Scand 86:92–108

Hagbarth K-E, Hägglund JV, Wallin EU, Young RR (1981) Grouped spindle and electromyographic responses to abrupt wrist extension movements in man. J Physiol 312:81–96

Mauritz K-H, Dietz V (1980) Characteristics of postural instability induced by blocking of leg afferents by ischaemia. Exp Brain Res 38:117–119

Nashner LM (1976) Adapting reflexes controlling the human posture. Exp Brain Res 26:59–72

Tibbling L (1969) The rotatory nystagmus response in children. Acta Otolaryngol 68:459–467

Die Untersuchungen für Kapitel 4 und 5 wurden mit Unterstützung der Deutschen Forschungsgemeinschaft (Be 936/1-1) durchgeführt

Kapitel 5

Störungen von Gang und Balance nach spinalen und Hirnläsionen

W. BERGER

Einleitung

Die elektromyographische Untersuchungstechnik erlaubt eine exakte Diagnostik peripherer motorischer Störungen. Wesentlich schwieriger ist dies bei Läsionen des zentralmotorischen Systems, wo die übliche klinische Routine-Elektromyographie eine geringere Rolle spielt. Zur klinischen Beschreibung von Ausfallserscheinungen bei supraspinalen Läsionen werden im wesentlichen biomechanische Parameter, wie z.B. der Muskeltonus, herangezogen. Bei der elektrophysiologischen Untersuchung zentral-motorischer Störungen stand, entsprechend den klinischen Parametern und Beobachtungen, die genauere Untersuchung von pathologischem Reflexverhalten im Vordergrund (Dimitrijević u. Nathan 1967, Herman 1970). Neuere elektrophysiologische Untersuchungen betrafen das Rekrutierungs- und Entladungsverhalten einzelner motorischer Einheiten bei Patienten mit motorischen Störungen. Diese brachten zwar spezifische Befunde bei supraspinalen motorischen Läsionen (Freund et al. 1973, Dietz 1974), trotzdem gaben diese Untersuchungen weder einen wesentlichen Aufschluß über die pathophysiologischen Vorgänge, die diesen Erkrankungen zugrunde liegen, noch konnten sie wegen des erheblichen technischen Aufwandes und der notwendigen Mitarbeit der Patienten in der klinischen Routinediagnostik angewandt werden.

Bei allen bisher in der klinischen Diagnostik wie auch in der motorischen Forschung angewandten elektrophysiologischen Meßmethoden wurden einfache Bewegungen an einzelnen Extremitäten untersucht, um damit einen überschaubaren Bereich mit wenig veränderbaren Parametern zu erfassen. Der Nachteil dabei ist, daß gerade, z.B. bei supraspinalen Läsionen des motorischen Systems, weniger diese einfachen Bewegungen als vielmehr komplexe Bewegungsabläufe gestört sind. Dies zeigt sich typischerweise bei der klinischen Untersuchung des Gangbildes, das ganz wesentlich für die Diagnostik eines Parkinson-Syndroms oder einer spastischen Parese sein kann. Wesentliche Grundlage dieser Beobachtungen ist, daß bei komplexen natürlichen Bewegungsabläufen weniger die willkürlich intendierte Muskelaktivierung als vielmehr motorische Programme (Melvill-Jones u. Watt 1971) eine Rolle spielen, bzw. diese zusammen mit spinalen Reflexmechanismen die komplexen Bewegungsabläufe regulieren (Dietz et al. 1979, 1981a). Dadurch wird eine differenzierte elektrophysiologische Untersuchung komplexer Bewegungsabläufe bei Patienten mit motorischen Störungen erschwert, eine weitergehende Erfassung von supraspinalen Bewegungsstörungen ist jedoch nur durch diese möglich.

Die elektromyographischen und kinesiologischen Analysen natürlicher Bewegungsabläufe, wie sie in Kap. 3 dargestellt wurden, sollen in ihren wesentlichen

Berger et al., Haltung und Bewegung beim Menschen
© Springer-Verlag Berlin Heidelberg 1984

Punkten auch bei der Untersuchung von Patienten mit supraspinalen Läsionen angewandt werden. Dabei soll die Abweichung der Muskelaktivierung und der entsprechenden biomechanischen Parameter bei diesen Patienten von Normalpersonen erfaßt
und auf ihre pathophysiologische Bedeutung hin analysiert werden. Diese Untersuchungen an Patienten wurden, entsprechend den Analysen bei Gesunden, im wesentlichen bei zwei Bewegungsabläufen durchgeführt. Zum einen beim einfachsten, dem
Menschen geläufigsten komplexen Bewegungsvorgang, der Fortbewegung. Diese
beschränkte sich bei den Patienten mit motorischen Störungen im Gegensatz zu den
Gesunden auf die Untersuchung des langsamen Gehens. Zum anderen wurde die
Standregulation, die in der Klinik in Form des Romberg-Tests routinemäßig untersucht wird, unter erschwerten Bedingungen analysiert. Im Gegensatz zum Gehen ist
die Standregulation auf instabiler Standfläche mit oder ohne unerwartete Destabilisierung für Gesunde wie für Patienten ungewohnt, und es können dadurch klinische
Untersuchungen des motorischen Systems erweitert werden. Außerdem können mit
einer Erweiterung dieses Balanciertests durch das Stehen auf getrennten Wippen Störungen der Rechts-links-Koordination bei Patienten mit Halbseitenausfällen untersucht werden.

   Grundlage der Untersuchungen komplexer Bewegungsabläufe bei Patienten sind
physiologische Bewegungsanalysen, die beim Säugetier begonnen (Engberg u. Lundberg 1969) und später (s. Kap. 3) auf den Menschen ausgedehnt wurden. Ziel der
Untersuchungen bei Patienten sollte sein, klinische Erscheinungsbilder, wie z.B. die
Tonuserhöhung bei der Spastik oder beim Parkinson-Syndrom, in ihren pathophysiologischen Grundlagen besser zu verstehen und daraus Konsequenzen für eine optimale
Therapie zu ziehen.

Pathophysiologie der Gangstörungen bei Patienten
mit erhöhtem Muskeltonus

Parkinson-Syndrom

Wie aus der klinischen Beobachtung bekannt, ist die Gangstörung von Patienten mit
Parkinson-Syndrom durch kleine Schritte gekennzeichnet, die in starr nach vorn und
in Hüft- und Kniegelenk gebeugter Haltung durchgeführt werden. Wegen verschiedener Schwierigkeiten, wie z.B. dem Propulsionsphänomen und der Starthemmung,
sind elektrophysiologische Untersuchungen des Ganges bei diesen Patienten auf dem
Laufband schwierig durchzuführen. Derartige Untersuchungen wurden daher bisher
auch noch sehr selten vorgenommen (Knutsson 1972, Dietz et al. 1981b). Da nur
wenige unbehandelte Parkinson-Patienten in die Klinik kommen, wurden auch die
elektrophysiologischen Untersuchungen des Ganges fast ausschließlich an Parkinson-
Patienten durchgeführt, bei denen schon eine Grundmedikation von Anticholinergika
oder einer Dopa-Substanz bestand.

   Die nun folgenden Untersuchungsergebnisse wurden an ausgewählten Parkinson-
Patienten gewonnen, und zwar bei solchen, bei denen die Akinese und der Rigor und
weniger der Tremor im Vordergrund standen. Die Patienten durften wiederum nicht

zu sehr behindert sein, damit eine Ganguntersuchung ohne wesentliche Unterstützung möglich war.

Obwohl die Schritte der Parkinson-Patienten deutlich kürzer sind als die von Normalpersonen und auch als die von Patienten mit anderen motorischen Störungen, wie z.B. mit Spastik, betrug der Anteil der Standphase an einem Schrittzyklus ca. 60%, d.h. dieses Verhältnis war unverändert im Vergleich zu Normalpersonen (Dietz et al. 1981b).

Schon in der Originalregistierung (Abb. 5.1) ist zu sehen, daß die reziproke Aktivierung der Beinmuskeln beim langsamen Gehen (Laufbandgeschwindigkeit ca. 2 km/h) wie bei Normalpersonen erhalten war. Während die Stärke der Gastrocnemiusaktivierung etwas geringer war als die bei Gesunden, aber kaum Unterschiede in ihrem zeitlichen Verlauf zeigte, war die Tibialis-anterior-Aktivität während der Schwungphase eines Schrittzyklus deutlich größer als bei Gesunden, und der Fuß wurde damit aktiv während der Schwungphase gehoben. Diese nur geringen Aktivitätsunterschiede zwischen Normalpersonen und Parkinson-Patienten zeigten sich auch, wenn mehrere Schrittzyklen aufsummiert wurden. Dadurch sollten Aktivitätsschwankungen zwischen einzelnen Schritten ausgeglichen werden, um das typische Aktivitätsmuster eines Patienten zu erfassen. Vor dem Aufsummieren wurden die Potentiale gleichgerichtet. Als Triggersignal diente der Impuls durch Fußkontakt. In Abb. 5.2 sind die Ergebnisse von 20 Normalpersonen und 10 Parkinson-Patienten als Mittelwerte mit Standardabweichungen zusammengefaßt. Um das Aktivitätsmuster der Normalpersonen mit dem der Patienten vergleichen zu können, wurden alle aufsummierten

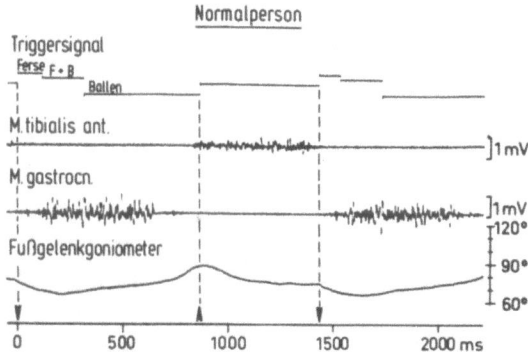

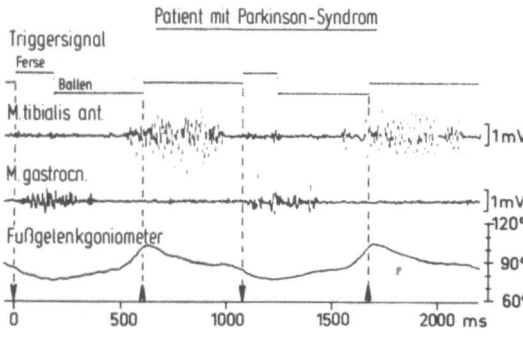

Abb. 5.1. EMG der Unterschenkelmuskeln beim Gang eines Parkinson-Patienten. Unterschenkelmuskel-EMG einer Normalperson *(oben)* und eines Parkinson-Patienten *(unten)* während langsamen Gehens auf dem Laufband (Laufgeschwindigkeit ca. 2 km/h) zusammen mit dem Signal des Fußgelenkgoniometers. Durch die unter Ferse und Fußballen angebrachten Kontakte (Triggersignal) werden Stand- und Schwungphase markiert

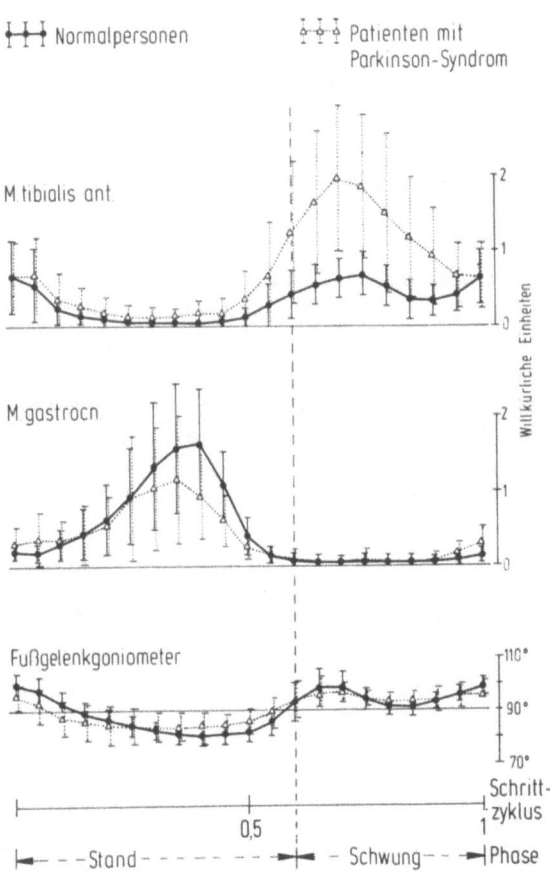

Abb. **5.2.** Aktivitätsmuster von Normalpersonen und Parkinson-Patienten beim Gehen. Mittelwerte mit Standardabweichung des gleichgerichteten und aufsummierten (N = 30) Tibialis-anterior- und Gastrocnemius-EMGs zusammen mit dem Signal des Fußgelenk-goniometers in einem normalisierten Schrittzyklus, registriert bei 20 Normalpersonen (N = 24) und 10 Patienten mit Parkinson-Syndrom (N = 11). Die *vertikale Linie* markiert das Ende der Standphase. (Aus Dietz et al. 1981b)

Kurven auf einen Schrittzyklus normalisiert (weitere methodische Einzelheiten s. Dietz et al. 1981b). Grundsätzlich bestanden keine Unterschiede im reziproken Aktivitätsmuster der Unterschenkelmuskeln, offensichtlich war jedoch eine gegenüber Normalpersonen verstärkte Aktivität des Tibialis anterior erforderlich, um den Fuß in der Schwungphase eines Schrittzyklus zu heben. Eine elektrophysiologische Erklärung für die rigide Tonuserhöhung bei diesen Patienten ergab sich somit aus diesen Untersuchungen nicht, denn es fanden sich weder eine Koaktivierung antagonistischer Muskelgruppen noch Hinweise für einen gesteigerten Reflexeinfluß während des Gehens, was bisher als Ursache für die Tonuserhöhung bei der Rigidität vermutet wurde (Rushworth 1960, Landau et al. 1960).

Paraspastik

Die spastische Tonuserhöhung tritt in unterschiedlicher Ausprägung auf und kann mit geringer oder stärkerer Parese der Muskulatur gekoppelt sein. Häufig wird bei der klinischen Untersuchung erst durch Prüfung komplexer Bewegungsabläufe, wie beim

Gehen oder Einbeinhüpfen, deutlich, daß es sich tatsächlich um eine spastische Tonuserhöhung handelt, während sich bei der Untersuchung am liegenden Patienten keine wesentliche Muskelhypertonie zeigt. Durch die Verschiedenartigkeit des Erscheinungsbildes, des Läsionsortes und Läsionsmechanismus ist es nicht verwunderlich, daß elektrophysiologische Ganguntersuchungen bei Patienten mit spastischer Hemiparese unterschiedlicher Ursache drei verschiedene Aktivitätsmuster der Beinmuskeln ergaben, die nur teilweise klinischen Symptomen zugeordnet werden konnten (Knutsson u. Richards 1979). Immerhin wurde aus den Untersuchungsergebnissen dieser Autoren deutlich, daß die Muskelaktivität der Beine im Vergleich zu Normalpersonen meist eher reduziert war und nur sehr selten eine Koaktivierung antagonistischer Muskelgruppen während des Gehens registriert wurde.

Zur besseren Differenzierung der spastischen Gangstörung war es notwendig, enger umschriebene Patientengruppen für die Ganganalyse auszusuchen. Das Interesse einer neueren Untersuchung von Patienten mit chronisch-spastischer Paraparease galt vorwiegend den pathophysiologischen Grundlagen der spastischen Tonuserhöhung (Dietz et al. 1981b). Alle diese Patienten hatten nur eine gering ausgeprägte Parese, und die Tonuserhöhung sowie gesteigerte Reflexe standen bei ihnen über Monate bis Jahre im Vordergrund. In Abb. 5.3 ist eine typische Originalregistrierung eines Patienten mit spastischer Paraparese bei langsamem Gehen (2 km/h) zu sehen. Wiederum fand sich wie bei Normalpersonen eine streng reziproke Aktivierung der Unterschenkelmuskulatur. Der wesentliche Unterschied zu den Normalpersonen bestand, ähnlich wie bei den Parkinson-Patienten, in einer verstärkten Tibialis-anterior-Aktivierung während der Schwungphase, die jedoch im Gegensatz zu dieser Patientengruppe keine Fußhebung zur Folge hat. Dieser Befund deckt sich mit der klinischen

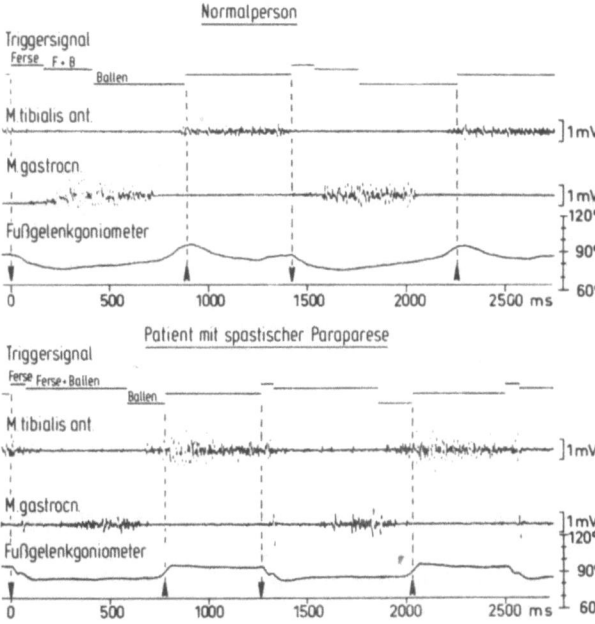

Abb. 5.3. Unterschenkelmuskel-EMG beim Gang eines spastischen Patienten. Originalregistrierung von einer Normalperson *(oben)* und einem Patienten mit spastischer Parese *(unten)*. Das EMG von Tibialis anterior und Gastrocnemius zusammen mit dem Trigger und Goniometersignal des Fußgelenkes sind aufgezeichnet. Die verschiedenen Phasen des Schrittzyklus sind durch das *Trigger-Signal* und die *vertikalen Linien* markiert. (Aus Dietz et al. 1981b)

Beobachtung. Das heißt, daß beim Spastiker die Dorsalflexion des Fußes während
eines Schrittzyklus ausbleibt, obwohl die Tibialis-anterior-Aktivität eher stärker ist
als bei Normalpersonen und obwohl keine gleichzeitige Aktivierung des Gastrocnemius (bzw. auch Soleus in anderen Registrierungen) besteht, die diese Beobachtung
erklären könnte. In Abb. 5.4 sind Ergebnisse von 10 spastischen Patienten zusammengefaßt, und deren Aktivitätsmuster kann mit dem der 20 Normalpersonen verglichen werden. Es handelt sich um die Mittelwerte und Standardabweichungen der
gleichgerichteten und aufsummierten Myogramme und der Registrierung des Fußgelenkgoniometers (jeweils 30 Schritte). Die Myogramm- und Goniometerregistrierungen wurden wiederum auf einen Schrittzyklus normalisiert. Die Unterschiede im
Aktivitätsverhalten zwischen Normalpersonen und Patienten mit Paraspastik sind
angesichts der Schwere der spastischen Gangstörung erstaunlich gering. Beide zeigen
eine reziproke Aktivierung der Unterschenkelmuskulatur, und lediglich das Tibialis-
anterior-EMG ist bei den Spastikern während der Schwungphase des Ganges 2–3fach
größer als die Tibialis-anterior-Aktivität der Normalperson. Auch die Mittelwertkurve
zeigt, daß der Fuß während der Schwungphase trotz der verstärkten Tibialis-anterior-
Aktivierung in einer leicht plantarflektierten Stellung bleibt. Die verstärkte Tibialis-
anterior-Aktivität kann beim Paraspastiker mit geringer Parese als Kompensation zur
Überwindung der Spitzfußstellung bei der versuchten Dorsalflexion aufgefaßt werden, während beim Parkinson-Patienten die Beugung im Kniegelenk eine veränderte
Mechanik bewirkt, die einen Ausgleich durch verstärkten Fußherbereinsatz erfordert
(wie eine Simulation dieses Gangbildes zeigt) und auch ermöglicht. Für die Muskeltonuserhöhung ergibt sich jedoch bei beiden Patientengruppen aus der EMG-Aktivität
keine Erklärung. Insbesondere ist die Gastrocnemius- (und Soleus-)Aktivität nicht
pathologisch verstärkt als Folge eines zu erwartenden gesteigerten Dehnungsreflexes,
und es findet sich auch keine gleichzeitige Aktivierung antagonistischer Muskelgruppen.

Hemiparese

Während bei der Patientengruppe mit meist chronischer spastischer Paraparese die
Stärke der Tibialis-anterior-Aktivität deutlich erhöht war bei gleichbleibender Gastro-
cnemius-Aktivität, war bei Patienten mit spastischer Hemiparese die EMG-Stärke des
Gastrocnemius auf der erkrankten Seite sogar deutlich reduziert, je nach Dauer der
Läsion auch die Tibialis-anterior-Aktivität, bei erhaltener reziproker Innervation.
Auch hier zeigten die Goniometerveränderungen die mangelhafte Fußhebung in der
Schwungphase, obwohl keine antagonistische Gastrocnemiusaktivität registriert werden konnte (Abb. 5.4B).
    Diese Ergebnisse legen die Annahme nahe, daß Veränderungen der mechanischen
bzw. kontraktilen Eigenschaften der Muskelfasern selbst mitverantwortlich für die
spastische Tonuserhöhung sind. Um diese mögliche Ursache weiter zu untersuchen,
wurden die Änderungen im Muskeltonus der Fußstreckermuskeln während des
Gehens in Korrelation zur elektrischen Muskelaktivität analysiert. Die Spannungsänderung an der Achillessehne wurde mit Hilfe eines seitlich angebrachten Dehnungs-
meßstreifens registriert (Dietz u. Berger 1983). Normalerweise (vgl. S. 97) ist die

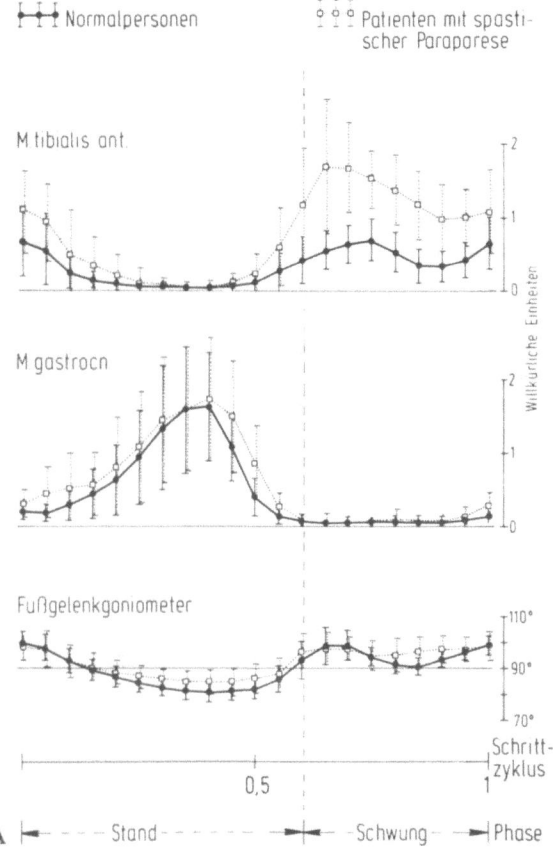

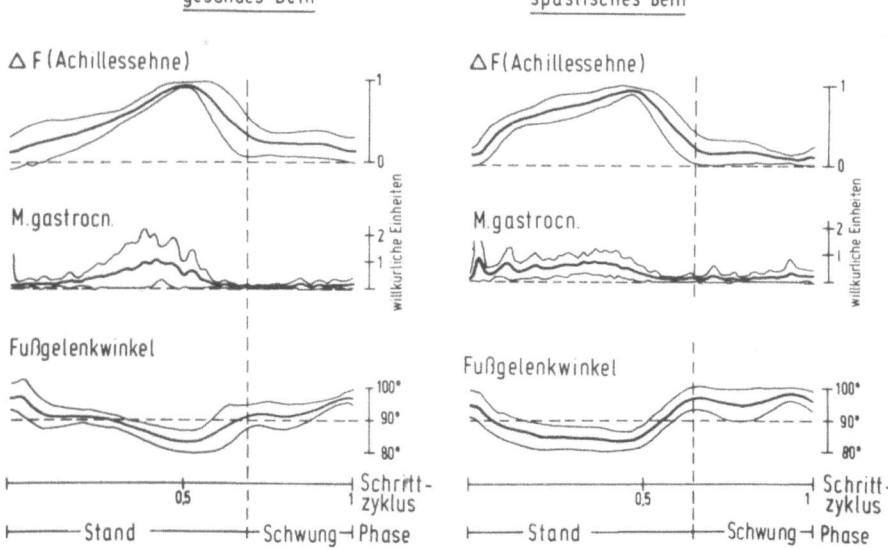

Abb. 5.4. A Vergleich des Aktivitätsmusters bei Normalpersonen und Patienten mit spastischer Paraparese beim Gehen. Mittelwerte mit Standardabweichung des gleichgerichteten und aufsummierten (N = 30) Tibialis-anterior- und Gastrocnemius-EMGs zusammen mit dem Signal des Fußgelenkgoniometers eines normalisierten Schrittzyklus, registriert bei 20 Normalpersonen (N = 24) und 10 Patienten mit Spastik (N = 12). Die *vertikale Linie* markiert das Ende der Standphase. (Aus Dietz et al. 1981b). **B** Spastische Hemiparesen, Vergleich von gesundem und spastischem Bein. Spannungsänderung der Achillessehne, gleichgerichtetes Gastrocnemius-EMG und Fußgelenksänderungen. Mittelwerte und Standardabweichungen der aufsummierten (N = 30) und auf einen Schrittzyklus normalisierten Kurven von 8 Patienten. Eine willkürliche Einheit entspricht etwa 1 mV. Die maximale Spannungszunahme wurde jeweils auf 1 normiert

Spannungszunahme eines Muskels eng mit dessen elektrischer Aktivität korreliert. In Abb. 5.5 wurde neben dem EMG der Unterschenkelmuskeln und dem Goniometersignal des Fußgelenkes diese Spannungsänderung an der Achillessehne bei einer Normalperson und einem Patienten mit spastischer Paraparese beim Gehen registriert. Sowohl in den Originalregistrierungen wie auch in den aufsummierten Kurven ist zu sehen, daß beim Gesunden die Spannungszunahme während der Standphase eng mit der Gastrocnemiusaktivierung korreliert ist (und weniger mit der Muskeldehnung). Dagegen war die Gastrocnemiusaktivität von Patienten mit relativ frischer spastischer Paraparese insgesamt reduziert (wie bei der Hemiparese), und die Sehnenspannung stieg wesentlich früher an (mit Beginn der Dehnung des Triceps surae am Anfang der Standphase). Die Spannungszunahme war, wie aus Abb. 5.5 hervorgeht, größer als beim Gesunden und hielt länger an. Die Spannungsänderung war bei Patienten mit

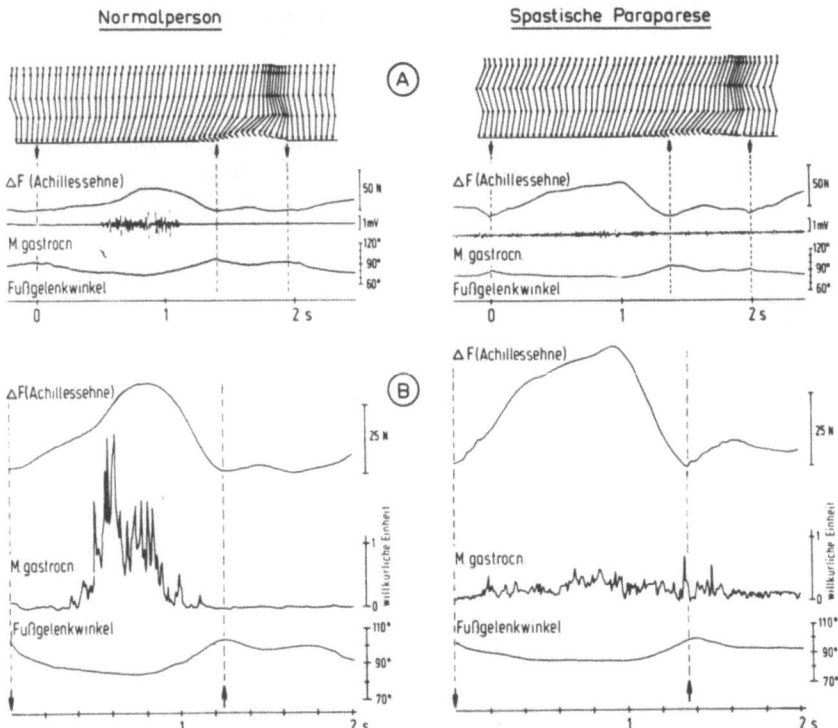

Abb. 5.5A, B. Spannungsänderung der Fußextensoren bei normalem und spastischem Gang. Original- (A) und aufsummierte (N = 30) Registrierung (B) eines Schrittzyklus bei langsamem Gehen einer Normalperson *(links)* und eines Patienten mit spastischer Parese *(rechts)*. Strichdiagramme der untersuchten Personen *(oben)* sind von gefilmten Koordinaten markierter Körperstellen rekonstruiert. Von oben nach unten sind bei jeder Registrierung die Veränderungen der Spannung an der Achillessehne, das Tibialis-anterior- und das Gastrocnemius-EMG sowie das Goniometersignal des Fußgelenkes aufgezeichnet. Die *vertikalen Linien* markieren das Aufsetzen und Abheben des Fußes. In B ist das Myogramm vor dem Aufsummieren gleichgerichtet. (Aus Dietz u. Berger 1983)

spastischer Parese (Hemi- und Paraparese) somit weitgehend unabhängig von der Stärke der Muskelaktivität und verlief der Dauer und dem Ausmaß der Muskeldehnung parallel. Die Amplitude der Fußgelenksexkursion während der Standphase zeigte auf beiden Seiten keinen wesentlichen Unterschied.

Diese Befunde stehen im Widerspruch zu den bisherigen Untersuchungen der spastischen Muskeltonuserhöhung, bei denen vorwiegend die Aktivität des Dehnungsreflexes bei lansamer und rascher Dehnung eines Muskels am ruhenden Bein untersucht wurde und aus deren Ergebnissen gefolgt wurde, daß pathologisch verstärkte Dehnungsreflexe zu abnorm erhöhter Motoneuronaktivität und damit zur Muskeltonuserhöhung bei Spastikern und Parkinson-Patienten führen (Herman 1970).

Nach Ergebnissen mit selektiver Blockierung der Gamma-Efferenzen (Axone der kleinen Gamma-Motoneurone, durch deren Impulse sich die intrafusalen Muskelfasern der Muskelspindeln — Dehnungsfühler — kontrahieren und damit eine erhöhte Empfindlichkeit des Dehnungsreflexes hervorrufen), z.B. mit Procain, bei Spastikern und Parkinson-Patienten wurde zwischen einer erhöhten Motoneuronen-Aktivität, die durch einen verstärkten Einsatz der Gamma-Motoneurone hervorgerufen wird (Gamma-Spastik) und einer selteneren, erhöhten Aktivität der Alpha-Motoneurone ohne Beteiligung des Dehnungsreflexes (Alpha-Spastik) als Grundlage der Tonuserhöhung unterschieden (Rushworth 1960, Dimitrijević u. Nathan 1967, Herman 1970).

Nach den oben erwähnten, neueren Ganguntersuchungen muß jedoch angenommen werden, daß zwischen der für Spastiker typisch erhöhten Erregbarkeit der Eigenreflexe und der Muskeltonuserhöhung kein direkter Zusammenhang besteht. Wahrscheinlich sind beides verschiedene, weitgehend unabhängig voneinander sich entwickelnde Folgen ein und derselben Läsion supraspinaler motorischer Zentren. Gegen die früheren, der Spastik und dem Rigor zugrunde liegenden Hypothesen sprechen auch neuere Untersuchungen der Aktivität von Muskelspindelafferenzen bei diesen Patienten (Vallbo et al. 1979, Hagbarth et al. 1973). Es wurde gezeigt, daß sich bei Dehnung eines spastischen oder rigiden Muskels die Muskelspindelaktivität nicht von der bei Normalpersonen unterscheidet. Somit ist die oben angeführte Hypothese, daß es durch eine erhöhte Aktivität der Gamma-Motoneurone zu einer Überempfindlichkeit der Muskelspindeln auf Dehnungsreize und dadurch zu verstärkten Entladungen der Alpha-Motoneurone und zur Muskeltonuserhöhung kommt, zumindest unwahrscheinlich.

Neuere Befunde, die mit der Methode frequenzanalysierter, aufgezwungener, sinusförmiger Bewegungen an spastischen Fingermuskeln erhoben wurden, zeigten ebenfalls ein überraschendes Ergebnis mit fehlender Resonanz der Klonusfrequenz als Hinweis für den fehlenden Einfluß der gesteigerten Muskeleigenreflexe (Noth 1982).

Zerebralparetische Kinder mit Diplegie und spastischer Hemiparese

Sowohl bei der Muskeltonuserhöhung von Erwachsenen wie Kindern mit Zerebralparese wird pathologischen Reflexen eine große Bedeutung im Pathomechanismus der Bewegungsstörungen zugemessen. Während beim Erwachsenen vorwiegend die Enthemmung spinaler Reflexe diskutiert wird, stehen in der Literatur bei den Kindern persistierende tonische Nacken- und Labyrinthreflexe im Vordergrund (Walshe

1923, Magoun u. Rines 1947). Es handelt sich bei letzteren um komplexe Reaktionen der Kinder, die bei der Diagnostik des Entwicklungsstandes eine wesentliche Rolle spielen. Es wurde angenommen, daß diese persistierenden tonischen Reflexe die pathophysiologische Grundlage für das frühe Entstehen der spastischen Tonuserhöhung darstellen und damit die Entwicklung normaler komplexer Bewegungsabläufe verhindern. Hieraus resultieren auch die physiotherapeutischen Intentionen, die entweder die Unterdrückung gesteigerter pathologischer Reflexmuster zum Ziele haben (Bobath 1967), bzw. diese Reflexe in sinnvolle Bewegungsabläufe zu integrieren versuchen (Fay 1955, Vojta 1968).

Wegen der zum Teil erheblichen Fehlstellungen der unteren Extremitäten mit vertrackten Bein- und Fußstellungen und den behinderten Bewegungsabläufen stammen die wenigen Ganganalysen von orthopädischer Seite. Ziel dieser Untersuchungen war es, elektrophysiologische Kriterien für eine mögliche Operation an Sehnen bzw. Muskeln herauszufinden. Die Angaben über die Muskelkoordination im Vergleich zu gesunden Kindern und über den Reflexeinfluß bei Gehen waren nur unbestimmt. Auch wurde nicht versucht, die Art der Muskelaktivierung bestimmten Symptomen der spastischen Gangstörung zuzuordnen (Yusevich et al. 1971, Woltering et al. 1979). Da systematisch durchgeführte elektromyographische Vergleiche von normalen Kindern und solchen mit Zerebralparese bisher fehlten, stützten sich die bekannten Hypothesen über die pathophysiologischen Grundlagen und der daraus resultierenden Therapie der spastischen Gangstörung bei Kindern bisher vorwiegend auf klinische Beobachtungen bzw. empirische Erfahrungen.

Im folgenden Abschnitt sollen daher die Ergebnisse neuerer Untersuchungen dargestellt werden, bei denen das Aktivitätsmuster der Beinmuskeln von Kindern mit spastischer Muskeltonuserhöhung beim Gehen analysiert und mit dem von erwachsenen Spastikern verglichen wurde. Hierzu wurden 6 Kinder mit spastischer Diplegie und 4 Kinder mit spastischer Hemiparese sowie 10 normale Kinder der gleichen Altersstufe beim langsamen Gehen elektrophysiologisch untersucht (Berger et al. 1982).

Aktivitätsmuster bei infantiler Zerebralparese

Das Aktivitätsmuster der Beinmuskeln, das diese spastischen Kinder beim Gehen zeigen, unterscheidet sich grundsätzlich sowohl von dem der normalen Kinder (Abb. 5.6A) wie auch von dem der normalen und spastischen Erwachsenen. Wie die Originalregistrierung eines Kindes mit spastischer Diplegie (Abb. 5.6B) zeigt, besteht eine Koaktivierung sowohl der antagonistischen Oberschenkel- wie auch der Unterschenkelmuskeln. Diese gleichzeitige Aktivierung antagonistischer Beinmuskeln beginnt kurz vor dem Aufsetzen des Fußes und hält nahezu während der gesamten Standphase an. Lediglich in der Schwungphase nimmt die Aktivität der Beinmuskeln – mit Ausnahme der Tibialis-anterior-Aktivierung – ab. Durch das geringe Tibialis-anterior-EMG kommt es jedoch während der Schwungphase zu keiner oder nur einer geringen Fußhebung. Im Vergleich zu normalen Kindern war die EMG-Aktivität aller Beinmuskeln beim spastischen Kind erheblich reduziert. Auffällig war das häufige Auftreten von großen biphasischen Potentialen, die 30–40 ms nach dem Aufsetzen mit dem Fußballen auftraten, d.h. nach Beginn der Dehnung des Triceps surae (Abb. 5.6C).

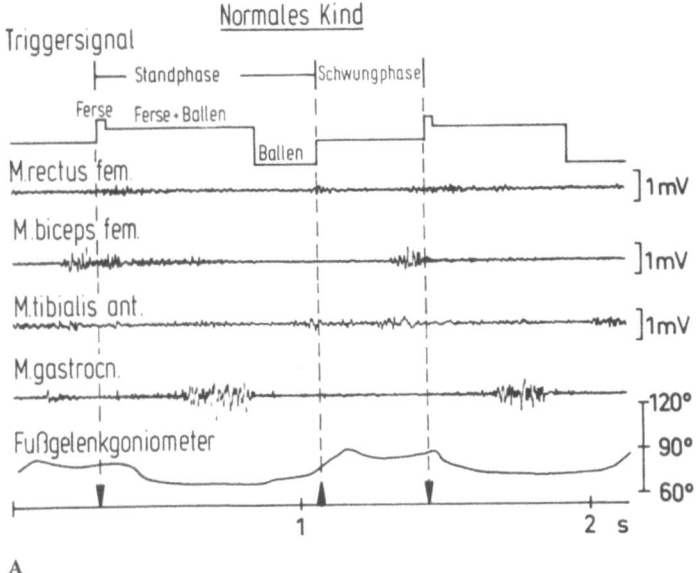

A

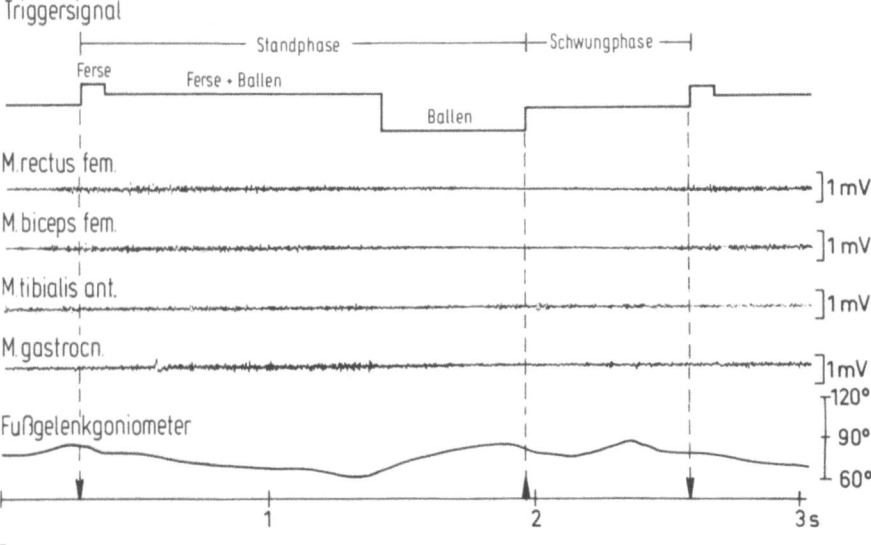

B

Abb. 5.6A, B. Beinmuskelaktivität beim langsamen Gehen eines Kindes mit Zerebralparese. Originalregistrierung eines Schrittzyklus von einem gesunden Kind (**A**) und einem Kind mit spastischer Diplegie beim langsamen Gehen (**B**). Von oben nach unten ist das Signal des elektrischen Kontaktes von Ferse und Fußballen (Trigger), das Rectus-femoris-, Tibialis-anterior- und Gastrocnemius-EMGs sowie das Goniometersignal des Fußgelenkes aufgezeichnet. Die *vertikalen Linien* markieren Aufsetzen (↓) und Abheben (↑) des Fußes. (Aus Berger et al. 1982)

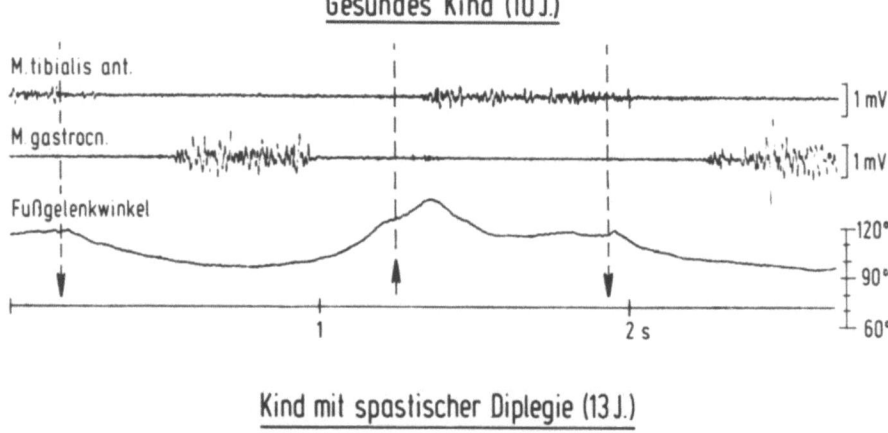

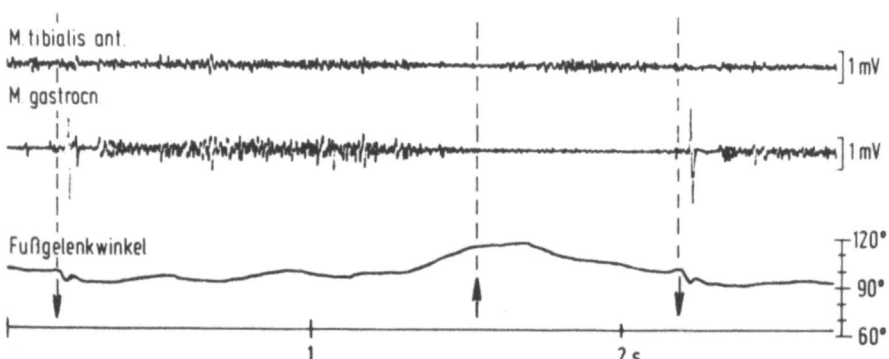

Abb. 5.6C. Unterschenkel-EMG bei Gang eines gesunden *(oben)* und zerebralparetischen Kindes *(unten)*. Originalregistrierung von Tibialis anterior, Gastrocnemius und Goniometer des Fußgelenks. Die *Pfeile* bedeuten Aufsetzen (↓) und Abheben (↑) des Fußes

Nach der Latenzzeit ihres Auftretens von Beginn der Dehnung an kann angenommen werden, daß es sich hier um die Aktivität eines abnormal gesteigerten segmentalen Dehnungsreflexes handelt. Meist traten die Kinder mit Zerebralparese wegen ihrer pathologischen Fußstellung nicht wie gesunde Kinder mit der Ferse, sondern mit dem Fußballen auf, wodurch es gleich zu Beginn der Standphase zu einer Dehnung des M. triceps surae kam. Durch die abnormalen, bizarren Bein- und Fußstellungen mit einer Equino-valgus-Deformität der Füße sowie gebeugter Stellung im Hüft- und Kniegelenk kam es zu stark veränderten Fußgelenksbewegungen während des Gehens. Entsprechend zeigten auch die Goniometerregistrierungen deutlich veränderte Kurvenverläufe, die sowohl zwischen den einzelnen Kindern als auch zwischen den Beinen eines Kindes zum Teil erhebliche Unterschiede aufwiesen.

Um die Frage zu klären, inwieweit die spastische Muskeltonuserhöhung, die zur pathologischen Bein- und Fußstellung geführt hat, mit einer veränderten elektrischen Muskelaktivierung zusammenhängt, wurde bei einigen Kindern mit spastischer Hemi-

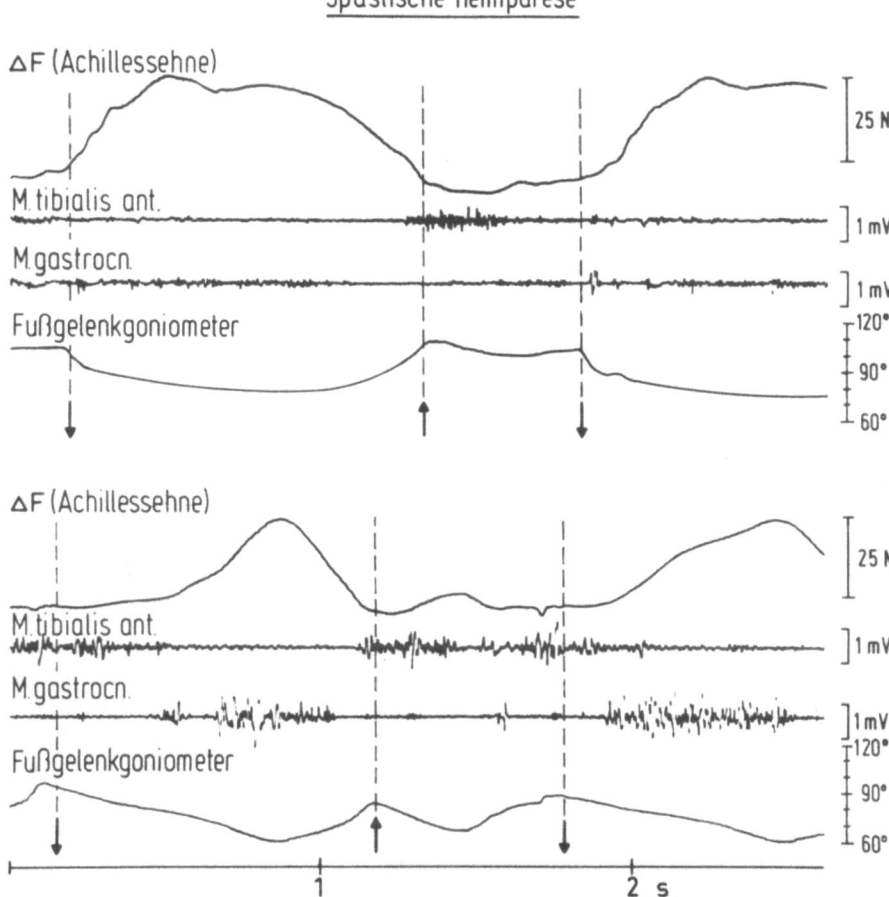

Abb. 5.6D. Aktivität der Unterschenkelmuskeln eines Kindes mit spastischer Hemiparese. Registrierung vom spastischen Bein *oben* und vom gesunden *unten*. Von oben nach unten sind in jeder Registrierung die Veränderungen der Spannung an der Achillessehne, das Tibialis anterior- und Gastrocnemius-EMG und das Goniometersignal des Fußgelenkes aufgezeichnet. *Vertikale Linien* markieren Aufsetzen und Abheben des Fußes. (Aus Berger et al. 1982)

parese wie bei Erwachsenen die Spannungsänderung der Achillessehne beim Gehen mit einem Dehnungsmeßstreifen registriert und zwischen gesundem und spastischem Bein verglichen. Wie Abb. 5.6D zeigt, kommt es zu Beginn der Standphase des gesunden Beines während der Vorwärtsbeugung des Körpers und damit auch des Beines zu einer Dehnung des Triceps surae, die zuerst nur zu einem geringen Anstieg der Spannung führt. Erst mit der Aktivierung des Gastrocnemius steigt die Sehnenspannung steil an. Wie die unterschiedliche Muskelaktivierung und Spannungskurve im ersten und zweiten Schritt zeigen, spiegeln sich auch geringe EMG-Schwankungen in den einzelnen Schritten in der Spannungskurve wieder. Im Gegensatz hierzu kommt es am spastischen Bein sofort zu Beginn der Standphase mit Beginn der Muskeldehnung

(s. Goniometerkurve) ohne wesentliche Gastrocnemiusaktivierung zu einem steilen Spannungsanstieg, und diese rasche Spannungszunahme bleibt trotz der geringen Gastrocnemiusaktivität nahezu konstant bis zum Ende der Standphase. Hier nimmt die Sehnenspannung des Triceps surae – wie zu erwarten – wieder rasch ab. Außer den abnormen Reflexpotentialen im Gastrocnemius-EMG, die keinen mechanischen Effekt zeigten, fanden sich keine Hinweise für einen Einfluß pathologischer Reflexe auf das Aktivitätsmuster während des Gehens und damit für die Muskeltonuserhöhung der spastischen Seite.

Schlußfolgerungen

Bei keiner der hier beschriebenen drei Patientengruppen mit pathologischer Erhöhung des Muskeltonus konnte die Registrierung der elektrischen Aktivierung der Beinmuskeln während des Gehens direkten Aufschluß über die Ursachen der Muskelhypertonie geben. Weder durch die Aktivitätsstärke noch durch den zeitlichen Ablauf des Aktivitätsmusters lassen sich Muskelrigor oder Muskelspastik der Erwachsenen bzw. der Kinder erklären. Insbesondere unterstützen die Ergebnisse der Registrierungen nicht die bisher weit verbreitete Hypothese, daß der Einfluß pathologischer Reflexe (enthemmter spinaler bei Erwachsenen oder tonischer Haltungsreflexe bei Kindern) Grundlage der Muskeltonuserhöhung ist. Lediglich kurz nach dem Aufsetzen, 30–40 ms nach Beginn der Dehnung des Triceps surae, d.h. mit segmentaler Latenzzeit, beobachtete man im Gastrocnemius-EMG häufig das Auftreten großer biphasischer Potentiale, die jedoch nach dem Goniometersignal der Fußgelenke und dem Verlauf der Spannungsentwicklung der Achillessehne während der Standphase nur einen sehr geringen mechanischen Effekt hatten. Diese pathologischen Gastrocnemiuspotentiale entsprechen offenbar den klinisch gesteigerten Sehnenreflexen bei spastischen Patienten.

Wodurch wird die Muskeltonuserhöhung beim Rigor oder der Spastik hervorgerufen, wenn nicht durch die elektrische Muskelaktivität? Die bei erwachsenen Spastikern trotz zum Teil erhöhter Tibialis-anterior-Aktivität ausbleibende Fußhebung während der Schwungphase könnte theoretisch durch einen verminderten mechanischen Effekt der Motoneuronentladungen erklärt werden. So ist von Analysen des Entladungsverhaltens einzelner motorischer Vorderhornzellen (bzw. motorischer Einheiten) bei Parkinson-Patienten und Spastikern bekannt, daß diese im Vergleich zu Gesunden bei niedrigeren Frequenzen entladen (Freund et al. 1973, Dietz et al. 1974). Als Folge dieser abnorm niederen Entladungsraten wäre zu erwarten, daß die Kontraktionen der jeweils aktivierten motorischen Einheiten weniger fusioniert sind und es somit zu einer schlechteren Kraftentfaltung des Muskels kommt. Betrifft dieses Entladungsverhalten viele motorische Einheiten eines Muskels, wäre das daraus resultierende Defizit an Kraftentwicklung auch durch zusätzliche Rekrutierung motorischer Einheiten kaum noch auszugleichen. Um den möglichen Einfluß dieses Effektes beim spastischen Gang zu untersuchen, wurde zu Beginn der Gangregistrierungen die Tibialis-anterior-Aktivität, die notwendig ist, um einem plantarwärts gerichteten Zug von 5 kp zu widerstehen, zwischen Gesunden und Patienten verglichen (Dietz et al. 1981b). Die Stärke der EMG-Aktivität des Tibialis anterior unterschied sich dabei nicht zwischen Gesunden und Patienten, und somit konnte das unterschiedliche Entladungsverhalten der Motoneurone keinen wesentlichen Einfluß auf die fehlende Fußhebung beim spastischen Gang haben. Der unterschiedliche Verlauf der Sehnenspannungszunahme während der Standphase zeigte, daß auf der gesunden Seite die Regulation weitgehend über die elektrische Muskelaktivierung erfolgte, während auf der spastischen Seite bei verminderter elektrischer Aktivität die Spannungsänderung parallel zur passiven Muskeldehnung verlief. Auch die Spitzfußstellung des Fußes beim Gehen ist daher zumindest teilweise Folge dieser pathologischen Muskelspannung und ist nicht auf eine Fußgelenkskontraktur zurückzuführen.

Nach den elektrophysiologischen Untersuchungen des Ganges bei Spastikern und Parkinson-Patienten muß angenommen werden, daß es bei diesen Erkrankungen zu Veränderungen der mechanischen Eigenschaften des Muskels bzw. der Muskelfasern nach zerebralen bzw. spinalen Läsionen des motorischen Systems kommt. Neuere Untersuchungen bei spastischen Hemiparesen mit dem Torque-Motor zeigen auch Ansätze, die für mechanische Muskelfaserveränderungen sprechen mit deutlicherer Kraftzunahme auf der spastischen Seite bei langsamen Dehnungsgeschwindigkeiten, die keine Dehnungsreflexe auslösten (Hufschmidt 1982). Die wenigen histologischen und histochemischen Muskeluntersuchungen von Patienten mit Rigor oder Spastik zeigen tatsächlich Veränderungen, insbesondere eine relative Zunahme von „tonischen", roten Muskelfasern und einen Rückgang von „phasischen", weißen Muskelfasern (Edström 1970, Tomonaga u. Tanabe 1973). Es muß vorerst offen bleiben, inwieweit diese Untersuchungsergebnisse für die Spastik bzw. den Rigor spezifisch sind und inwieweit die Veränderungen Folge oder Ursache der Muskeltonuserhöhung sind. Bezüglich des letzteren ist es immerhin interessant zu wissen, daß aus physiologischen Untersuchungen der kontraktilen Eigenschaften verschiedener Tiermuskeln bekannt ist, daß bestimmte langsame, tonische Muskelfasern schon bei geringer elektrischer Aktivierung nach Dehnung, rein mechanisch, ohne elektrische Reflexaktivität eine hohe Spannung entwickeln. Diese ist erheblich höher als die von phasischen Muskelfasern unter gleichen Versuchsbedingungen erreichte Spannung (Lännergren 1967, Browne 1976). Derart veränderte kontraktile Eigenschaften der Muskelfasern könnten einige der bei den spastischen Patienten beobachteten klinischen Phänomene erklären. Da nach obigen Untersuchungen an Tiermuskeln eine Grundaktivierung der Muskelfasern vorliegen muß, um die erhöhte mechanische Spannung bei Dehnung zu erzeugen, ist es verständlich, daß die spastische Tonuserhöhung häufig erst beim Gehen bzw. beim Hüpfen und nicht schon am ruhenden Bein deutlich wird. Um endgültig zu klären, inwieweit Veränderungen der Muskelfasern entstehen und die Tonusveränderungen hervorrufen, werden jedoch weitere pathophysiologische und histologische Untersuchungen erforderlich sein.

Wenn nun, wie hier angenommen, Veränderungen der Muskelfasereigenschaften für die Muskeltonuserhöhung wesentlich sind, wie kann dann das unterschiedliche Aktivitätsmuster bei erwachsenen Spastikern und bei Kindern mit früh erworbener zerebraler Spastik erklärt werden? Der entscheidende Unterschied liegt darin, daß das Kind, im Gegensatz zum Erwachsenen, die Läsion des supraspinalen motorischen Systems zu einem Zeitpunkt erworben hat, an dem die Stand- und Gangregulation noch nicht ausgebildet war. Wie im vorangegangenen Abschnitt (s. S. 91) besprochen wurde, ist die physiologische Fortbewegung und deren Regelung durch

Nervenzellverbände im Rückenmark entscheidend von peripheren Faktoren des motorischen Systems (Muskel, Sehne und Gelenke) und dessen mechanischen Eigenschaften bzw. von den Rückmeldesignalen dieser peripheren motorischen Glieder zum Rückenmark abhängig. Durch die oben angenommenen Muskelfaserveränderungen, die vermutlich Folge der Läsion im zentralmotorischen System sind, werden diese peripheren Glieder des motorischen Systems grundlegend verändert. Es muß daher angenommen werden, daß bei den Kindern mit Zerebralparese infolge der frühen supraspinalen Läsion mit Änderung der Muskelfasereigenschaften die Reifung eines normalen neuronalen Gangmusters blockiert ist. Die Ähnlichkeiten mit dem Gangmuster des Kleinkindes (vgl. S. 121) mit Koaktivierung der antagonistischen Muskeln, biphasischen Reflexpotentialen nach dem Aufsetzen des Fußes und reduzierter EMG-Aktivität sind deutlich (s. Abb. 5.7). Um bei den veränderten Verhältnissen

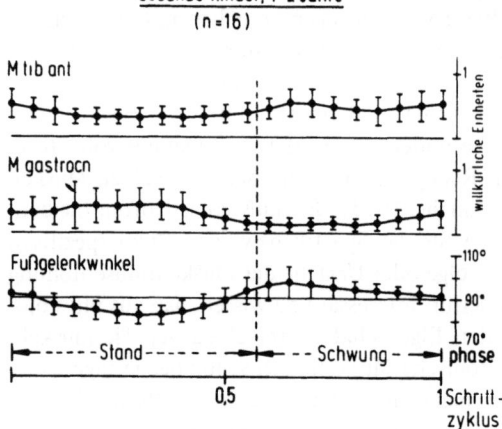

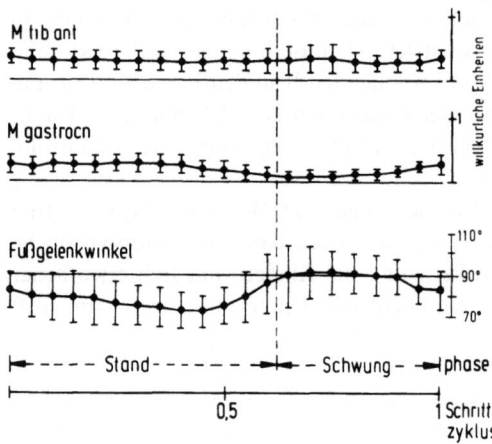

Abb. 5.7. Vergleich des Aktivitätsmusters bei gesunden Kleinkindern (1–2 Jahre) und Kindern mit Zerebralparese. Mittelwerte und Standardabweichung des gleichgerichteten und aufsummierten (N = 10) Tibialis-anterior- und Gastrocnemius-EMGs zusammen mit dem Signal des Fußgelenksgoniometers eines normalisierten Schrittzyklus

des peripheren Bewegungsapparates, die ein normales Abrollen wie bei Gesunden unmöglich machen, noch eine optimale Fortbewegung zu erreichen, werden die durch den erhöhten Muskeltonus versteiften Beine wie Stöcke benutzt und werden zur Unterstützung des Körpers während der Standpase durch eine schon bei Neugeborenen angelegte zusätzliche Koaktivierung aller Beinmuskeln unterstützt. Eine rasche Korrektur der EMG-Aktivität beim Gehen bzw. das Anpassen der Aktivität an Hindernisse durch Veränderungen im Aktivitätsprogramm ist danach nicht möglich.

Aus den verschiedenen Aktivitätsmustern bei den Spastikern kann geschlossen werden, daß, je mehr die Beinmuskeln während des Gehens aktiviert werden, die Aktivität moduliert und der Bewegungsvorgang korrigiert werden können, und desto weniger sind der Erwachsene bzw. das Kind beim Gehen behindert. Dagegen haben umgekehrt schwerste Diplegien normalerweise eine sehr geringe und gleichförmige Aktivität, d.h. daß hier neuronale Korrekturen bei Bewegungen kaum erfolgen. Möglicherweise setzt hier auch der Erfolg einer aktiven krankengymnastischen Therapie ein.

Balancierregulation als Test bei Erkrankungen des motorischen Systems

Periphere motorische Störungen

Wie neuere Untersuchungen der Standregulation gezeigt haben, kann sich das Balancieren zur Diagnostik leichterer motorischer Störungen besser eignen als der klinisch übliche Romberg-Test, da die Standregulation durch die instabile Standbasis erheblich erschwert ist (Mauritz et al. 1980). Wie die physiologischen Untersuchungen des Balancierens (s. S. 102) gezeigt haben, sind bei dieser erschwerten Standregulation rasche Korrekturbewegungen notwendig, die durch verschiedene Teile des motorischen Systems, sowohl periphere wie auch zentralnervöse, gesteuert werden. Wesentlich bei der raschen Kompensation des Körpergleichgewichtes beim Balancieren ist die Aktivität des segmentalen Muskeldehnungsreflexes. Der begrenzende Faktor bei diesem einfachen spinalen Regelsystem ist die Leitungsgeschwindigkeit der peripheren Nerven. Ist die Nervenleitgeschwindigkeit verzögert, wie z.B. bei Neuropathien, so kommt es konsequenterweise auch zu langsameren Korrekturbewegungen. Dies konnte am Beispiel von Patienten mit einer dominant erblichen Nervenerkrankung, der neuralen Muskelatrophie, gezeigt werden (Mauritz et al. 1980). Diese Personen, die größtenteils klinisch völlig gesund erschienen und deren Stand- und Gangregulation unauffällig war, zeigten beim Balancieren erhebliche Unsicherheiten bzw. konnten ohne Unterstützung die für einen Gesunden relativ einfache Körperregulation beim Balancieren nicht durchführen. Grundlage dieser Unsicherheiten waren die erheblich langsameren und größeren Balancierbewegungen, als Folge von jeweils zu spät einsetzenden Korrekturbewegungen (Abb. 5.8). Diese gegenüber Normalpersonen signifikant langsameren Balancierbewegungen waren in ihrer Frequenz aus der bis auf die Hälfte reduzierten Nervenleitgeschwindigkeit berechenbar. Wurde die Rückmeldung von Störsignalen aus der Extremitätenmuskulatur durch die künstliche Blockierung afferenter Nervenfasern durch Ischämie unterbrochen, so kamen nur

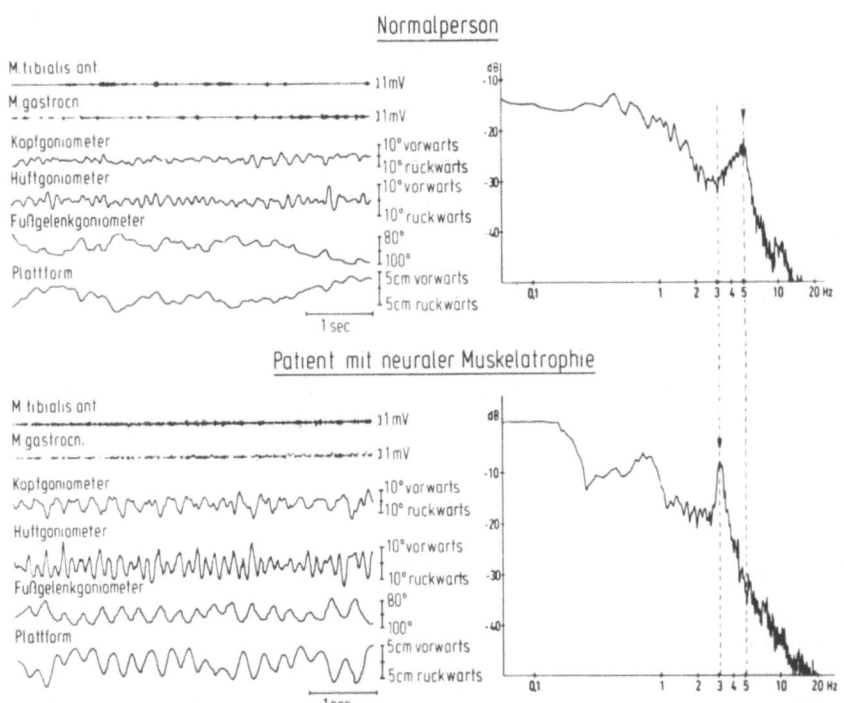

Abb. 5.8. Balancieren einer Normalperson und eines Patienten mit neuraler Muskelatrophie. Tibialis-anterior- und Gastrocnemius-EMG, Kopf- und Körperbewegungen, Winkelveränderung im Fußgelenk und Veränderungen der Plattformkraft *(links)* sowie das entsprechende Power-Spektrum der Vor- und Rückwärtsbewegungen der Plattformkraft *(rechts)* bei einer Normalperson *(oben)* und einem Patienten mit neuraler Muskelatrophie *(unten)*. Die charakteristische Frequenz der vorherrschenden schnellen Balancierbewegungen ist beim Gesunden und Patienten durch die *unterbrochene Linie* im Power-Spektrum markiert. (Aus Mauritz et al. 1980)

noch sehr langsame Korrekturbewegungen (um 1 Hz) zustande (Mauritz u. Dietz 1979). Die Versuchsperson wurde bei Augenschluß dadurch so instabil, daß ein Balancieren kaum noch möglich war (Abb. 5.9). Diese Beispiele zeigen die Bedeutung des peripheren Nervensystems bei der erschwerten Standregulation.

Spastische Paresen

Die elektrophysiologischen Untersuchungen des spastischen und rigiden Ganges erbrachten — wie oben dargelegt — die Annahme, daß die Tonuserhöhung wesentlich auf veränderte kontraktile Eigenschaften der Muskelfasern mit zurückgeführt werden muß. Von klinischen Untersuchungen sind zusätzlich die gesteigerten Muskeleigenreflexe bekannt. Nach den physiologischen Untersuchungen des Balancierens sind beide Mechanismen bei der Kontrolle der Standregulation involviert, und es wären demnach auch Unterschiede in der Standregulation während des Balancierens zwischen Gesunden und Spastikern zu erwarten.

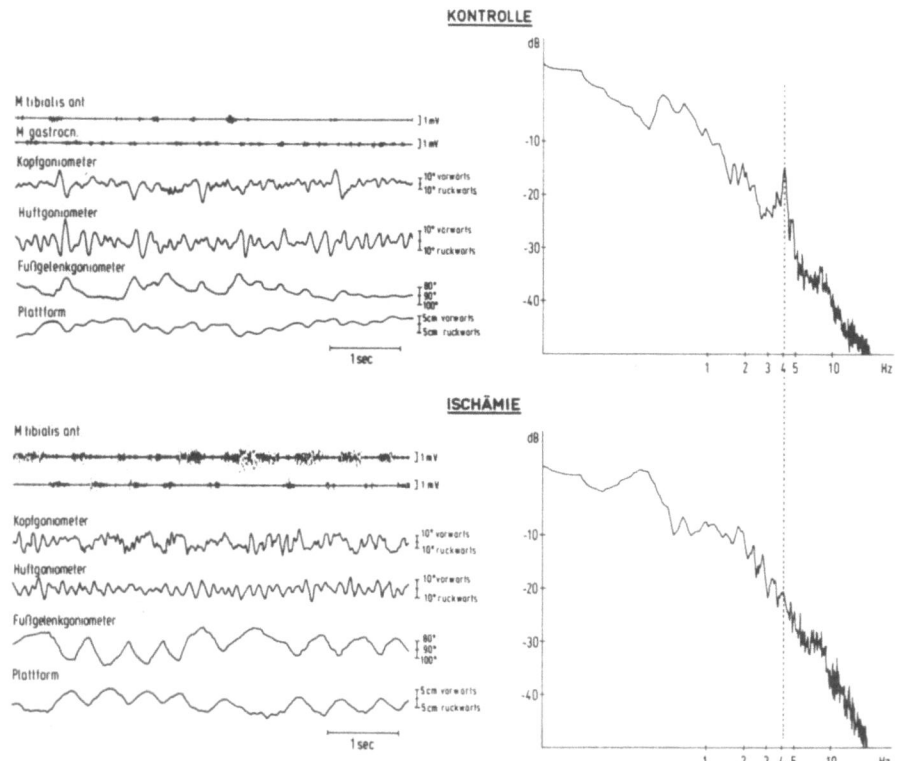

Abb. 5.9. Kontrolle des Balancierens vor und nach Blockierung von Muskelspindelafferenzen. Unterschenkelmuskel-EMG, Kopf- und Hüftgelenksbewegungen sowie Änderungen im Fußgelenk und der Plattformkraft *(links)*. Entsprechende Power-Spektren der Plattformkraftveränderungen *(rechts)*. Während der ischämischen Blockierung von Muskelspindelafferenzen beider Beinde sind die vorherrschenden schnellen Balancierfrequenzen deutlich reduziert, und langsamere Oszillationen treten auf. (Aus Mauritz et al. 1980)

Welche Auffälligkeiten bestehen nun beim Balancieren von Patienten mit spastischer Parese, bei denen, im Gegensatz zu den Patienten mit Neuropathie, die peripheren Nerven intakt sind? Da bei den Patienten mit spastischer Parese häufig nur eine Körperseite betroffen ist, d.h. eine spastische Hemiparese besteht (oder bei der spastischen Paraparese die Ausfälle auf einer Seite betont sind), wurden die Balancierbewegungen bei dieser Patientengruppe mit zentralmotorischen Störungen für jedes Bein separat untersucht, wobei die Beine auf zwei getrennten Wippen standen. Normalerweise (s. S. 108) sind die Antero-posterior-Balancierbewegungen beider Seiten bei getrennten Wippen deckungsgleich, und auch die Myogramm-Aktivität der Unterschenkelmuskeln zeigte in keiner Phase der Balancierbewegungen wesentliche Unterschiede zwischen den beiden Seiten.

Wurde nun ein Patient mit einer spastischen Hemiparese beim Balancieren elektrophysiologisch untersucht, so zeigte sich schon bei Beobachtung mit bloßem Auge, daß die Balancierbewegungen an der spastischen Seite gegenüber der gesunden Seite

deutlich gedämpft waren, und daß dort insgesamt langsamere und flachere Wippen-
auslenkungen vorherrschten, obwohl beide Beine gleich stark belastet wurden. Entsprechend wurden der Gastrocnemius und der Tibialis anterior des spastischen Beines
auch tonisch aktiviert, und das Myogramm hatte eine insgesamt kleinere Amplitude
(Abb. 5.10A). Auch bei einseitig betonter spastischer Paraparese waren die Wippen-
ausschläge auf der jeweils schwerer betroffenen Seite gedämpft. Wurde eine Fourier-
Analyse der Wippbewegungen beider Seiten getrennt durchgeführt, so zeigte sich,
daß sich das Spektrum und die relative Häufigkeit der Balancierfrequenzen zwischen
gesunder und spastischer Seite nicht wesentlich unterschieden, insbesondere herrschten an der spastischen Seite *nicht* bestimmte Balancierfrequenzen vor. Die Wippenbewegungen waren jedoch im höheren Frequenzbereich (2−10 Hz) von niederer
Amplitude, und bei einigen Patienten waren langsamere Frequenzen am spastischen
Bein relativ stärker vertreten (Abb. 5.10B).

Wurde nun ein Patient mit spastischer Parese entsprechend den physiologischen
Untersuchungen (s. S. 109) durch einen höherschwelligen elektrischen Reiz am N.
tibialis beiderseits aus dem Gleichgewicht gebracht, so fiel als erstes auf, daß sowohl

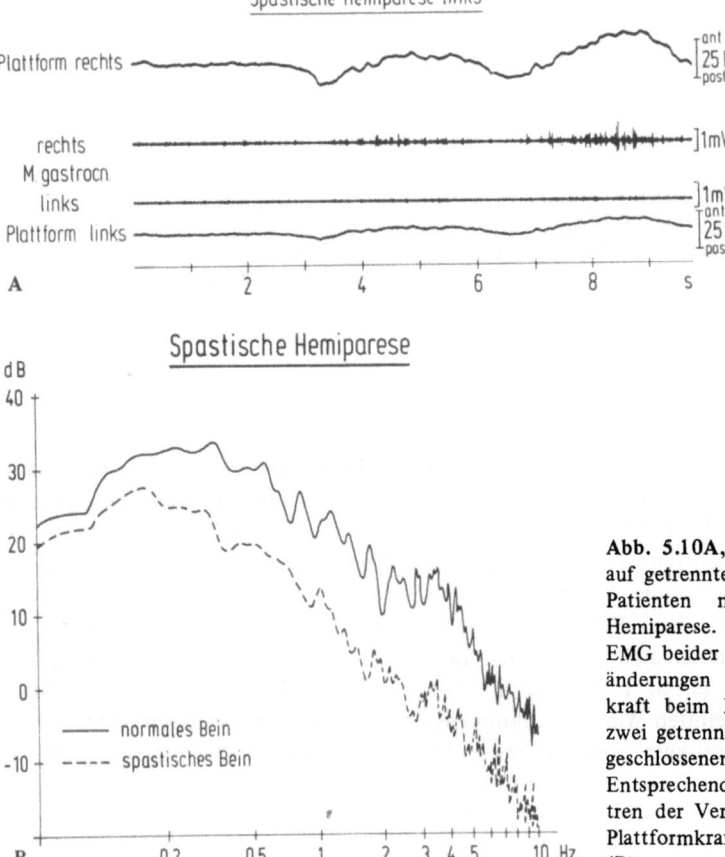

Abb. 5.10A, B. Balancieren auf getrennten Wippen eines Patienten mit spastischer Hemiparese. Gastrocnemius-EMG beider Beine und Veränderungen der Plattformkraft beim Balancieren auf zwei getrennten Wippen mit geschlossenen Augen (**A**). Entsprechende Power-Spektren der Veränderungen der Plattformkraft beider Seiten (**B**)

die dadurch ausgelöste Auslenkung nach vorn wie auch die darauf folgende Korrekturbewegung nach hinten am spastischen Bein bzw. bei der Paraspastik an beiden Beinen
langsamer erfolgte als am gesunden. Auch die Tibialis-anterior-Aktivierung, die normalerweise mit einer spinalen Latenzzeit (50–70 ms) nach Beginn der Vorwärtsbewegung der Wippe erfolgte, war im Vergleich zu Normalpersonen bzw. bei Hemiparesen
im Vergleich zum gesunden Bein deutlich verzögert. Häufig wurde am spastischen
Bein durch den elektrischen Reiz ein Klonus mit einer Frequenz zwischen 5–8 Hz
ausgelöst, der beim Spontanbalancieren nie beobachtet werden konnte. Die deutlichsten Unterschiede zwischen gesundem und krankem Bein eines Patienten konnten bei
älteren spastischen Hemiparesen mit im Vordergrund stehender Spastik beobachtet
werden (Abb. 5.11). Sowohl die durch elektrische Reizung ausgelöste Plantarflexion
des Fußes mit dadurch hervorgerufener Auslenkung der Wippe nach vorn war an der
spastischen Seite gegenüber der gesunden verlangsamt als auch die Myogrammantwort
des Tibialis anterior und des Gastrocnemius um ca. 30 ms verzögert. Während es in
der Kompensationsphase nach der unerwarteten Auslenkung auch am gesunden Bein
zu einer kurzen Synchronisation der Gastrocnemius-Aktivität kam, die sich in ihrer
Stärke nicht wesentlich von der des spastischen Beines unterschied, war diese am
spastischen Gastrocnemius stärker synchronisiert (und verspätet) und setzte sich in
Form eines Klonus rhythmisch fort. Das heißt, die anfängliche Tendenz zur EMG-
Synchronisation des Gastrocnemius nach dem Reiz war ähnlich an beiden Beinen;
am spastischen Bein erfolgte jedoch nicht wie am gesunden Bein eine rasche Aktivi-
tätsdesynchronisation im Verlauf der nachfolgenden Wippbewegungen.

Wurde der N. tibialis bei einem Patienten mit spastischer Hemiparese nur einseitig gereizt (Abb. 5.12), so kam es bei Reizung am gesunden Bein ebenfalls meist zu
einer deutlich (30–50 ms) späteren Tibialis-anterior-Aktivierung mit niedrigerer
Amplitude am spastischen Bein. Selbst bei einseitiger Reizung des N. tibialis am spastischen Bein kam es zu einer *früheren* EMG-Reaktion mit reduzierter Amplitude des

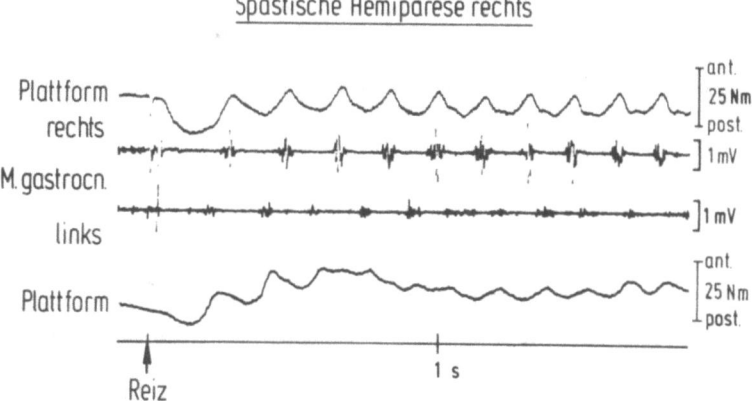

Abb. 5.11. Gastrocnemius-EMG nach Destabilisierung bei einem Patienten mit spastischer Hemiparese. Gastrocnemius-EMG und Kraftänderung der Plattform beider Seiten beim Balancieren auf
getrennten Wippen. Der Patient mit spastischer Hemiparese wurde durch elektrische Reizung des
N. tibialis am spastischen Bein destabilisiert

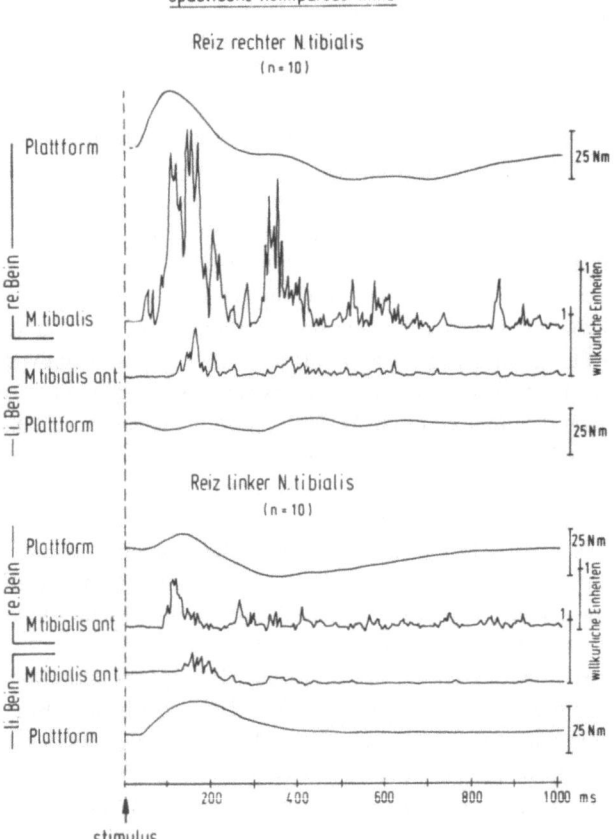

Abb. 5.12. Tibialis-anterior-EMG nach Destabilisierung eines Patienten mit Hemiparese durch einseitige elektrische Reizung des N. tibialis beim Balancieren auf zwei getrennten Wippen. *Oben* Reizung des N. tibialis des gesunden Beines, *unten* Reizung des N. tibialis des spastischen Beines. Gleichgerichtetes und aufsummiertes (N = 10) Tibialis-anterior-EMG beider Beine sowie aufsummierte Kraftschwankung der Plattform beider Seiten nach dem Reiz. Als Triggersignal diente der elektrische Reiz

Tibialis anterior am kontralateralen, *gesunden* Bein und erst 20–30 ms später zu einer tonisch verlaufenden Tibialis-anterior-Aktivierung an der spastischen Seite. Dieser letztere Befund der früheren EMG-Reaktion des Tibialis anterior des gesunden Beines bei Reizung des spastischen Beines läßt sich nicht durch veränderte Muskelfasereigenschaften bzw. verstärkte segmentale Reflexaktivität erklären. Nach diesen Beobachtungen muß bei der Spastik noch eine zusätzliche Störung der Rechts-Links-Koordination während der Stand- bzw. Balanceregulation angenommen werden.

Schlußfolgerungen

Die Untersuchungen des Balancierens bei Patienten mit Erkrankungen des peripher- und zentralmotorischen Systems zeigen, daß unter diesen erschwerten Bedingungen der Standregulation im Vergleich zum Romberg-Test zusätzliche, für die Diagnostik wertvolle Informationen erhalten werden können. Besonders werden unter dieser Balancebedingung schnelle Reaktionen zur Erhaltung des Körpergleichgewichtes geprüft, so daß schon bei einer klinisch kaum auffälligen Schädigung der peripheren Nerven, faßbar lediglich in Form der verlangsamten Nervenleitgeschwindigkeiten, das Balancieren erheblich erschwert ist.

Die Balancieruntersuchungen auf getrennten Wippen für beide Beine zeigen, daß zur optimalen Gleichgewichtskoordination offenbar synchrone Reaktionen an homologen Muskeln erforderlich sind. Diese werden nach den physiologischen Untersuchungen bei Normalpersonen durch einen bisher noch nicht ausreichend untersuchten spinalen Koordinationsmechanismus kontrolliert. Durch die getrennte Registrierung der Muskelaktivität beider Beine können auch leichtere zentralmotorische Störungen einer Seite, z.B. bei zentralen Halbseitenausfällen, durch ihre Abweichung von den normalen Balancierbewegungen der gesunden Seite besser differenziert werden. Die bei den spastischen Paresen beobachteten Abweichungen von normalen Balancierreaktionen lassen sich teilweise auf die schon bei der Ganguntersuchung diskutierten Veränderungen der mechanischen Muskelfasereigenschaften zurückführen, insbesondere die verlangsamte Gleichgewichtskompensation nach einem Störreiz und die gedämpften Balancierschwingungen. Die Beobachtung, daß nach einseitiger unerwarteter Kontraktion des Triceps surae mit dadurch ausgelöstem Vorwärtskippen der Wippe durch elektrische Reizung des N. tibialis an der spastischen Seite eine frühere Tibialis anterior-Reaktion an der gesunden Seite erfolgt, kann jedoch nicht durch die muskulären Veränderungen erklärt werden. Nach den kurzen Latenzzeiten von Beginn der Vorwärtskippung der Wippe bis zum Einsetzen der Tibialis-anterior-Aktivität erfolgt diese Rechts-links-Koordination der Muskelaktivierung beider Beine wahrscheinlich durch einen spinalen Mechanismus. Da die Leitungszeit des H-Reflexes am spastischen Bein gegenüber dem gesunden nicht verändert ist, muß angenommen werden, daß es sich bei der verzögerten Tibialis-anterior-Antwort am spastischen Bein um eine neuronale Verarbeitungsstörung bzw. Verzögerung auf spinaler Ebene handelt. Eine genauere Eingrenzung dieser neuronalen Koordinationsstörung bei Patienten mit supraspinalen Läsionen des motorischen Systems konnte bisher nicht erfolgen und bleibt weiteren Untersuchungen, evtl. auch im Tiermodell, vorbehalten. Die elektrophysiologischen Untersuchungen komplexer Bewegungs- und Koordinationsabläufe zeigen jedoch, daß supraspinale Läsionen des motorischen Systems zu verschiedenen klinisch und elektrophysiologisch faßbaren Abweichungen führen, die sich bisher nicht auf *einen* gemeinsamen pathophysiologischen Mechanismus zurückführen lassen. So bestehen nach den hier beschriebenen Untersuchungen bei der Spastik nebeneinander sowohl eine Störung der spinalen Rechts-links-Koordination der Beinmuskelaktivierung beim Balancieren als auch eine fehlende EMG-Desynchronisation nach elektrischer Reizung, die zum Klonus führen kann und hiervon vermutlich wiederum unabhängig Veränderungen der mechanischen Muskelfasereigenschaften, die wesentlich zur Muskeltonuserhöhung beitragen.

Zusammenfassung

Pathophysiologie des Ganges von Patienten mit Muskeltonuserhöhung

Die Mechanismen der Tonuserhöhung bei Patienten mit Spastik und Rigor wurden beim Gehen untersucht: Das Oberflächenmyogramm (EMG) der Unterschenkelmuskeln (M. tibialis anterior und M. gastrocnemius) und die Änderungen des Fußgelenkswinkels in verschiedenen Phasen des Schrittzyklus wurden bei Spastik und Rigor mit den Befunden bei Gesunden verglichen.

Stärke und Zeitdauer der Gastrocnemiusaktivität der Patienten mit chronischer *Paraparese* und *Parkinson-Kranken* entsprachen auch bei verlängertem Schrittzyklus dem EMG von Normalpersonen. Dagegen war die *Tibialis-anterior-Aktivität* während der Schwungphase bei beiden Patientengruppen stärker als bei Gesunden. Patienten mit *Hemiparese* zeigten jedoch eine verminderte EMG-Aktivität des Gastrocnemius auf der paretischen Seite. Obwohl die reziproke Hemmung der antagonistischen Unterschenkelmuskeln erhalten war, konnten die spastischen Patienten auch bei verstärkter Tibialis-anterior-Aktivierung während der Schwungphase den Fuß nur wenig heben. Die Muskeltonuserhöhung beider Patientengruppen kann nicht durch veränderte EMG-Muster und Reflexe erklärt werden.

Messungen der *Achillessehnenspannung* beim Gehen zeigten bei Gesunden, daß der Spannungsanstieg während der Standphase eng mit der *Stärke* des Gastrocnemius-EMGs korreliert. Dagegen war die Muskelspannung bei Patienten mit spastischer Parese mehr von der *passiven* Dehnung des geringer aktivierten Triceps surae abhängig. Daher wird angenommen, daß die Tonuserhöhung der Wadenmuskeln beim Spastiker vorwiegend durch *veränderte mechanische Eigenschaften der Muskelfasern* entsteht.

Kinder mit *Zerebralparesen* haben im Gegensatz zur reziproken Muskelaktivität bei Gesunden und bei erwachsenen Spastikern eine *Koaktivierung der antagonistischen Unterschenkelmuskeln* während der Standphase des Ganges und eine geringere EMG-Aktivierung. Die Achillessehnenspannung zeigt am spastischen Bein trotz geringerer EMG-Aktivität des Gastrocnemius in der Standphase einen steileren Anstieg als am gesunden Bein. Die Muskeltonuserhöhung beim Gang spastischer Kinder ist wie bei erwachsenen Spastikern auch durch veränderte mechanische Eigenschaften der Muskelfasern mitbedingt. Da die Koaktivierung bei spastischen Kindern dem Aktivitätsmuster bei Kleinkindern ähnelt, wird eine *gestörte Reifung* des normalen reziproken Aktivitätsmusters mit Adaptation an die veränderten Muskelfasereigenschaften angenommen.

Pathophysiologie des Balancierens bei Patienten mit senso-motorischen Störungen

Während bei gesunden Probanden beim Balancieren auf einer Wippe Körper- und Wippenoszillationen von 4–5 Hz auftraten, waren diese signifikant niedriger (um 3 Hz) bei Patienten mit *neuraler Muskelatrophie* mit verlangsamter Nervenleitung. Da diese Oszillationen vorwiegend durch segmentale Dehnungsreflexe bedingt sind, wird die niedrigere Balancierfrequenz durch die langsamere Nervenleitgeschwindigkeit der Patienten erklärt. Die schnellen Balancierbewegungen um 4–5 Hz wurden bei

Gesunden nach partieller Blockierung von Muskelspindelafferenzen durch Ischämie reduziert. Bei Patienten mit Hinterstrangläsionen des Rückenmarks und normaler peripherer Nervenleitung blieben schnelle Balanceoszillationen erhalten.

Wenn Patienten mit *spastischer Hemiparese* auf zwei getrennten Wippen balancierten, waren die Schwingungen auf der spastischen Seite gedämpft, die EMG-Aktivität tonisch und reduziert. Nach elektrischer Reizung beider Nn. tibiales entsteht eine verspätete Gegenbalancieraktivierung im Tibialis-anterior-EMG der spastischen Seite im Vergleich zur gesunden Seite (Verzögerung um 20–30 ms). Auch bei einseitigen Reizen des N. tibialis am spastischen Bein begann die Tibialis-anterior-Aktivierung der Gegenseite früher. Daraus wird auf eine *gestörte spinale Rechts-links-Koordination* geschlossen, die neben Veränderungen der mechanischen Muskelfasereigenschaften verzögerte EMG-Antworten am spastischen Bein nach ein- oder beidseitiger Destabilisierung verursacht.

Summary

Pathophysiology of Gait in Patients with Muscle Hypertonia

The activity pattern of leg muscles (mm. tibialis anterior and triceps surae) was recorded in patients with spasticity and patients with rigidity and was compared with the surface electromyogram (EMG) obtained in normal subjects and correlated to the changes in ankle joint in different phases of the gait cycle. While the strength and timing of EMG activity recorded from triceps surae during the stance phase of gait did not differ from that of normal subjects, the EMG of tibialis anterior was significantly stronger during the swing phase in both groups of patients. Although the reciprocally organized activity pattern of leg muscles was preserved, the spastic patients could hardly lift the affected foot during the swing phase despite enhanced activity of tibialis anterior. Patients with hemiparesis showed reduced EMG activity, especially of the gastrocnemius muscle. Therefore no *electrophysiological* explanation can be found for the increased muscle tone in either group of patients. It is concluded from the results obtained that in both diseases the muscle fibres undergo changes which are responsible for the increased muscle tone in spasticity and rigidity.

When the changes in tension produced by the triceps surae muscle during slow gait were recorded, the increase in tension of the triceps surae during the stance phase of gait was normally closely correlated to the strength of the gastrocnemius EMG. In spastic patients the abnormally high tension development in triceps surae was due more to muscle stretch. It is concluded that the leg extensor muscles in spastic patients exhibit an alteration of stretch-induced activity due to the altered mechanical properties and that this is mainly responsible for muscle hypertonia.

In contrast to the reciprocally organized activity pattern in healthy subjects and spastic adults, the characteristic pattern of muscle activity recorded from spastic legs in children with cerebral palsy consisted mainly in a coactivation of antagonistic leg muscles during the stance phase of the gait cycle and in a general reduction of EMG strength. The tension of the Achilles tendon measured in hemiparetic children increased much more steeply on the spastic leg at the beginning of the stance phase, when the electrically almost silent triceps surae was stretched, than on the normal one. The results suggest that muscle hypertonia during gait in spastic children is due to changed mechanical muscle fibre properties, as is supposed for spastic adults. While in the latter the reciprocal activation of antagonistic leg muscles is preserved, it is supposed that muscle coactivation recorded in spastic children is the consequence of an early neuronal adaptation to the altered muscle fibre mechanical characteristics and impaired supraspinal influences.

Pathophysiology of Posture in Patients with Sensorimotor Disorders

While normal individuals showed a mean sway oscillation of 4.3 Hz during balancing on a seesaw, it was significantly lower (3.3 Hz) in patients with peroneal muscular atrophy. It is supposed that oscillations in both cases are generated by spinal stretch reflex, and that the lower frequency in patients with peroneal muscle atrophy is due to their slower nerve conduction velocity. The fast balancing movements were basically altered when spinal stretch reflex activity was reduced after a partial ischaemic blockade of fast-conducting afferent nerve fibres, but were normal in patients with a dorsal column lesion despite a similar sensory loss.

When patients with spastic hemiparesis balanced on two separate seesaws the balancing oscillations were damped on the spastic side, and the leg-muscle EMG activity, which appeared more tonically, was reduced. After a displacement induced by stimulating the tibial nerves, the EMG response of the tibialis anterior, which induced the counterbalancing movement, on the spastic side was delayed (20–30 ms) as compared with the healthy side. Even when only the tibial nerve of the spastic leg was stimulated, the tibialis anterior EMG of the contralateral leg started earlier. It is supposed that in addition to mechanical changes of muscle fibre properties on the spastic leg, an impaired spinal coordination is responsible for the delayed EMG response on the spastic leg after a uni- or bilateral displacement.

Literatur

Berger W, Quintern J, Dietz V (1982) Pathophysiology of gait in children with cerebral palsy. Electroencephalogr Clin Neurophysiol 53:538–548

Bobath B (1967) The very early treatment of cerebral palsy. Develop Med Child Neurol 9:373–390

Browne JS (1976) The contractile properties of slow muscle fibres in sheep extraocular muscle. J Physiol 254:535–550

Dietz V, Berger W (1983) Normal and impaired regulation of muscle stiffness in gait: a new hypothesis about muscle hypertonia. Exp Neurol 79:680–687

Dietz V, Hillesheimer W, Freund H-J (1974) Correlation between tremor, voluntary contraction and firing pattern of motor units in Parkinson's disease. J Neurol Neurosurg Psychiatr 37:927–937

Dietz V, Schmidtbleicher D, Noth H (1979) Neuronal mechanisms of human locomotion. J Neurophysiol 42:1212–1222

Dietz V, Noth J, Schmidtbleicher D (1981a) Interaction between pre-activity and stretch-reflex in human triceps brachii during landing from forward falls. J Physiol 311:113–125

Dietz V, Quintern J, Berger W (1981b) Electrophysiological studies of gait in spasticity and rigidity. Evidence that altered mechanical properties of muscle contribute to hypertonia. Brain 104:431–449

Dimitrijevic MR, Nathan PW (1967) Studies of spasticity in man. Some features of spasticity. Brain 90:1–30

Dimitrijevic MR, Nathan PW (1967) Analysis of stretch reflexes in spasticity. Brain 90:333–358

Edström L (1970) Selective changes in the sizes of red and white muscle fibres in upper motor lesions and Parkinsonism. Neurol Sci 11:537–550

Engberg J, Lundberg A (1969) An electromyographic analysis of muscular activity in the hind-limb of the cat during unrestrained locomotion. Acta Physiol Scand 75:614–630

Fay T (1955) The use of pathophysiological and unlocking reflexes in the rehabilitation of spastics. Am J Phys Med 33:437–451

Forssberg H, Wallberg H (1980) Infant locomotion: a preliminary movement and electromyographic study. In: Berg K, Eriksson BO (eds) Children and exercise IX. International Series on Sport Sciences, vol 10. University Press, Baltimore, pp 32–40

Freund H-J, Dietz V, Wita C, Kapp H (1973) Discharge characteristics of single motor units in normal subjects and patients with supraspinal motor disturbances. In: Desmedt JE (ed) New developments in electromyography, vol 3. Karger, Basel, pp 242–250

Hagbarth K-E, Wallin BG, Löfstedt L (1973) Muscle spindle responses to stretch in normal and spastic subjects. Scand J Rehabil Med 5:156–159

Herman R (1970) The myotatic reflex. Clinico-physiological aspects of spasticity and contracture. Brain 93:273–312

Hufschmidt A (1982) Mechanical responses of human muscle to slow stretch in normals and spastic patients. German Physiological Society, 57th Meeting, Giessen, Pflügers Arch [Suppl] 394:R42

Knutsson E (1972) An analysis of Parkinsonian gait. Brain 95:475–486

Knutsson E, Richards C (1979) Different types of disturbed motor control in gait of hemiparetic patients. Brain 102:405–430

Lännergren J (1967) Contractures of single slow muscle fibres of *Xenopus laevis* elicited by potassium, acetylcholine or choline. Acta Physiol Scand 69:362–372

Landau WM, Weaver RA, Hornbein TF (1960) Fusimotor nerve function in man. Differential nerve block studies in normal subjects and in spasticity and rigidity. Arch Neurol 3:10–23

Magoun HW, Rines R (eds) (1947) Spasticity. The stretch-reflex and extrapyramidal system. Thomas, Springfield, pp 1–59

Mauritz K-H, Dietz V (1980) Characteristics of postural instability induced by ischaemic blocking of leg afferents. Exp Brain Res 38:117–119

Mauritz K-H, Dietz V, Haller M (1980) Balancing as a clinical test in the differential diagnosis of sensory-motor disorders. J Neurol Neurosurg Psychiat 43:407–412

Melvill-Jones G, Watt D (1971) Muscular control of landing from unexpected falls in man. J Physiol 219:729–737

Noth J (1982) Biophysikalische Aspekte spastischer Syndrome. In: Struppler A (Hrsg) Elektrophysiologische Diagnostik in der Neurologie. Thieme, Stuttgart New York

Rushworth G (1960) Spasticity and rigidity: an experimental study and review. J Neurol Psychiatr 23:99–118

Tomonaga M, Tanabe H (1973) Skeletal muscle changes in Parkinson's disease. Clin Neurol 13:111–119

Vallbo AB, Hagbarth K-E, Torebjörk HE, Wallin BG (1979) Proprioceptive, somatosensory activity in human peripheral nerves. Physiol Rev 59:919–957

Vojta V (1968) Das Reflexkriechen und seine Bedeutung für die krankengymnastische Frühbehandlung. Z Kinderheilkd 104:319–330

Walshe FMR (1923) On certain tonic or postural reflexes in hemiplegia, with special reference to the so-called "associated movements". Brain 46:1–37

Woltering H, Güth V, Abbink F (1979) Electromyographic investigations of gait in cerebral palsied children. Electromyogr Clin Neurophysiol 19:519–533

Yusevich YS, Abelmasova EA, Okhnayanskaya LG, Nikiforova NA, Provorova VM (1971) Some data and problems relating to electromyographic investigations of patients with infantile cerebral paralysis. Electromyogr Clin Neurophysiol 11:207–222

Die Untersuchungen für Kapitel 4 und 5 wurden mit Unterstützung der Deutschen Forschungsgemeinschaft (Be 936/1-1) durchgeführt

Kapitel 6

Sportliches Krafttraining und motorische Grundlagenforschung

D. SCHMIDTBLEICHER

Bedeutung der Elektromyographie für sportmotorische Fragestellungen

Die Umsetzung motorischer Forschungsergebnisse, die von der Neurophysiologie vorgelegt wurden, in die Sportpraxis erfolgte bisher nur in unzureichendem Ausmaß. Das hat seine Ursache in einer Reihe von Problemen, die für das Verhältnis zwischen Praktikern und Wissenschaftlern typisch sind. So werden von den Praktikern Forschungsergebnisse nicht beachtet, weil infolge mangelndem gemeinsamem Begriffsvokabular und Kenntnisstand die Kommunikation außerordentlich erschwert ist oder die Ergebnisse der theoretischen Forschung zwar empirisch abgesichert, aber nicht an größeren Populationen oder gar Spitzensportlern validiert wurden. Die Wissenschaftler arbeiten häufig an Detailproblemen und publizieren die Ergebnisse in Fachzeitschriften, die dem Trainer und Sportlehrer nicht zugänglich sind. Das läßt den Eindruck aufkommen, daß es sich für die Praxis um unwichtige Erkenntnisse handelt. Eine Möglichkeit zur Verbesserung dieser Situation besteht in der interdisziplinären Zusammenarbeit zwischen Medizinern, in diesem Falle Neurophysiologen, und Sportwissenschaftlern, wie sie beispielsweise im Rahmen der Herz-Kreislaufforschung schon seit Jahren erfolgreich praktiziert wird.

Ein weiterer Grund für die geringe Beachtung, die motorischen Forschungsergebnissen entgegengebracht wird, besteht in der Verwendung der Elektromyographie (EMG) als gewichtigster Untersuchungsmethode. EMG-Befunde galten – und teilweise ist dies noch immer der Fall – in der biomechanischen Forschung als wenig aussagekräftig und waren wegen der großen Merkmalsfluktuation, die zwischen einzelnen Roh-EMG-Ableitungen bestehen, mit dem Makel der Unzuverlässigkeit behaftet. Zudem erfordern EMG-Ableitungen einen relativ hohen Arbeitsaufwand und entsprechende Sachkenntnis (Erkennen von Artefakten) und können auch in absehbarer Zeit bei vielen Fragestellungen noch nicht der Idealforderung nach Sofortinformation genügen. Abgesehen von diesen Argumenten sind Untersuchungseinrichtungen für EMG-Analysen relativ kostspielig, wenn mit ihnen sportwissenschaftliche Fragestellungen bearbeitet werden sollen (EMG, Bandspeichergeräte, Telemetrieanlagen, Auswertungsanlagen etc.). Folglich findet man Ergebnisse der biomechanischen Forschung auf dem Gebiet der motorischen Steuerungs- und Regelungsmechanismen bisher nur vereinzelt, und diesen wird wenig Beachtung entgegengebracht.

Die Vorbehalte gegenüber der EMG-Methode sind, was die mangelnde Zuverlässigkeit betrifft, bei Verwendung von Roh-EMGs teilweise berechtigt. Aus diesem Grunde wird in den hier vorgestellten Arbeiten mit elektronisch gemittelten Elektromyogrammen von mehrfach wiederholten Bewegungsabläufen gearbeitet. In gemittelten

Berger et al., Haltung und Bewegung beim Menschen
© Springer-Verlag Berlin Heidelberg 1984

Elektromyogrammen kommen unsystematisch auftretende Innervationsaktivitäten
nicht zur Geltung, systematisches Innvervationsverhalten dagegen wird präzise wieder-
gegeben. Die gleichgerichteten, aufsummierten und gemittelten EMG-Ableitungen
liefern hochreliable Ergebnisse, die zudem bei Verwendung geeigneter Standardisie-
rungsverfahren (maximale Willkürkontraktion bzw. Referenzbelastungen) auch Vergleiche zwischen einzelnen Versuchspersonen ermöglichen.

Abbildung 6.1 zeigt einzelne Roh-EMGs sowie die gemittelten Elektromyogramme
und gemittelten Kraft-Zeit-Kurven von 25 isometrischen Maximalkontraktionen
von zwei Versuchspersonen mit differierendem Schnellkraftniveau. Es fällt auf,
wie stark die Fähigkeit, schnell hohe Innervationsaktivitäten mobilisieren zu können,
mit dem Kraftanstieg korreliert. Das Ergebnis spricht für die Hypothese, daß Trainierte über eine schnellere Muskelinnervation verfügen als Untrainierte. Mit diesem
Beispiel sei auch auf eine weitere Bedeutung elektromyographischer Untersuchungen
hingewiesen. Kinematische und dynamographische Verfahren liefern zwar präzise
Informationen über Orts- und Lageveränderungen des Körpers und (oder) einzelner
Extremitäten wie auch über den dazu eingesetzten Kraftaufwand, erlauben aber
keine Rückschlüsse auf die neuronalen Ursachen, durch die diese mechanischen Veränderungen hervorgerufen werden. Erst die Aufhellung des physiologischen Hinter-
grunds versetzt uns in die Lage, entsprechend exakte und zielgerichtete Maßnahmen
für das Training zu ergreifen.

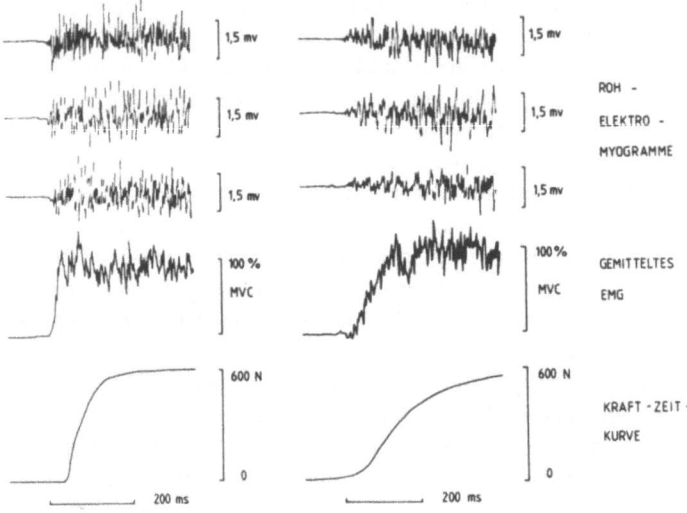

Abb. 6.1. Drei Roh-Elektromyogramme des M. triceps br. von einzelnen maximalen Willkürkon-
traktionen *(MVC)*, das gemittelte EMG und die gemittelte Kraft-Zeit-Kurve von 25 isometrischen
Maximalkontraktionen; *links:* VP, die Krafttraining durchführt; *rechts:* VP ohne Krafttrainings-
erfahrung

Neuromuskuläre Veränderungen nach Krafttraining

In der Sportpraxis ist man vielfach noch der Ansicht, daß Krafttraining lediglich Veränderungen in der enzymatischen Quantität und/oder Qualität hervorruft, letztlich
aber immer mit einer *Muskelquerschnittsvergrößerung* gekoppelt ist. Auf der Basis
dieser — wie noch gezeigt wird — keineswegs gesicherten Aussage, wird von einer ganzen Reihe von Sportarten (Handball, Fußball, Tennis, Boxen, Schwimmen usw. und
selbst in einigen leichtathletischen Disziplinen) das Krafttraining abgelehnt, weil die
angeblich starke Zunahme der Körpermasse, bedingt durch die Muskelquerschnittsvergrößerung, den möglichen positiven Effekt (Verbesserung der Schnellkraftqualität)
aufhebt.

Ergebnisse arbeitsphysiologischer und trainingswissenschaftlicher Untersuchungen zum optimalen Trainingsreiz für größtmöglichen Kraftzuwachs lassen sich zwei
differierenden Ansätzen zuordnen.

Die „Reiz-Spannungs-Theorie" (Rasch u. Pierson 1964, Hettinger 1968) besagt,
daß eine *maximale* Muskelspannung die effektivsten Kraftzuwachsraten hervorbringt.
Hier sei auf das isometrische Krafttraining verwiesen, das im therapeutischen Anwen-
dungsbereich besondere Bedeutung erlangt hat. Demgegenüber steht die „ATP-Mangel-
Theorie" (Meerson 1967, 1973), die davon ausgeht, daß ein Training mit submaximalen Krafteinsätzen, die wiederholt (15mal in 20 s) durchgeführt werden, den höchsten Kraftzuwachs erzeugt. Die Muskelspannung ist bei dieser Methode *entschieden
geringer* (70–90%).

Beide Theorien sind durch eine erhebliche Anzahl empirischer Befunde abgesichert. Es liegt daher nahe, daß die offensichtliche Widersprüchlichkeit beider Ansätze,
was die Trainingsmethode betrifft, entweder gar nicht so groß ist — d.h. ab einem
gewissen Spannungszustand reagiert der Muskel mit einer identischen Adaption —
oder daß unterschiedliche physiologische Adaptionsmechanismen zum identischen,
äußerlich meßbaren Ergebnis, also einem Kraftzuwachs, führen.

Untersuchungen (Delorme u. Watkins 1953), bei denen der Umfang des Trainings konstant gehalten, die Muskelspannung (Intensität) aber variiert wurde, wider-
legen die erste Annahme. Es bleibt die Möglichkeit der differenzierten physiologischen Adaption des Muskels auf verschiedenartige Trainingsreize. Während eine Muskelquerschnittsvergrößerung infolge eines Trainings mit submaximalen Krafteinsätzen
als gesichert gelten kann (Gordon 1967, Jakowlew 1975, Costill et al. 1979), ist bislang noch unklar, ob ein Training mit maximalen Krafteinsätzen eine ebenso starke
Muskelquerschnittsvergrößerung hervorruft oder ob nicht primär eine Anpassung
neurophysiologischer Art vorliegt.

Diese Annahme gründet sich auf eine Vielzahl von Untersuchungen, beginnend
mit dem klassischen Kreuzinnervationsversuch von Buller et al. (1960a, b), die alle
nachweisen konnten, daß die fasertypologische Ausprägung eines Muskels (prädominant tonische bis prädominant phasische Muskelfasern) von der Beschaffenheit der
α-Motoneurone, die den jeweiligen Muskel innervieren, abhängt. Es konnte zudem
gezeigt werden, daß das neuromuskuläre System, was die Anpassung in Richtung auf
tonisches *und* phasisches Verhalten betrifft, zumindest bei Kreuzinnervationsversu-
chen und bei künstlicher Reizung, sehr flexibel ist (Close 1965, Dubowitz 1967,
Mommaertz et al. 1969, Pette et al. 1973). Diese vorwiegend an Tierversuchen

gewonnenen Ergebnisse werden durch Biopsiestudien am menschlichen Muskel gestützt. So konnten Edström u. Ekblom (1972) nachweisen, daß Gewichtheber über einen signifikant höheren Anteil an phasischen Muskelfasern in der Quadrizepsmuskulatur verfügen als untrainierte Personen. Setzt man voraus, daß es sich bei den Gewichthebern nicht nur um eine Selektion von muskulär besonders veranlagten Sportlern handelt, sondern daß zusätzlich eine erhebliche Adaption der Muskulatur stattgefunden hat (s. Versuche mit eineiigen Zwillingen von Keul 1975a), müssen nach den oben kurz skizzierten Ergebnissen neurophysiologischer Forschung auch Anpassungen neuronaler Art in Betracht gezogen werden, die als Folge von Krafttraining auftreten.

Wie wir aus der Trainingspraxis und aus Längsschnittstudien wissen, ist zur „Umstrukturierung" eines Muskels ein erheblicher Zeitaufwand notwendig (mehrere Monate bis Jahre, je nach Qualität der Adaption). Meßbare Anpassungen an einen Trainingsreiz lassen sich demgegenüber schon nach einem relativ kurzen Zeitraum feststellen (biochemische Veränderungen nach wenigen Stunden; dauerhafte Verbesserungen im Maximal- und Schnellkraftvermögen nach ca. zwei Wochen). Diese kurzfristigen Steigerungen der Leistungsfähigkeit können einerseits auf einem koordinativen Lerneffekt beruhen, d.h. die Versuchsperson kann die an der Trainingsbewegung beteiligte Muskulatur in ihrem zeitlichen Einsatz besser aufeinander abstimmen, andererseits ist es auch denkbar, daß neuronale Veränderungen auf den einzelnen Muskel bezogen auftreten (zeitliche Abfolge der Rekrutierung der motorischen Einheiten, Modifikation der Innervationsfrequenz).

Das besondere Interesse unserer Arbeit war zunächst auf die „Maximalkraftmethoden" gerichtet, also auf das Krafttraining, bei dem mit maximalen Krafteinsätzen gearbeitet wird.

1. Bisher wurden nur vereinzelt Untersuchungen über die im Sport praktizierten Maximalkraftmethoden durchgeführt.
2. Bisher ist nicht bekannt, ob es infolge von Maximalkrafttraining zu einer Vergrößerung des Muskelquerschnitts kommt.
3. Es herrscht Unklarheit darüber, inwieweit Krafttraining Veränderungen im Innervationsverhalten (bezogen auf einen Muskel) bewirkt.

Nachgebendes und überwindendes Krafttraining

Maximalkontraktionen können entsprechend den Arbeitsweisen der Muskulatur entweder überwindend (Ansatz und Ursprung des Muskels nähern sich an — konzentrisch) oder nachgebend (Ansatz und Ursprung entfernen sich voneinander — exzentrisch) oder in einer Kombination exzentrisch-konzentrisch (reaktives Training/Schlagmethode) ausgeführt werden.

Am anschaulichsten lassen sich diese Arbeitsweisen an der mechanistisch orientierten Modellvorstellung beschreiben, wonach sich ein Muskel aus elastischen und kontraktilen Elementen zusammensetzt (Hill 1938, Wilkie 1950). Das kontraktile Element — morphologisch gesehen die Myofilamente — bewirken die aktive Verkürzung des Muskels. Das serienelastische Element — fibröse Muskelanteile und Sehne — sowie die in den Aktomyosin-Querbrücken vorhandene Elastizität zeichnet sich durch eine „Federungsfunktion" aus und schützt dadurch den Muskel bei abrupten Dehnungen und extrem schneller Kraftentwicklung (Hill 1939).

Bei konzentrischer Kontraktion überwindet der Muskel einen Widerstand, verkürzt sich, und die Muskelenden nähern sich einander an. Bei der exzentrischen Kontraktion ist zu unterscheiden, ob die äußerlich angreifende Kraft so groß ist, daß der aktivierte Muskel keine überwindende Arbeit leisten kann (Haberkorn-Butendeich 1973, Komi 1975, Hollmann u. Hettinger 1980) oder ob lediglich nachgebendes Kontraktionsverhalten vorliegt, wie es beim Absetzen eines Gewichts in Erscheinung tritt (Müller 1953, Stoboy 1973, Smirnov 1974). Beim erstgenannten Fall *(exzentrische Maximalkontraktion)* handelt es sich um keine *willkürliche* Dehnung, was im Hinblick auf die maximale Muskelspannung von Bedeutung sein dürfte. Die bei exzentrischen Maximalkontraktionen auftretenden Kraftwerte liegen weit über der isometrischen Maximalkraft des gleichen Muskels. In einer Reihe von Querschnittsuntersuchungen (Asmussen et al. 1965, Singh u. Karpovich 1966, Schmidtbleicher u. Bührle 1980) wurden Krafthöchstwerte zwischen 125 und 140% der isometrischen Maximalkraft (entspricht 100%) ermittelt. Als Ursache für die hohe exzentrische Maximalkraft kommen zwei physiologische Mechanismen in Frage. Bei der exzentrischen Muskelkontraktion befindet sich der Muskel am Belastungsbeginn im isometrischen Kontraktionszustand und arbeitet während der Lasteinwirkung maximal gegen seine Verlängerung. Der auf den Muskel ausgeübte Zug bewirkt dann entweder durch den Einfluß neuronaler Mechanismen (Dehnungsreflex) eine zusätzliche Verkürzung der kontraktilen Komponente, oder die serienelastischen Elemente werden weiter gedehnt. Es kann angenommen werden, daß das Zusammenwirken beider Mechanismen hohe exzentrische Maximalkraft bedingt.

Nach Untersuchungen von Grillner (1972) – Katzenversuche – und Komi (1975, 1979) – Humanmuskeln – resultieren die erhöhten Kraftwerte im wesentlichen aus der Muskelelastizität. Demgegenüber stehen die Befunde von Greenwood u. Hopkins (1976), die im EMG ca. 30–40 ms nach Einsetzen der Dehnungsphase beim Hüpfen und Laufen eine erhöhte Innervationsaktivität feststellen konnten. Schmidtbleicher et al. (1978) sowie Dietz et al. (1979) konnten zeigen, daß die zusätzliche Innervationsaktivität mit großer Wahrscheinlichkeit auf der Wirkung des segmentalen Dehnungsreflexes beruht, der auch zu mechanischen Änderungen in der Kraftentfaltung führt. Die Größe der Reflexaktivität hängt von zwei Faktoren ab:

1. Von der zum Zeitpunkt der einsetzenden Muskeldehnung vorherrschenden Aktivität des Muskels. Wird ein nicht aktivierter Muskel gedehnt, ergeben sich keine oder nur minimale Reflexaktivitäten (Greenwood u. Hopkins 1976, Dietz et al. 1981).

2. Von der Geschwindigkeit der Muskeldehnung. Je schneller ein aktivierte Muskel gedehnt wird, desto größer sind die reflexbedingten Afferenzen (Gottlieb u. Agarwal 1979).

Antoni et al. (1979) errechneten einen Zusammenhang zwischen Dehnungsgeschwindigkeit und Innervationsaktivität von $r = 0,70$. Zwischen der Vorinnervation des Muskels und der reflexbeeinflußten elektrischen Aktivität in der anfänglichen Dehnungsphase ergab sich ein Korrelationskoeffizient von $r = 0,64$.

Fassen wir die bisher dargestellten Ergebnisse zusammen, erhält man folgendes Bild: Beim exzentrischen Kontraktionsverhalten wird durch die Vorinnervation

(Voraktivität) die Empfindlichkeit der Muskelspindeln auf Dehnungsreize erhöht. Die Folge ist eine verstärkte afferente Impulsabgabe der Spindeln bei einsetzender Dehnung. Größe und Geschwindigkeit der Muskeldehnung bestimmen ihrerseits zusammen mit der Voraktivität die Stärke der Motoneuronenaktivität.

Im Hinblick auf die Trainingsgestaltung bei nachgebenden Krafttrainingsformen ist demnach zu fordern, daß es bei bereits voll aktivierter Muskulatur zu einer plötzlich einsetzenden schnellen Dehnung kommt. Um diese Forderung zu erfüllen, sind zwei Trainingsformen denkbar:

1. Eine Betonung der Voraktivitätsphase. Die Versuchsperson kontrahiert gegen eine unüberwindliche Last (150% bezogen auf die isometrische Maximalkraft) bis zum Erreichen des isometrischen Maximalkraftniveaus. Dann wird die bisher fixierte „Überlast" freigesetzt, und die Versuchsperson versucht, diese Last abzubremsen.

2. Eine Betonung der schnellen Dehnungsphase. Die Versuchsperson fällt beispielsweise aus der Senkrechten in den Liegestütz und fängt sich ab (Armstreckmuskulatur) oder führt Tiefsprünge durch (Beinstreckermuskulatur). Diese meist reaktiv ausgeführten Trainingsformen werden in den folgenden Abschnitten behandelt.

Wir wenden uns zunächst dem Vergleich zwischen dem bisher bereits in der Trainingspraxis üblichen konzentrischen Maximalkrafttraining und den oben beschriebenen exzentrischen Maximalkontraktionen zu. Es soll an dieser Stelle betont werden, daß diese Form exzentrischer Krafteinsätze eine neue Methode darstellt, die bisher im Hochleistungstraining noch nicht praktisch erprobt wurde.

30 Sportstudenten im Alter zwischen 20 und 26 Jahren (Größe $\bar{x}$ = 179,5 cm, Gewicht $\bar{x}$ = 72,8 kg) wurden in drei homogene Gruppen parallelisiert. 10 VP absolvierten ein progressives konzentrisches Maximalkrafttraining nach dem Pyramidensystem mit Belastungen zwischen 90 und 100%. 10 Probanden trainierten mit maximalen exzentrischen Krafteinsätzen mit 4 Serien (je 3 Wiederholungen) mit aufsteigender Belastung zwischen 120 und 180%. In beiden Trainingsgruppen wurde die Streckmuskulatur des rechten Armes trainiert. 10 VP bildeten die Kontrollgruppe.

Die Trainingsgruppen führten 4mal wöchentlich 6 Wochen lang die oben beschriebenen Trainingseinheiten durch. Die Mitglieder der Kontrollgruppe nahmen lediglich, wie alle anderen VP auch, an den praktisch-methodischen Übungen im Rahmen des Sportstudiums teil (8–12 Wochenstunden).

Vor und nach der Trainingsperiode wurden die isometrische und exzentrische Maximalkraft, Schnellkraftparameter (Start- und Explosivkraft) sowie die Bewegungsschnelligkeit erfaßt und registriert. (Nähere Einzelheiten bei Schmidtbleicher u. Bührle 1980.)

Nach dem Krafttraining weisen beide Trainingsgruppen signifikant höhere *isometrische Maximalkraftwerte* auf als die Kontrollgruppe (Zuwachsraten für konzentrisches Training 10,2% von 459 N auf 510 N; für exzentrisches Training 16,5% von 459 N auf 540 N). Die Kontrollgruppe bleibt auf dem Anfangsniveau.

Der stastistische Vergleich zwischen den beiden Experimental- und der Kontrollgruppe sowie die Erfassung des unterschiedlichen Einflusses der Trainingsmethoden auf die isometrische Maximalkraft erfolgte mittels einer doppelten Varianzanalyse. Dieses Verfahren erlaubt die gleichzeitige Überprüfung der Unterschiede zwischen Prä- und Posttest und der Unterschiede zwischen den Gruppen (Haupteffekte), wie auch die Wechselwirkung zwischen den Gruppen. Mit dem Nachweis der Wechselwirkung kann gezeigt werden, ob Unterschiede in der Effektivität der Trainingsmethoden, bezogen auf den Untersuchungszeitraum, bestehen.

Sowohl der Unterschied zwischen dem Anfangs- und dem Abschlußtest wie auch die Wechselwirkung zwischen den Trainingsmethoden sind hochsignifikant. Das bedeutet, daß, bezogen auf den Untersuchungszeitraum von 6 Wochen, dem Training mit wiederholten *exzentrischen Maximalkrafteinsätzen* die größte Effektivität bei der Verbesserung des Maximalkraftniveaus zuerkannt werden muß.

Ähnlich gute Trainingsergebnisse für das nachgebende Krafttraining ergeben sich für die *Schnellkraft*parameter: *Start- und Explosivkraft.* Die Startkraft beschreibt das Vermögen, von Beginn der Kontraktion an bereits hohe Kraftwerte pro Zeiteinheit zu entfalten. Die Explosivkraft drückt die Fähigkeit aus, diesen Spannungsanstieg optimal weiterzuentwickeln. Beide Komponenten des Schnellkraftverhaltens lassen sich an der isometrischen Kraft-Zeit-Kurve bestimmen (Dimensionalität N/ms).

Die *Bewegungsschnelligkeit,* die bei den meisten sportlichen Bewegungsfertigkeiten von den Schnellkraftfähigkeiten – in Abhängigkeit von der Größe der zu bewegenden Last von der Start-Explosiv- oder Maximalkraft – bestimmt wird (Schmidtbleicher 1980), verbessert sich um 20% bei den „exzentrisch" trainierten Gruppen und um 14,3% bei den Probanden, die konzentrisch trainiert haben. (Die Angaben beziehen sich auf eine Last von 10 kg.)

Auf der Suche nach den physiologischen Ursachen, die diesen Verbesserungen zugrunde liegen, müssen wir auf das interessanteste Ergebnis dieser Untersuchung näher eingehen. Es wurde, wie bereits erwähnt, auch die exzentrische Maximalkraft vor und nach der Trainingsperiode erfaßt.

Am Beginn des Trainings lag die exzentrische Maximalkraft bei allen Gruppen rund 40% über der isometrischen Maximalkraft. Diese Werte stimmen gut mit denen anderer Autoren überein (Asmussen et al. 1965, Doss u. Kaprovich 1965, Haberkorn-Butendeich 1973). Während die isometrische Maximalkraft sich im Verlaufe des Trainings signifikant erhöht (16 bzw. 10,2%), bleiben die exzentrischen Maximalkraftwerte überraschend stabil. Es ergaben sich lediglich Schwankungen gegenüber den Anfangswerten von 2%, ein Wert, der sogar unter der bei Maximalkraftwerten üblichen Merkmalsfluktuation von 3,6% liegt. Die Differenz zwischen den beiden (isometrischen und exzentrischen) Maximalkraftwerten beträgt bei der mit konzentrischen Einsätzen trainierten Gruppe 31%, bei der mit exzentrischen Einsätzen arbeitenden Gruppe noch 25%. Selektiert man aus beiden Trainingsgruppen die 10 VP mit der besten relativen Kraft (isometrische Maximalkraft pro kg Körpergewicht), reduziert sich die Differenz auf 20%. Bei einem der kräftigsten Probanden schließlich, einem Speerwerfer der deutschen Spitzenklasse, der schon vor der Untersuchung Krafttraining betrieben hatte, erhöhte sich die isometrische Maximalkraft im Verlaufe des Trainings immerhin noch um 10% und nähert sich seinem exzentrischen Maximalkraftwert bis auf 10% an.

Es ist bekannt, daß untrainierte Personen bei willkürlicher Maximalkontraktion nur etwa 70% ihres absoluten Kraftpotentials realisieren können, also nicht ihre gesamte, durch den Muskelquerschnitt begrenzte Kontraktionskraft zum Einsatz bringen. Dieses dem willkürlichen Zugriff nicht verfügbare Kraftpotential wird auch als autonome Reserve und der willkürlich erreichbare Grenzwert als Mobilisationsschwelle bezeichnet. Ikai u. Steinhaus (1961) konnten zeigen, daß diese Mobilisationsschwelle in Streßsituationen und im Hypnosezustand erheblich nach oben verschoben ist. Andere Untersuchungen (Ikai et al. 1967, Schmidtbleicher et al. 1978) haben den Nachweis erbracht, daß bei hochfrequenter maximaler elektrischer Stimulation um 30–40% höhere Kraftwerte erreicht werden als bei willkürlicher Innervation. Massalgin u. Ishakow (1979) bezeichnen die Differenz zwischen der Maximalkraft des Muskels bei elektrisch ausgelöster Kontraktion und bei maximaler Willkürkontraktion als „Kraftdefizit". Dieses Kraftdefizit ist in seinem prozentualen Wert nicht bei allen Probanden gleich. Bereits Ikai u. Steinhaus (1961) konnten in ihren Untersuchungen nachweisen, daß trainierte Kraftsportler in Streßsituationen im Vergleich zur streßfreien Willkürkontraktion nur 10% mehr Kraft aufwenden. Bei Untrainierten liegt diese Differenz bei 30%.

Das Integral des Roh-EMGs vom M. triceps brachii sowie das gemittelte EMG zeigt bei allen Versuchspersonen eine signifikant höhere elektrische Aktivität während der exzentrischen Phase im Vergleich zur willkürlichen Maximalkontraktion. Dies legt die Annahme nahe, daß bei exzentrischer Arbeitsweise Muskeldehnungsreflexe ausgelöst werden, die eine ähnliche Wirkung hervorrufen, wie dies bei künstlicher Stimulation der Fall ist. Der hohe, von der Muskelspindel bewirkte afferente Impulseinstrom trifft auf die bereits vorhandene willkürlich maximale „Basisinnervation" und führt, da mit großer Wahrscheinlichkeit alle motorischen Einheiten bereits aktiviert sind, zu einer Frequenzerhöhung. Cooper u. Eccles haben bereits 1930 beschrieben, daß sich durch eine plötzliche Frequenzerhöhung bei vorhandener Innervation ein optimaler mechanischer Effekt ergibt. Später konnte diese Beobachtung auch an einzelnen motorischen Einheiten bestätigt werden (Burke et al. 1970). Werden auf einen bereits aktivierten Muskel zusätzliche Innervationsimpulse aufgeschaltet, verrringert sich der Zeitabstand zwischen den einzelnen Innervationsimpulsen auf 7–10 ms, wodurch für eine kurze Zeit Entladungsraten von 100–150 Imp/s zustande kommen (Marsden et al. 1971).

Wenn durch exzentrische Maximalkontraktionen das durch den Muskelquerschnitt begrenzte absolute Kraftpotential eines Muskels aktiviert wird, und alle Ergebnisse sprechen für diese These, ergeben sich aus unseren Untersuchungen höchst interessante Perspektiven für die Beurteilung des Trainingszustandes einzelner Athleten. Je geringer die Differenz zwischen dem isometrischen und exzentrischen Maximalkraftwert ausfällt, oder anders ausgedrückt, je geringer das Kraftdefizit ist, um so günstiger ist das Trainingsniveau des Sportlers, bezogen auf die vorhandene Muskelmasse.

Man kann noch einen Schritt weiter gehen. Die Stabilität der exzentrischen Maximalkraftwerte, die ja das absolute Kraftpotential und damit den momentanen Muskelquerschnitt repräsentieren, läßt die Annahme zu, daß Maximalkraftmethoden zu *keiner* bedeutenden Vergrößerung des Muskelquerschnitts führen. Im Gegensatz dazu erhöht sich nach einem Training mit wiederholten submaximalen Krafteinsätzen (z.B. isokinetisches Training), wie wir aus kasuistischen Studien wissen, nicht nur der isometrische, sondern auch der exzentrische Maximalkraftwert. Der Vergleich der beiden Kraftwerte erlaubt also nicht nur eine – gegenüber der Elektrostimulation – schmerzfreie Bestimmung des Trainingsniveaus, er läßt auch prognostische Aussagen im Hinblick auf die zukünftig zu verwendende Trainingsmethode zu. Bei geringem Kraftdefizit (≤ 10%) wird man eine Methode bevorzugen, die querschnittsvergrößernd wirkt: Bei einem Kraftdefizit von ≥ 10% sollte unter Anwendung einer Maximalkraft-methode (am effektivsten sind exzentrische Maximalkrafteinsätze) das vorhandene Kraftpotential zunächst ausgeschöpft werden, ehe ein auf Massenzuwachs gerichtetes Training Verwendung findet. (Die Prozentangaben beziehen sich auf die Streckmus-kulatur des Arms.)

Die Bedeutung der Maximalkraftmethoden für die Trainingspraxis vieler Sport-arten ist somit offensichtlich. Ein solches Training ermöglicht die Steigerung der Maximal- und Schnellkraftleistungen und damit auch der Bewegungsschnelligkeit ohne wesentliche Zunahme des Muskelquerschnitts.

Wenn ein Training mit maximalen Krafteinsätzen keine oder nur eine geringe Muskelquerschnittsvergrößerung hervorruft, muß eine andere Adaption relativ über-dauernder Art vorliegen. Es wurde bereits hypothetisch diskutiert, daß es sich dabei um eine Anpassung des Innervationsverhaltens handeln könnte. Die prinzipielle Mög-lichkeit neurophysiologischer Adaption soll im folgenden Abschnitt dargestellt werden.

Reaktives Training – Schlagmethode

Reaktive Bewegungsformen sind eine Kombination zwischen nachgegendem und überwindendem Bewegungsverhalten und werden in der Trainingspraxis z.B. als Tief-sprünge häufig praktiziert. Nach Harre (1977), Letzelter (1978) und Zanon (1974) wird das reaktive Training besonders erfolgreich in den Sprungdisziplinen angewandt.

Die Betonung liegt bei diesem Bewegungsverhalten in der „schlagartig" einset-zenden schnellen Dehnung des Muskels zu Beginn der exzentrischen Phase, weshalb man in der Sportpraxis diese Trainingsformen auch als Schlagmethode bezeichnet (synonym wird bei Autoren aus östlichen Ländern auch von plyometrischen Metho-den gesprochen).

Unser besonderes Interesse galt neben den durch diese Methode hervorgerufenen Kraft- und Schnelligkeitsleistungen den Veränderungen im Innervationsverhalten der trainierten Muskulatur. Aus Gründen der Vergleichbarkeit mit den oben dargestellten konzentrischen und exzentrischen Maximalkraftmethoden (Streckmuskulatur des Arms) wurde als Testübung eine Ausstoßbewegung des rechten Arms und als Trai-ningsbewegung das Fallen aus der Vertikalen in den Liegestütz verwendet, wobei das Abfangen in möglichst kurzer Zeit erfolgen sollte.

20 Sportstudenten wurden in zwei homogene Gruppen parallelisiert, 10 Versuchspersonen führten ein progressives reaktives Krafttraining durch. Die Belastung bestand zu Beginn des Trai-nings aus dem eigenen Körpergewicht und wurde wöchentlich mittels Gewichtswesten um 4%, bezogen auf die Körperlast, auf 20% (plus Körperlast) in der letzten Trainingswoche gesteigert. Eine Trainingseinheit bestand aus 4 Serien à 5 Wiederholungen. Die VP absolvierten 6 Wochen lang 4 Einheiten pro Woche. 10 Probanden bildeten die Kontrollgruppe.

Vor und nach der Trainingsperiode wurden die isometrische und exzentrische Maximalkraft, Schnellkraftparameter (Start- und Explosivkraft) sowie die Bewegungsschnelligkeit erfaßt und registriert. Als zusätzlicher Parameter wurde das elektronische Mittelwerts-EMG des M. triceps brachii aus 30 Fallbewegungen auf eine Meßdruckplatte aufgezeichnet. Die Klebestellen der Oberflächenelektroden wurden markiert, um nach dem Training eine Ableitung am identischen Punkt zu gewährleisten. Dieses Verfahren ermöglicht einen intraindividuellen Vergleich (prä-post) der Elektromyogramme, weil die im interindividuellen Vergleich (Untrainierte versus

Spitzensportler) verzerrend wirkenden Einflüsse des verschiedenen Übergangswiderstandes zwischen Muskel und Elektrode (Unterhautfettgewebe etc.) sowie der unterschiedlichen Elektrodenplazierung entfallen. Veränderungen des Unterhautfettgewebes infolge eines sechswöchigen Maximalkrafttrainings können nach Boileau et al. (1973) ausgeschlossen werden. (Detaillierte Beschreibung bei Schmidtbleicher u. Bührle 1980.)

Die Leistungssteigerungen im isometrischen Maximalkraftniveau waren mit 7%, gemessen an einem Training mit konzentrischen oder exzentrischen Maximalkrafteinsätzen, verhältnismäßig gering. Ähnliche Ergebnisse erhält man für die Schnellkraftparameter und die Bewegungsschnelligkeit. Wie bei den beiden anderen Maximalkraftmethoden auch, verändert sich der exzentrische Maximalkraftwert nicht.

Es muß bei der Beurteilung dieser Ergebnisse in Betracht gezogen werden, daß die Test- und Trainingsbewegung nicht identisch waren. Die zum Abfangen des Körpergewichtes eingesetzte Kraft in der nachgebenden Phase der Fallbewegung steigert sich um 10% (ohne Gewichtszunahme der Probanden). Die Anpassung an die Trainingsreize scheint demnach hochgradig spezifisch zu sein, kann aber immerhin noch teilweise auch auf andere Bewegungen übertragen werden.

Bei der Fallbewegung in den Liegestütz wird der M. triceps brachii bereits 86 ms (s = 5,5) vor dem Auftreffen auf dem Untergrund aktiviert. Diese Werte liegen niederer als die von Melvill-Jones (1973) und von Dietz u. Noth (1978a) beobachtete Vorinnervationsdauer. Das mag seine Ursachen im Trainingsniveau der Versuchspersonen und/oder in der etwas anderen Versuchsanordnung haben. Am Ende des reaktiven Krafttrainings sinkt bei unseren Versuchspersonen die Dauer der Vorinnervation auf 68 ms (s = 5,1) ab. Die Vorinnervation ist wahrscheinlich Teil eines von höheren Hirnzentren ausgelösten Bewegungsprogramms und nicht bei allen Bewegungsabläufen gleich groß. Melvill-Jones u. Watt (1971a) ermittelten beim Hüpfen auf der Stelle eine Vorinnervationsdauer von 120 ms, Greenwood u. Hopkins (1976) beim Abfangen nach einem Sprung Werte zwischen 120 und 150 ms. Werden bei Tiefsprüngen aus Höhen zwischen 50 und 110 cm sowie beim Hüpfen auf der Stelle hochtrainierte Probanden getestet, ist die Dauer der Vorinnervation beträchtlich geringer als die oben angegebenen Werte (Schmidtbleicher u. Gollhofer 1982). Unbeeinflußt von diesen zeitlichen Veränderungen entspricht die bei der Vorinnervation erreichte elektrische Aktivität immer nahezu (rund 90%) der bei maximaler Willkürkontraktion. Man kann demnach annehmen, daß das Bewegungsprogramm im Sinne einer Ökonomisierung – gleicher Effekt bei kürzerer Dauer – auf den Trainingsreiz reagiert.

Ungefähr 30–40 ms nach dem Auftreffen auf dem Boden treten im gemittelten EMG Aktivitätsspitzen auf, die über dem bei maximaler Willkürkontraktion erreichbaren Niveau liegen. Nach neueren Untersuchungen (Marsden et al. 1976, Dufresne et al. 1978, Dietz et al. 1979, Gottlieb u. Agarwal 1979) kommt dieser Aktivitätsgipfel durch die Aufschaltung afferenter Muskelspindelimpulse auf die vorhandene Erregung der Motoneurone (Vorinnervation) zustande und entspricht wahrscheinlich in seiner Verschaltung dem bereits 1920 von Hoffmann beschriebenen Muskeleigenreflex.

Während sich vor der Trainingsperiode keine weiteren Besonderheiten im Elektromyogramm erkennen ließen, weisen die EMGs nach dem Training zusätzliche Aktivitätsgipfel auf. Bei drei Probanden tritt 55–65 ms nach dem Bodenkontakt ein zweiter Aktivitätsgipfel in Erscheinung. Zwei weitere VP zeigen nach 90–110 ms einen dritten Aktivitätsgipfel, und bei 5 Probanden kommt es zum periodischen Auftreten von gleichmäßig hohen Aktivitätsspitzen nach dem ersten reflektorisch bedingten EMG-Anstieg (Abb. 6.2).

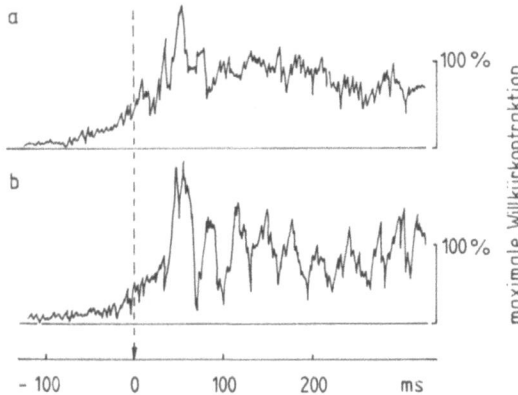

Abb. 6.2a,b. Gemittelte EMGs des M. triceps br. von 300 Fallbewegungen aus der Vertikalen in den Liegestütz, vor (a) und nach (b) einer sechswöchigen Trainingsperiode

Aussagen über die Ursachen der weiteren Aktivitätsgipfel sind hypothetischer Natur. Es kann sich beim zweiten Aktivitätsgipfel einerseits um einen supraspinal verschalteten funktionellen Dehnungsreflex handeln (Hammond et al. 1956, Marsden et al. 1976), wofür die relativ lange Latenzzeit von 55–65 ms spricht, andererseits wären solche Aktivitätsgipfel auch als Resultat repetitiv synchron entladender motorischer Einheiten interpretierbar. Als Ursache der Synchronisation könnten die Tendenz des α-Motoneuronenpools in Frage kommen, auf eine partielle Innervationsstille, wie sie nach dem ersten Aktivitätsgipfel auftritt, mit einer salvenartigen Entladung zu antworten (Alston et al. 1967). Zudem scheinen motorische Einheiten dazu zu neigen, mit ähnlicher Frequenz über einen längeren Zeitraum nach der Rekrutierung zu entladen. Diese Annahme stützt sich auf die erwähnte Beobachtung an einzelnen Vpn, bei denen mehrere Aktivitätsgipfel im EMG während der Dehnungsphase des M. triceps brachii zu erkennen waren. Beide Möglichkeiten – Entladung nach einer Innervationsstille und die Tendenz, mit gleicher Entladungsfrequenz weiterzufeuern – deuten an, daß später auftauchende Aktivitätsgipfel im EMG nicht notwendigerweise supraspinalen Ursprungs sein müssen (s. a. Kap. 3).

Die Veränderungen im Innervationsverhalten – Vorinnervation und Entladungsverhalten des α-Motoneuronenpools – zeigen die Möglichkeit der Anpassung des neuromuskulären Systems bei bestimmten Methoden des Krafttrainings. Die bisher durchgeführten Untersuchungen sprechen mit großer Wahrscheinlichkeit für die These, daß Leistungssteigerungen nach einem Training mit maximalen Krafteinsätzen (konzentrisch, exzentrisch und reaktiv) primär auf Veränderungen im Innervationsverhalten zurückzuführen sind.

Berücksichtigung spinaler Dehnungsreflexe bei sportlichen Bewegungsfertigkeiten

Der monosynaptische Muskeleigenreflex stellt einen peripheren Regelmechanismus dar, dem seit seiner Entdeckung durch Hoffmann (1920) verschiedene Aufgaben zugeschrieben werden. Zum einen hat er wesentlichen Anteil an der Aufrechterhaltung der Muskelspannung bei länger andauernden Kontraktionen, zum anderen übt er durch Sensibilisierung der Muskelspindeln über die α-Innervation eine Starterfunktion bei der Muskelkontraktion aus (Granit 1956). Letztere Bedeutung wird für die Motorik des Menschen stark eingeschränkt (Koeze 1968, Koeze et al. 1968, Vallbo 1970). Eine weitere Aufgabe des Muskeleigenreflexes besteht in der schnellen Kompensation einer Muskeldehnung.

Die in den fünfziger Jahren vom Hammond et al. (1956) aufgestellte These, daß die durch den segmentalen Dehnungsreflex auf die α-Motoneurone aufgeschalteten Afferenzen keinen signifikanten Beitrag zu größerer Kraftentwicklung des Muskels liefern könnten, hat zu der weit verbreiteten Annahme geführt, daß beim Menschen der spinale Dehnungsreflex seine Bedeutung zugunsten von supraspinalen bzw. transkortikalen Reflexen eingebüßt habe. Die kurzfristige Kompensation von schnellen Dehnungen des voraktivierten Muskels sollte allein über die visköselastische Eigenschaft des Muskels erfolgen (Grillner 1972, Melvill-Jones u. Watt 1971a, Komi 1975). In Übereinstimmung mit dieser Annahme konnte bei einer Anzahl komplexer Bewegungen das Auftreten früher reflektorisch bedingter Veränderungen im EMG nicht beobachtet werden (Mellvill-Jones u. Watt 1971b, Marsden et al. 1972, 1976). Die in diesen Arbeiten untersuchten Dehnungsgeschwindigkeiten der Muskulatur waren relativ gering. Hammond et al. (1956) arbeiteten mit Muskeldehnungen, die, bezogen auf eine Gelenkveränderung, Winkelgeschwindigkeiten von 1,3 rad/s nicht überschritten. In den beiden nachfolgend dargestellten Untersuchungen konnten Winkelgeschwindigkeiten bis 40 rad/s beobachtet werden. Gottlieb u. Agarwal (1979) fanden eine lineare Beziehung und hohe Korrelationen zwischen der Dehnungsgeschwindigkeit des Muskels und der Größe der segmentalen Reflexaktivität. Schließlich konnten Dietz et al. (1979) für Lauf- und Sprintbewegungen (M. gastrocnemius) nachweisen, daß die Aktivität der Muskelspindeln zur Innervation der Fußextensoren einen wesentlichen Beitrag leisten. (Siehe auch die Ausführungen über die exzentrische Maximalkraft sowie Schmidtbleicher et al. 1978.)

Nähere Einzelheiten über die extremitäten- bzw. muskelspezifische Ausprägung von spinalen Dehnungsreflexen, die Integration von Reflexen in die Willkürkontraktion usw. sind dem Beitrag von Dietz in diesem Buch (Kap. 3) zu entnehmen.

Bestimmung individueller Belastungsgrößen für ein Tiefsprungtraining

Tiefsprünge sind die am häufigsten praktizierte Trainingsform des reaktiven Krafttrainings. Sie finden bevorzugt in Sprungdisziplinen (Weit- und Hochsprung) meist in Form von beidbeinigen Seriensprüngen über Hürden oder kleine Kästen Anwendung und werden teilweise, wenn auch unsystematisch, in den Spielsportarten als Sprünge von der „Kastentreppe" (Handball) absolviert. Die „klassische Methode" der

Tiefsprünge besteht aus Einzelsprüngen vom Kasten mit oder ohne Zusatzbelastung (Gewichtswesten). Die Sprünge werden so durchgeführt, daß unmittelbar auf den Tiefsprung ein vertikaler Strecksprung folgt und die Kontaktzeit auf dem Boden möglichst kurz ist.

Vorbehalte gegen Tiefsprünge bestehen weniger im Zweifel an ihrer Wirksamkeit, als vielmehr in der möglichen *unphysiologischen* Belastung der Gelenke (Zanon 1974, Nigg u. Denoth 1981). Da die auftretenden Belastungsspitzen sehr stark von der Absprunghöhe abhängig sind, wurde immer wieder versucht, „Grenzhöhen" für ein Tiefsprungtraining festzulegen. In der Sportpraxis gilt die Faustformel: Die Absprunghöhe muß mit der im anschließenden Strecksprung erreichten Höhe übereinstimmen. Bosco et al. (1979) gelangen zu der Erkenntnis, daß die optimale Absprunghöhe bei 80 cm liegt, weil bei dieser Höhe die in der exzentrischen Phase der Landung „gespeicherte" Elastizität die anschließende Sprunghöhe am günstigsten beeinflußt und die *hemmenden* Effekte der Golgi-Sehnenorgane noch nicht voll wirksam werden. Die Aussagen über den hemmenden Einfluß der Sehnenafferenzen (Ib-Afferenzen) bei dieser Bewegungsfertigkeit sind jedoch rein hypothetischer Natur. Es wurden keine empirischen Untersuchungen durchgeführt, die diese Annahme stützen könnten. Nach neuesten Befunden von Pierrot-Deseilligny et al. (1979, 1981a, b), die die neuronale Verschaltung der Beinstreckmuskulatur (Ia- und Ib-Afferenzen) untersucht haben, können die Annahmen von Bosco et al. nicht zutreffen. Die hemmenden Sehnenafferenzen des M. rectus femoris und des M. gastrocnemius werden nach diesen Untersuchungen bei Kontakt der Fußsohle mit dem Untergrund durch Interneurone unterdrückt. Zudem setzt die Reduzierung der Innervationsaktivität bereits 40 ms vor dem Auftreffen auf dem Boden ein. Ein Zeitpunkt, zu dem die hemmenden Golgi-Sehnenafferenzen noch nicht in diesem Ausmaß wirksam sein können.

Neben der Elastizität des Muskels und der vorprogrammierten Innervation nimmt der Muskeldehnungsreflex bei beiden Extensoren eine zentrale Stellung ein (Schmidtbleicher et al. 1978, Dietz et al. 1979, Pierrot-Deseilligny et al. 1981a, b). So kann mit Hilfe der Reflexaktivität ein Muskel bei exzentrischer Arbeitsweise höhere Spannungswerte entfalten als bei willkürlicher Muskelkontraktion. Die Größe der Reflexaktivität wird, wie oben beschrieben, durch das Ausmaß der Vorinnervation und die Muskeldehnungsgeschwindigkeit bestimmt. Das läßt vermuten, daß die Ausprägung der Reflexaktivitäten stark mit der Sprunghöhe korreliert und es daher sinnvoller ist, eine „Grenzhöhenbestimmung" nach diesem Kriterium festzulegen.

Die von uns durchgeführten Untersuchungen umfaßten drei Aspekte:

1. Bei welchen Absprunghöhen treten am M. gastrocnemius bzw. am M. rectus femoris möglichst ausgeprägte Muskeldehnungsreflexe auf?

2. Bestehen Unterschiede zwischen durchschnittlich trainierten Versuchspersonen (Sportstudenten) und Spitzensportlern, die im Rahmen ihres Trainingsprogramms Tiefsprünge absolvieren?

3. Wie ist die individuelle „Grenzhöhe" zu bestimmen, wobei die Belastungsspitzen für den Knochen- und Bandapparat möglichst gering und die Ausprägung der Reflexaktivitäten möglichst groß sein sollen?

15 Sportstudenten und 5 Spitzenathleten führten randomisiert jeweils 30 Tiefsprünge aus 50 cm Höhe auf eine Meßdruckplatte durch. Der Bodenkontakt bis zum anschließenden vertikalen Strecksprung sollte so kurz wie möglich sein. Dabei wurden der Kraft-Zeit-Verlauf, die Winkelveränderungen im Fuß- und Kniegelenk sowie die EMGs von M. rectus f., M. gastrocnemius, M. biceps f. und M. tibialis ant. registriert. Alle Parameter wurden elektronisch gemittelt. (Nähere Details bei Schmidtbleicher u. Gollhofer 1982.)

Bei den weniger Trainierten ergibt sich als wesentlichstes Ergebnis das unterschiedlich starke Auftreten von Muskeldehnungsreflexen bei den zwei Sprunghöhen. Während der M. gastrocnemius nur dann deutliche Reflexe aufweist, wenn die Ferse den Boden nicht berührt (50 cm Sprunghöhe), zeigt der M. rectus f. Reflexaktivitäten bei Sprüngen aus 110 cm Höhe. Dieses Ergebnis stimmt mit Ableitungen des M. gastrocnemius von Dietz u. Noth (1978b) überein, die beim Hüpfen auf der Stelle deutliche dehnungsreflexinduzierte EMG-Spitzen fanden, bei „Tiefsprüngen" aus 15 cm Höhe auf die ganze Fußsohle aber nur geringe Aktivitätsgipfel im EMG feststellen konnten. Eine sinnvolle Interpretation dieser Beobachtung ergibt sich aus den funktionell motorischen Besonderheiten des M. gastrocnemius. Als zweigelenkiger Muskel (Beuger im Kniegelenk und Strecker im Fußgelenk) ist er teils Antagonist, teils Synergist zum M. rectus. Während der Phase vor dem Aufsetzen des Fußes auf der Meßdruckplatte wirkt der M. gastrocnemius beugend im Kniegelenk, der M. biceps f. ist nur unwesentlich beteiligt (Abb. 6.3). Das erklärt auch die minimale Voraktivität des M. rectus f., der in dieser Phase Gegenspieler des M. gastrocnemius und M. biceps f. ist. Bei vergleichsweise geringer Sprunghöhe trifft die Ferse nach dem Aufsetzen des

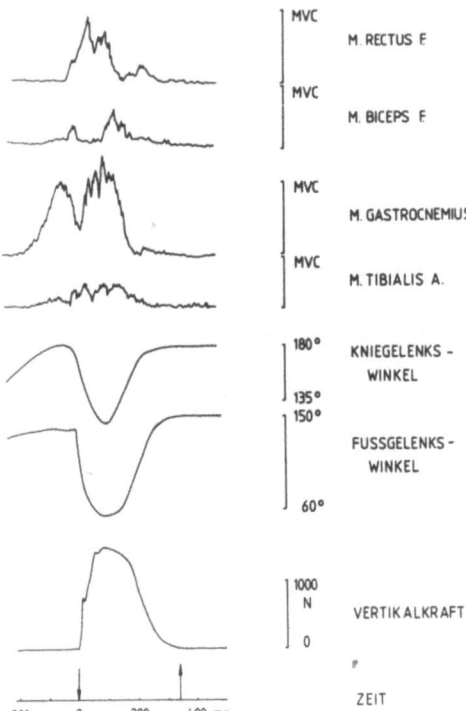

Abb. 6.3. Innervationsmuster der Beinextensoren und ihrer Antagonisten. Kniegelenks-, Fußgelenkswinkel und Kraft-Zeit-Verlauf. Alle Kurven sind aus 30 Tief-Hochsprüngen (0,50 cm Höhe) gemittelt. Die *Pfeile* markieren die Landung und den Absprung

Ballens erst spät oder gar nicht auf dem Boden auf – der M. gastrocnemius wird schnell und *andauernd* gedehnt. Kommt es sehr schnell nach dem Bodenkontakt des Vorderfußes zum „Durchschlagen" der Ferse, wie dies bei Sprüngen aus größerer Höhe der Fall ist, fängt der Körper ein Großteil der noch vorhandenen kinetischen Energie durch eine verstärkte Beugung im Kniegelenk ab, wodurch sich der zweigelenkige M. gastrocnemius verkürzt. Die mit der Verkürzung gekoppelte Entdehnung schließt das Auftreten einer starken Reflexaktivität aus und führt infolge der Kniebeugung zur verstärkten Herausbildung von Reflexen am M. rectus f.

Sportler, die bereits Tiefsprünge als Trainingsform absolviert hatten, zeigen ein anderes Innervationsverhalten. Sowohl bei Sprüngen aus 50 cm als auch aus 110 cm Höhe treten in beiden Extensoren deutliche Reflexaktivitäten auf, wobei die Sprünge aus 110 cm Höhe bedeutend höhere Refleximpulse, besonders beim M. rectus f., hervorrufen. Die Ursache für dieses Verhalten resultiert aus zwei Gegebenheiten. Zum einen verfügen Spitzensportler über eine höhere relative Kraft; sie können bei gleicher Aktivierung ihrer Muskulatur (relativ zum Körpergewicht) wesentlich höhere absolute Kraftleistungen erreichen. Die vor dem „Durchschlagen" der Ferse eingesetzte Kraft ist entsprechend größer, wodurch sich die Zeitdauer bis zum Aufsetzen der Ferse verlängert, und damit wird auch die Ausprägung der reflexinduzierten EMG-Aktivität am M. gastrocnemius größer. Zum anderen – und das ist zweifellos die interessantere Beobachtung – sind die Spitzenathleten in der Lage, ihre reflektorisch ausgelöste "Zusatzaktivität" auf die Basisinnervation für das konzentrische Bewegungsverhalten aufzuschalten. Weniger Trainierte zeigen ein dreigipfliges Innervationsmuster bei der Tief-Hochsprung-Bewegung. Der erste Gipfel wird durch die Vorinnervation und die Aktivität während der exzentrischen Phase gebildet, der zweite Gipfel besteht aus den Refleximpulsen, und der dritte schließlich stellt die willkürliche Aktivierung für die konzentrische Bewegung dar. Während beim Untrainierten die Reflexaktivität sozusagen „verpufft", kann der Spitzenathlet den zweiten Innervationsgipfel (Reflexe) auf den dritten aufsetzen und benützt die während der exzentrischen Phase reflektorisch ausgelöste elektrische Aktivität in der konzentrischen Bewegung (Abb. 6.4).

Die nächstliegende Folgerung für die Sportpraxis wäre für das Training des M. rectus und des M. gastrocnemius, Tiefsprünge aus verschiedenen Höhen zu absolvieren. Dem steht entgegen, daß bei Sprüngen aus 110 cm Höhe bereits ein Großteil der kinetischen Energie durch den Knochen- und Bandapparat und weniger durch Muskelarbeit abgefangen wird. Bei einem Sprung aus 110 cm Höhe treten je nach Landetechnik (Landung auf dem Vorderfuß versus Landung auf dem flachen Fuß) Kraftspitzen auf, die, bezogen auf *ein* Bein, das 4- bis 10fache des Körpergewichts betragen.

Für das Training *beider Extensoren* (M. rectus und M. gastrocnemius) bietet sich ein Kompromiß an. Wählt man eine Absprunghöhe, bei der ein „Durchschlagen" der Ferse auf dem Boden gerade noch vermieden werden kann („Grenzhöhe"), wird einerseits die Dehnung des M. gastrocnemius relativ lange aufrecht erhalten, andererseits durch das Nachgeben im Kniegelenk der M. rectus noch so stark gedehnt, daß er deutliche reflexinduzierte Zusatzaktivität zeigt. Die Belastungsspitzen sind bei diesem Bewegungsverhalten auf die Hälfte reduziert. Die an unseren Versuchspersonen ermittelten „Grenzhöhen" lagen zwischen 76 und 135 cm ($\overline{x}$ = 93,25 cm, s = 14,7). Die Anwendung *individueller Absprunghöhen* und damit auch das Auftreten geringerer

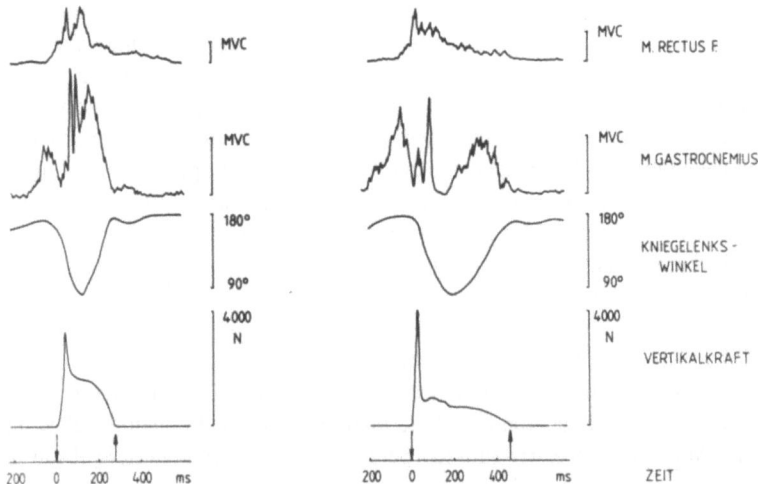

Abb. 6.4. Gemittelte EMGs (M. rectus f. und M. gastrocnemius; linkes Bein), Kniegoniometerkurven und Kraft-Zeit-Verläufe von 30 Tief-Hochsprüngen aus 1,10 m Höhe; *links:* gut trainierte VP; *rechts:* schlecht trainierte VP. Die *Pfeile* kennzeichnen Auftreffen und Abheben des Beins auf der Meßdruckplatte

unphysiologischer Belastungsspitzen auf der Basis der hier vorgeschlagenen „Grenzhöhen" ist nicht nur aus neuromuskulärer Sicht der unflexiblen Sprunghöhe von 80 cm (Bosco et al. 1979) vorzuziehen. Sie beinhaltet neben größerer Trainingseffektivität auch eine günstigere Adaption an die Tagesform sowie ein progressives Mitwachsen mit dem Trainingsfortschritt.

Ein Training der *Wadenmuskulatur* (M. gastrocnemius) mit reaktivem Bewegungsablauf muß nicht notgedrungen in Form von Tiefsprüngen durchgeführt werden. Unter Umgehung der unphysiologischen Belastungsspitzen kann man durch Hüpfen auf der Stelle (mit und ohne Zusatzbelastung), das in Serienform praktiziert wird, ähnlich gute Ergebnisse erhalten. Alle unsere Versuchspersonen zeigten beim Hüpfen auf der Stelle eine reflexbeeinflußte EMG-Aktivität, die, bezogen auf die Amplitudenhöhe, ebenso groß war wie bei den verschiedenen Tiefsprungformen. Das erklärt sich u.a. durch die Möglichkeit der Reflexaufschaltung in das für die konzentrische Arbeit bestimmte Innervationsprogramm. Die Belastung in der exzentrischen Phase ist beim Hüpfen auf der Stelle so gering, daß jeder Sporttreibende sie in kürzester Zeit bewältigen kann und damit in der Lage ist, seine reflektorischen Impulse in der konzentrischen Phase auszunutzen.

Es erscheint angebracht, beim Tiefsprungtraining entgegen der bisherigen Praxis eine Differenzierung hinsichtlich des gewünschten Trainingseffektes vorzunehmen. Zum Training der reaktiven Fähigkeiten der Wadenmuskulatur genügt das in Serienform durchgeführte Hüpfen auf der Stelle. Diese Bewegungsfertigkeit müßte auch bevorzugt im Anfängertraining eingesetzt werden. Ein Tiefsprungtraining mit dem Schwerpunkt auf der Schulung der reaktiven Fähigkeiten der gesamten Beinstreckermuskulatur sollte sich in der Belastungsintensität an den hier vorgeschlagenen „Grenzhöhen" orientieren.

Landung auf unterschiedlichen Sportmatten

Trotz intensiver Bemühungen, die Häufigkeit von Unfällen im Sportunterricht an bundesdeutschen Schulen einzuschränken, sind die bisher erzielten Ergebnisse wenig zufriedenstellend. Noch immer entfallen 41,4% aller Schülerunfälle (ohne den Bereich des Schulweges) auf den Sektor „Spiel und Sport", wobei sich ein Großteil dieser Unfälle (31,6% bezogen auf alle Sportunfälle) im Bereich des Geräte- und Bodenturnens ereignen (Kemény 1978).

Unfallstatistiken, die sich auf eine umfangreiche Zahl von Fällen stützen können (Kleinfelder 1978, Schmid 1979) weisen nach, daß Arm- und Beinverletzungen mit Abstand den Verletzungsschwerpunkt bilden. Sie sind fast ausschließlich das Ergebnis unkontrollierter Landungen nach Sprüngen, Überschlägen oder mißglückten Abgängen vom Gerät. Als Unfallursachen werden Fehlverhalten der Lehrer und Schüler (Frenger u. Peper 1977, Schmid 1979) oder einfach die Unfallträchtigkeit der Disziplin angenommen (Steinbrück u. Paeslack 1978).

Einigkeit besteht in der Beurteilung der Qualität der Sportgeräte, Matten und Hallenausrüstungen, sofern diese nach den üblichen Normen ausgestattet sind. Symptomatisch sei hier die Feststellung von Schmid (1979) zitiert: „Die Qualität der Geräte und *Matten* hat sich in den letzten Jahren so enorm verbessert, daß viele der Unfälle heute vermieden werden könnten" (S. 445).

Die Erfahrungen von Sportlehrern und Trainern unterstützen diese Auffassung nur zum Teil. Zwar wird der hohe Standard neuerer Sportgeräte anerkannt, die Qualität der Matten jedoch skeptisch beurteilt.

Die im Sportunterricht am häufigsten verwendete Matte ist die (meist blaue) Geräturnmatte (Maße: 200 cm lang, 125 cm breit, 6 cm hoch). Sie kann die beim Aufsprung bzw. einer Landung auftretende Bewegungsenergie nur unzureichend auffangen, besitzt also schlechte Dämpfungseigenschaften. Ende der fünfziger Jahre wurde deshalb ein Mattentyp mit besonders guten Dämpfungseigenschaften entwikkelt, die sog. Weichbodenmatte (Maße: 300 cm lang, 200 cm breit, 30 cm hoch), die seit 1977 in jeder Sporthalle vorhanden sein muß. Der mit hohen Erwartungen begleitete Einsatz der Weichbodenmatte im Sportunterricht als vermeintlich „optimale" Matte zeigte jedoch, daß es trotz oder gerade wegen der unbedenklichen Anwendung dieses Mattentyps überraschend häufig zu Verletzungen kommt. Gegenüber dem Zeitraum vor Einführung der Weichbodenmatte hat sich die Häufigkeit der Unfälle im Geräteturnen nicht reduziert, wohl aber die Art der Verletzungen geändert (Statistik der Schülerunfallversicherung für den Bereich Süd- und Nordbaden). *Ein* Grund für die Verletzungsgefahr liegt in der geringen Standsicherheit und Stabilität, die die weiche Schaumstoffmasse den tief in die Matte einsinkenden Armen und Beinen bietet. Kommt zu dieser vertikalen Translation eine Rotationsbewegung um die Extremitätenlängsachse hinzu, können die Arm- bzw. Fußgelenke diese Dehnung nicht mehr mitvollziehen. Die Folge sind Bänderluxationen, Kapselrupturen, Gelenksdistorsionen, im Einzelfall auch Torsionsfrakturen von Tibia und Fibula bzw. Ulna und Radius.

Seit Mitte der siebziger Jahre wird eine weitere Mattenart verwendet, über die allerdings nur wenige Sportstätten verfügen. Bei gleicher Fläche wie die Weichbodenmatte besitzt diese „Aufsprungmatte" an der Oberfläche eine etwa 0,5 cm dicke

Filzauflage und ist insgesamt nur 12 cm hoch. Die Filzauflage verleiht diesem Mattentyp eine flächenelastische Eigenschaft, d.h. der Kraftimpuls beim Auftreffen auf die Matte wirkt nicht punktuell wie bei der Weichbodenmatte, sondern verteilt sich auf eine größere Fläche, was zu mehr Standsicherheit, Stabilität und Drehfreiheit führt.

Nach subjektiven Aussagen von Sportlehrern, die bisher mit der „Aufsprungmatte" gearbeitet haben, scheint dieser Mattentyp gegenüber der Weichbodenmatte bedeutende Vorteile zu besitzen. Objektive Untersuchungen, die den Einfluß der Mattenbeschaffenheit auf einen Landevorgang analysieren, liegen jedoch nur insoweit vor, als festgestellt wurde, daß die üblichen, im Sportunterricht verwendeten Matten zu geringe Dämpfungseigenschaften besitzen (Nigg et al. 1982).

Die Analyse eines Landevorgangs verdeutlicht die Größe der auf die Matte und damit auch auf den Sportler wirkenden Kräfte. In der Regel wird der Landende gezwungen, mit nachgebendem (exzentrischem) Bewegungsverhalten zu reagieren.

Wie bereits in den vorangegangenen Abschnitten dargestellt wurde, kann die Muskulatur durch den Einfluß der Muskelelastizität und die Wirkung von Dehnungsreflexen eine schnellere und höhere Kraftentfaltung erreichen, als dies willkürlich möglich ist. Die Größe dieser Kraftentwicklung ist vom Aktivitätszustand und der Dehnungsgeschwindigkeit der Muskulatur abhängig.

Überträgt man die physiologischen Ergebnisse auf die konkrete sportpraktische Situation eines Landevorganges, kann man annehmen, daß die Dehnungsgeschwindigkeit der Muskulatur nicht nur von der Fallgeschwindigkeit des Sportlers, sondern auch von der Beschaffenheit der Auftreffunterlage — von der Härte der Matten — beeinflußt wird.

Die in der Sportpraxis verwendete Matte müßte nach den vorgetragenen Überlegungen und Ergebnissen sich teilweise widersprechende Anforderungen erfüllen:

1. gute Dämpfungseigenschaften besitzen, also weich sein;
2. so hart sein, daß über eine genügend schnelle Dehnung der beanspruchten Muskulatur eine Reflexaktivität ausgelöst wird;
3. flächenelastisch reagieren, um den Extremitäten eine große Drehfreiheit zu belassen.

Zielsetzung dieser Untersuchung war es, Dämpfungseigenschaften der Weichboden- und „Aufsprungmatte" und das bei einer Landung auftretende Innervationsverhalten zu analysieren, um entsprechende Erkenntnisse für die Mattenkonstruktion und die Anwendung der verschiedenen Mattentypen im Unterricht zu gewinnen.

Die Dämpfungseigenschaften der beiden Mattentypen wurden mit Hilfe eines Beschleunigungsmessers erfaßt, der in der Mitte einer 5 kg Hammerwurfkugel montiert war. An der Auftreffseite der Kugel war eine 3 mm starke Aluminiumplatte montiert, um ein flächenmäßiges Aufkommen, wie beim Aufprall der Füße oder Hände, zu imitieren. Die Kugel wurde mehrfach aus einer Höhe von 1,5 m auf beide Mattentypen fallengelassen. Da man die Masse der Kugel kennt, die Beschleunigung direkt gemessen wird und eine einfache translatorische Bewegung vorliegt, ist zu jedem Zeitpunkt die von der Matte zum Abfangen der Kugel aufgebrachte Kraft proportional der negativen Beschleunigung. Es dämpft also diejenige Matte am besten, die den niedersten Kraftspitzenwert aufweist, oder anders ausgedrückt, die die längste Zeit zur negativen Beschleunigung der Kugel benötigt.

An 14 Versuchspersonen wurde das EMG (M. triceps br.) beim Fallen aus der Vertikalen in den Liegestütz untersucht. Die Probanden absolvierten 25 Fallversuche pro Mattentyp und dieselbe Anzahl auf die Meßdruckplatte als Kontrollbedingung. Um die Ermüdung gleichmäßig zu verteilen, wurden die Versuche randomisiert durchgeführt. Neben dem EMG dienten die Winkel-Zeit-Kurve sowie der Kraft-Zeit-Verlauf, der mit Hilfe einer Meßdruckplatte unter den Matten aufgezeichnet wurde, als Parameter. (Nähere Einzelheiten bei Schmidtbleicher et al. 1981a.)

Wie zu erwarten, verfügt die Weichbodenmatte über erheblich günstigere Dämpfungseigenschaften als die „Aufsprungmatte". Zum Abbremsen der Kugel benötigt die Aufsprungmatte 51 ms, die Weichbodenmatte 115 ms; zum Vergleich sei die traditionelle (blaue) Schulturnmatte mit angeführt: 25 ms. Nun braucht man für diese „groben" Ergebnisse keine so aufwendige Versuchsanordnung. Entscheidend sind für unsere Fragestellung weniger die Spitzenwerte als vielmehr der Verlauf der Entschleunigungskurve. Infolge der „Sandwich-Bauweise" der „Aufsprungmatte" wird im Gegensatz zum glatten Kurvenverlauf der Entschleunigungskurve bei der Weichbodenmatte die Kugel zunächst sehr schnell und dann wesentlich langsamer und kontinuierlicher abgebremst. Die Kraft-Zeit-Kurven, die sich beim Fallen der Versuchspersonen auf die beiden Mattentypen ergeben, stimmen mit diesen Ergebnissen überein.

Alle EMG-Muster weisen eine ausgeprägte Vorinnervation auf, die ca. 100−85 ms vor dem Auftreffen auf der Matte einsetzt und rund 87% der maximalen Willkürkontraktion bei allen drei Versuchsbedingungen ausmacht. Ungefähr 30−40 ms nach dem Aufprall zeigt sich im EMG eine erste Aktivitätsspitze, der nach 55−65 ms ein zweiter und beim Fallen auf die Meßdruckplatte nach 90−110 ms noch ein dritter Gipfel folgt. Beim Fallen auf die Weichbodenmatte konnten *keine* Aktivitätsspitzen nach dem Aufprall registriert werden. Die im EMG erkennbaren Innervationsgipfel, die weit über der maximalen Willkürinnervation liegen, sind, wie bereits beschrieben (s. S. 159 und S. 164 f.), auf die Wirkung von Muskeldehnungsreflexen zurückzuführen (Abb. 6.5).

Die „Aufsprungmatte" mit ihrer relativ harten Oberfläche löst zunächst deutliche Reflexaktivitäten aus und bietet infolge der weicheren tiefer gelegenen Schichten trotzdem eine kräftige Dämpfung der hohen Belastungen. Die Weichbodenmatte hingegen läßt nur langsame Muskeldehnungen zu und vermindert dadurch das Zustandekommen einer wesentlichen Reflexaktivität. Der günstigere Dämpfungsfaktor dieses Mattentyps wird auf Kosten weiterer Nachteile erkauft. Werden neben den Rückwirkungen auf das Innervationsverhalten Aspekte wie Standsicherheit und Drehfreiheit der Gelenke in Betracht gezogen, ist der „Aufsprungmatte" für eine Vielzahl sportlicher Anwendungsbereiche der Vorzug zu geben.

Die Anforderungen des heutigen Sportunterrichts verlangen eine gezielte Auswahl der Hilfsmittel, die dem Sportlehrer zur Verfügung stehen. Aufgrund der in den Schulen vorhandenen Sportmatten wird schwerpunktmäßig in vielen Situationen die Weichbodenmatte als geeignetste Möglichkeit zur Vermeidung von Unfällen eingesetzt. Gerade dieser Mattentyp verführt aber wegen seiner guten Dämpfungseigenschaft zu einer falschen Anwendung.

Im Gegensatz zur bisherigen Praxis sollte zukünftig für all diejenigen Landesituationen, bei denen die Extremitäten die Hauptlast tragen, also die Landung auf dem Rücken oder Bauch weitgehend ausgeschlossen werden kann, der „Aufsprungmatte" der Vorzug gegeben werden. Das trifft insbesondere für das Pferd- und Kastenspringen, für Abgänge vom Reck, Barren, Schwebebalken und für die Landung nach Überschlagbewegungen zu. Auch im Bereich der Hallenleichtathletik sollte zum Weitspringen die „Aufsprungmatte" und nicht wie bisher die Weichbodenmatte Anwendung finden.

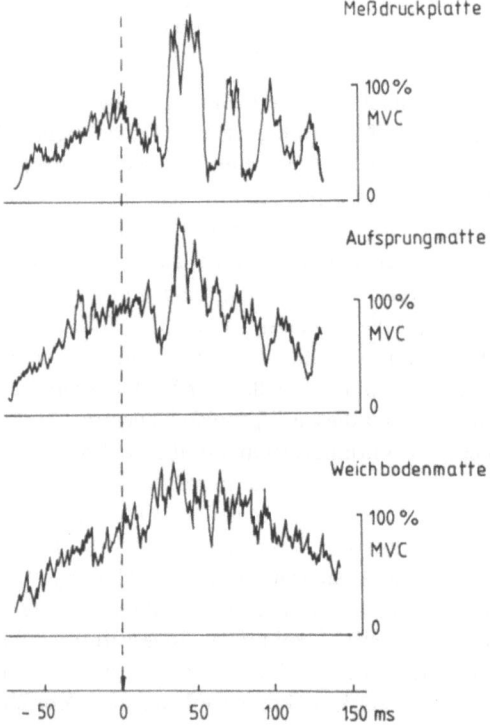

Meßdruckplatte

Aufsprungmatte

Weichbodenmatte

- 50   0   50   100   150 ms

Abb. 6.5. Gemittelte elektrische Aktivität (M. triceps br.) bei Fallbewegungen (je 25) auf die Meßdruckplatte, Absprungmatte und Weichbodenmatte in Relation zur maximalen Willkürkontraktion *(MVC)*. Der *Pfeil* kennzeichnet den ersten Bodenkontakt

Die meisten Sportstätten verfügen zum gegenwärtigen Zeitpunkt nicht über eine entsprechende Ausstattung mit Aufsprungmatten. In diesem Falle kann man in Abhängigkeit von den Anwendungssituationen mit folgenden Behelfslösungen arbeiten: Über die Weichbodenmatte wird, falls vorhanden, ein Filzläufer — wie er sonst im Bodenturnen benutzt wird — gerollt. Sollte auch dies nicht möglich sein, kann die herkömmliche Geräteturnmatte auf die Weichbodenmatte aufgelegt werden. Besteht die Mattenausrüstung einer Sporthalle, entgegen den Vorschriften, nur aus Geräteturnmatten, sind diese doppelt aufzuschichten, um günstigere Dämpfungsverhältnisse zu schaffen. (Dieser Hinweis gilt nicht für Kunststoffmatten! Hier können sich die Schwingungen der beiden Matten überlagern, und es wird unter Umständen der gegenteilige Effekt erreicht.)

Aus den vorliegenden Ergebnissen und Überlegungen kann man Tendenzen für die zukünftige Mattenkonstruktion ableiten. Die Sportmatten sollten neben guten Dämpfungseigenschaften ein hohes Maß an Standsicherheit und Drehfreiheit für die Extremitäten bieten. Wird nach der „Sandwich-Bauweise" konstruiert, muß die erste Schicht „hart" sein und flächenelastisch reagieren, die weiteren, tiefer gelegenen Schichten weich und zur Bodenfläche hin zunehmend härter, um ein „Durchschlagen" der Matte zu verhindern. Matten, die nur aus einer homogenen Masse bestehen (bisherige Weichbodenmatte) müssen entgegen dem vorherrschenden Trend härter werden, um die für Mehrzweckmatten geforderten Bedingungen auch nur annähernd zu erfüllen. Es sei mit Nachdruck angemerkt, daß keineswegs die Verbannung der vorhandenen Weichbodenmatten aus den Sporthallen angestrebt wird. Dieser Mattentyp hat durchaus Vorteile und ist für viele sportliche Situationen bestens geeignet: z.B. als Mattenberg beim Springen mit dem Minitrampolin, als Absicherung beim Trampolinturnen (Frenger u. Peper 1977), beim Erlernen komplizierter Bewegungsabläufe (Salto), als Sicherung oder Ersatz für eine Schnitzelgrube, schließlich beim Hochspringen in Form eines Mattenbergs. Als Allround- oder Mehrzweckmatte, wie sie in der heutigen Sportpraxis eingesetzt wird, weist sie jedoch entscheidende Schwächen auf.

Wird aufgrund der vorliegenden Arbeit die Auswahl der Matten im Sportunterricht kritischer vorgenommen, können sicherlich unnötige Verletzungsrisiken vermindert werden.

Berücksichtigung der intramuskulären Koordination bei der Umsetzung konditioneller Fähigkeiten in spezifische Bewegungsfertigkeiten

Neben den konditionell determinierten motorischen Grundeigenschaften spielt bei jeder Bewegungsleistung die Koordination eine entscheidende Rolle. Der koordinative Aspekt bezieht sich auf das effektive Zusammenwirken aller morphologisch-physiologischen Eigenschaften im Leistungsvollzug. Unter *Koordination* verstehen wir die Abgestimmtheit der Erregung und Hemmung einzelner oder mehrerer untereinander in Verbindung stehender Gewebe und Organe zur Gewährleistung eines den jeweiligen Gegebenheiten angepaßten Funktionsablaufs (Thiess et al. 1978).

Bei der intramuskulären Koordination ist der ökonomische Einsatz der an der Bewegung beteiligten Muskeln zur effektiven Lösung der motorischen Aufgabe angesprochen. Für dieses Zusammenwirken der Erregungs- und Hemmungsprozesse entwickelt der Sportler, als Lernender oder Übender, spezifische Programme. Je konstanter die Ablaufbedingungen sind, desto schneller läßt sich ein möglichst hoher Automatisationsgrad erreichen, der wiederum Voraussetzung für die Leistungsfähigkeit ist.

Es ist offensichtlich, daß solche Programme einen hohen Spezifitätsgrad haben müssen. Ihre Übertragung auf andere Bewegungsabläufe kann nicht ohne weiteres angenommen werden (Jung u. Dietz 1976).

Das erste Ziel des motorischen Lernens ist es, ein exakt abgestimmtes und damit auch effektives und ökonomisches Erregungs- und Hemmungsmuster der an der Bewegung beteiligten Muskulatur herauszubilden. Das weitere Ziel des motorischen Lernens besteht darin, einerseits eine Bewegungsfertigkeit so lange zu üben und einzuschleifen, bis sich eine hohe Stabilität im Innervationsverhalten eingestellt hat, andererseits muß dieser „dynamische Stereotyp" so flexibel gehalten werden, daß er in der Lage ist, bei leicht veränderten Umweltbedingungen stets die gleiche „Antwortreaktion" zu liefern. Ein hochtrainierter Kugelstoßer wird beispielsweise ein in der Ausprägung des Innervationsverhaltens für ihn typisches Muster auch beim Stoßen in der Halle oder auf unterschiedlicher Beschaffenheit des Kugelstoßrings reproduzieren können.

Das als Trainingsziel angestrebte und aufgebaute konstante Bewegungsverhalten wirkt häufig allzu gut. Verbessert ein Athlet in der wettkampffreien Saison seine konditionellen Voraussetzungen stark, ist er oftmals nicht in der Lage, aufgrund des vorhandenen „Stereotyps" diese Leistungsfortschritte in die Wettkampfbewegung umzusetzen. Solche „Schnelligkeits- bzw. Geschwindigkeitsbarrieren" werden u.a. durch leichte Variationen der Belastungsbedingungen abgebaut. Ein Kugelstoßer wird mit leichteren und schwereren Kugeln stoßen, ein Sprinter wird Bergauf- und Bergabläufe absolvieren. Das besondere Interesse der Trainingspraxis richtet sich auf die Kenntnis der „Schwellenwerte", d.h. ab welcher Belastungserhöhung bzw. Belastungsverminderung verändert sich das spezifische Innervationsmuster so stark, daß ein Abweichen von der Struktur der Wettkampfbewegung auftritt.

Innervationsmuster der Beinstreckermuskulatur bei Bergaufläufen

In nahezu allen Trainingsanweisungen für Sprinter und Mittelstreckenläufer findet sich die Aufforderung, während der Vorbereitungsperiode Bergaufläufe mit in das Training aufzunehmen (Nett 1969, Wischmann 1971, Letzelter 1975, Jonath et al. 1977). Die positive Einstellung gegenüber diesem Trainingsmittel resultiert aus einer Fülle individueller Erfahrungen von Spitzenathleten und Trainern, die mit unterschiedlichen Zielsetzungen Bergaufläufe durchführten. Während einige Autoren (Schmolinsky 1971, Berhard u. Koch 1972) die Ansicht vertreten, daß es durch das Laufen bergauf primär zu einer Verbesserung der anaeroben Kapazität kommt, besteht für andere (Nett 1969, Werschoshanskij u. Semjonow 1972, Wagner 1978) die Hauptwirkung in der Kräftigung der Beinstreckmuskulatur.

Eine weitere Gruppe von Autoren (Osolin 1970, Zaciorskij 1972, Martin 1977) betont die Bedeutung der Bergaufläufe als Mittel der Koordinationsschulung zur Vermeidung von Geschwindigkeitsbarrieren. Bei dieser Zielsetzung müssen die wichtigsten Muskelgruppen so beansprucht werden, daß der „besondere Charakter ihrer Tätigkeit" (Herter 1973) Berücksichtigung findet. Anders ausgedrückt: Die Koordinationsstruktur der gesamten Laufbewegung und der einzelnen Muskelgruppen muß bei Bergaufläufen mit derjenigen übereinstimmen, die beim Laufen in der Ebene auftritt (Koslow u. Stepanow 1977). Soll also unter koordinativem Aspekt trainiert werden, braucht der Trainer neben präzisen Angaben der üblichen Belastungsvariablen Information über die Steigung der Bergstrecke.

In der Trainingsliteratur lassen sich keine Angaben finden, die auf wissenschaftliche Untersuchungen zurückgehen. Übereinstimmende Aussagen aus der Trainingspraxis weisen auf einen Steigungswert um 15° bzw. 27% hin (Herter 1973, Nurmekiwi 1975, Zischke 1976). Bis zu diesem Steigungswinkel werden die Kraftmaximalwerte der Beinmuskeln bei solchen Gelenkwinkeln hervorgebracht, die der tatsächlichen Wettkampfbewegung entsprechen. Nach diesen Aussagen wäre anzunehmen, daß wesentliche Veränderungen der Innervationsmuster — zumindest der für die Laufbewegungen bedeutsamsten Muskelgruppen — erst bei Steigungen von mehr als 27% auftreten.

Eine funktionelle Analyse der Laufbewegung verdeutlicht, welche Muskelgruppen am meisten zur Laufleistung beitragen. Im allgemeinen korrelieren die Aktivitäten der Streckmuskulatur (M. rectus f. und M. triceps surae) höher mit der Laufzeit als die Anteile der Beugemuskulatur (M. biceps f. und M. tibialis) (Werschoshanskij

u. Semjonow 1972). Neben der Steigung der Laufstrecke wird das Innervationsmuster von der Laufgeschwindigkeit beeinflußt. Qualitative Unterschiede in der Innnervation der Beinmuskeln bestehen zwischen dem Gehen und dem Laufen, dagegen ergeben sich lediglich quantitative Unterschiede für den M. gastrocnemius bei verschieden großen Laufgeschwindigkeiten (Schmidtbleicher et al. 1978). Unklar ist bislang, ob beim Laufen *bergauf* mit unterschiedlicher Geschwindigkeit ebenfalls qualitative Veränderungen auftreten.

Zielsetzung der vorliegenden Untersuchung war es, die Ergebnisse der Trainingspraxis zu überprüfen und Antworten auf folgende Fragestellungen zu erhalten:

1. Welche Innervationsmuster erhält man für die Beinstreckmuskulatur (M. rectus f. und M. gastrocnemius) bei verschiedenen Laufgeschwindigkeiten und Steigungen?
2. Welche der beiden Einflußgrößen — Laufgeschwindigkeit oder Steigung — verändert die Qualität des Innervationsmusters stärker?
3. Gibt es bei Bergaufläufen einen Grenzwert für die Steigung, ab dem sich das Innervationsmuster qualitativ ändert?
4. Welche Konsequenzen könnten sich aus den Ergebnissen im Hinblick auf eine veränderte Trainingsgestaltung ergeben?

15 Vpn im Alter zwischen 20 und 28 Jahren, darunter 12 lauftrainierte Probanden, absolvierten auf dem Laufband folgendes Programm: Nach dem Aufwärmen und einem Lauf zur Standardisierung der Innervationsaktivität erfolgte die systematische Variation von Laufbandsteigung und Laufgeschwindigkeit, die drei Steigungen umfaßte: 10, 20 und 30%, wobei pro Steigungsstufe zwei Geschwindigkeiten: 6 km/h und 12 km/h getestet wurden.

Registriert wurde das aus 30 Stützphasen gemittelte EMG des M. rectus f. und des M. gastrocnemius sowie die Winkel-Zeit-Kurven im Fuß- und Kniegelenk. Nähere Einzelheiten bei Schmidtbleicher et al. (1981b).

Beim M. gastrocnemius tritt 100–150 ms vor dem Auftreffen des Fußes eine deutliche Voraktivität auf, die nach dem Bodenkontakt mit der Dehnung des Muskels weiter anwächst, den Gipfel beim Übergang von der exzentrischen zur konzentrischen Phase erreicht, dann abklingt und erst mit dem Abheben des Fußes beendet ist. Im Gegensatz zum M. gastrocnemius läßt sich beim M. rectus keine — nur in Einzelfällen eine minimale — Vorinnervation feststellen. Unmittelbar nach dem Bodenkontakt kommt es zu einem steilen Aktivitätsanstieg, der in der Umkehrphase zwischen nachgebender und überwindender Arbeitsweise ein kurzfristiges Absinken aufweist. Die Aktivierung des M. rectus ist — unabhängig von der Laufgeschwindigkeit — vor der völligen Streckung des Kniegelenks beendet.

Im Zusammenwirken der beiden Extensorengruppen ergeben sich in Abhängigkeit von Steigung und Laufgeschwindigkeit unterschiedliche Muster. Während bei geringer Steigung (10%) und niederer Laufgeschwindigkeit (6 km/h) der Aktivitätsgipfel des M. gastrocnemius später als der des M. rectus erscheint, stimmen bei höherer Geschwindigkeit (12 km/h) und größerer Steigung (30%) beide Muskeln in den Hauptaktivitätsphasen überein.

Betrachtet man zunächst den Faktor Geschwindigkeit isoliert, ergibt sich folgendes Bild: Die elektrische Aktivität erhöht sich hochsignifikant bei allen drei Steigungen. Mit zunehmender Geschwindigkeit verkürzt sich zwar die Stützphasendauer, das Innervationsmuster aber bleibt gleich. Wird die Geschwindigkeit konstant gehalten, nimmt die Innervationsaktivität signifikant zu. Im Gegensatz zum M. gastrocnemius, der bei allen Steigungsstufen ein unverändertes Innervationsmuster aufweist, bildet sich beim M. rectus zusätzlich zur verstärkten Innervation ein modifiziertes Innervationsmuster heraus. Bei Steigungen von 10 und 20% und der Geschwindigkeitsstufe 12 km/h kann man im gemittelten EMG während des Bodenkontakts *zwei* Aktivitätsgipfel erkennen. Nimmt die Steigung weiter zu, wird die zweite Aktivitätsphase immer beherrschender, bis nur noch *ein* Aktivitätsgipfel vorhanden ist (Abb. 6.6).

Dieses Innervationsverhalten, insbesondere die koordinative Interaktion zwischen beiden Muskeln, läßt sich durch neue Ergebnisse der neurophysiologischen Reflexforschung interpretieren.

Pierrot-Deseilligny et al. (1979, 1981a, b) haben die Organisation von Muskelspindelafferenzen (Ia-Afferenzen) und Afferenzen der Sehnenorgane (Ib-Afferenzen) beim gesunden Menschen untersucht und zwei wesentliche Ergebnisse erhalten:

1.   Es besteht eine starke Ia-Verbindung zwischen den Muskeln, die auf das Fußgelenk wirken, und denjenigen, die das Kniegelenk bewegen. Die Ia-Afferenzen des

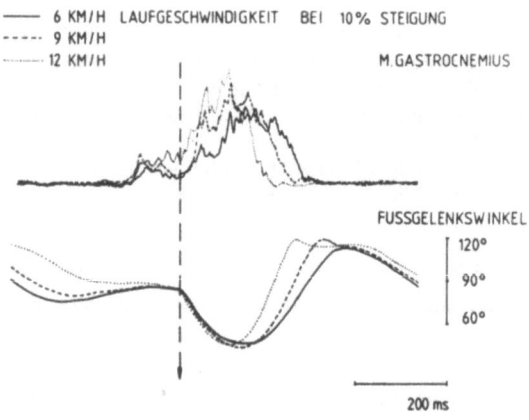

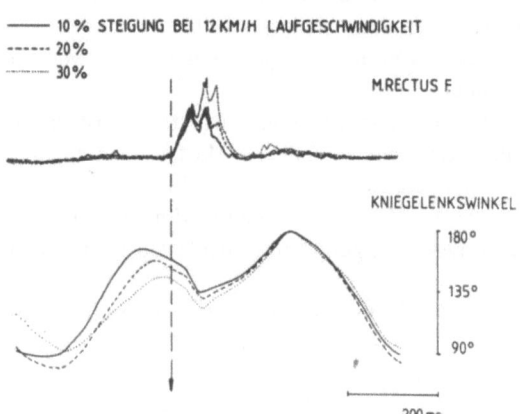

Abb. 6.6. *Oben:* Gemittelte EMGs (M. gastrocnemius) und Veränderungen im Fußgelenkswinkel von je 30 Stützphasen in Abhängigkeit von der Laufgeschwindigkeit. *Unten:* Gemittelte EMGs (M. rectus f.) und Veränderungen im Kniegelenkswinkel von je 30 Stützphasen in Abhängigkeit von der Steigung der Laufstrecke. Der *Pfeil* markiert jeweils das Aufsetzen des Fußes

M. gastrocnemius beispielsweise wirken auf den Agonisten fördernd und antagonistisch hemmend. Umgekehrt verhält es sich mit den Ib-Afferenzen.
2. Durch Reizung von Hautrezeptoren an der Fußsohle werden die Ib-Afferenzen, die vom M. gastrocnemius zum M. quadriceps und M. biceps f. führen, unterdrückt.

Zusätzlich zu dieser neuronalen Verschaltung müssen einige anatomische Voraussetzungen beachtet werden. Da es sich beim M. gastrocnemius um einen *zweigelenkigen* Muskel handelt, erfüllt er eine Doppelfunktion. Als Kniebeuger ist er Synergist des M. biceps f. und Antagonist des M. quadriceps, bei der Plantarflexion (Streckung des Fußes) kann man ihn als Synergisten des M. quadriceps und Antagonisten des M. biceps bezeichnen.

Bereits kurz vor dem Bodenkontakt des Fußes läßt sich eine Beugung im Kniegelenk erkennen, die durch das synergistische Zusammenwirken von M. biceps und M. gastrocnemius zustande kommt. Aufgrund der Untersuchungen von Pierrot-Deseilligny kann angenommen werden, daß die Ia-Afferenzen der beiden Muskeln auf den antagonistischen M. rectus f. einen hemmenden Einfluß ausüben, was die fehlende Vorinnervation des M. rectus erklärt. In der frühen Stützphase arbeitet der M. gastrocnemius nachgebend, wodurch es zu einem starken Impulseinstrom von Ia- und Ib-Afferenzen kommt. Da der Bodenkontakt die Hautrezeptoren der Fußsohle aktiviert, wird der Einfluß der antagonistisch fördernden und synergistisch hemmenden Ib-Afferenzen unterdrückt. Der M. gastrocnemius wirkt der Dorsalflexion im Sprunggelenk und der M. quadriceps gleichzeitig der Beugung im Knie entgegen. Beide Extensoren werden durch ihre Ia-Afferenzen gefördert, während die hemmenden Ib-Afferenzen unterdrückt sind. Beim Übergang von nachgebender zu überwindender Arbeitsweise (größte Beugung im Kniegelenk) kann man häufig ein vorübergehendes Absinken der elektrischen Aktivität des M. rectus erkennen. Das läßt sich mit dem plötzlichen Absinken afferenter Ia-Impulse nach Beendigung der Muskeldehnung interpretieren. In der anschließenden konzentrischen Phase, die die größte willkürlich hervorgerufene Aktivität des M. rectus zeigt (übereinstimmend mit Brandell 1973), wird der Körper von den *synergistisch* arbeitenden Extensorenmuskeln (M. gastrocnemius und M. rectus) beschleunigt, bis nach dem Abheben des Fußes die unterdrückende Wirkung der Hautrezeptoren auf die Ib-Afferenzen aufgehoben wird.

Diese „Afferenzverschaltung" bewirkt zusammen mit der zentral vorprogrammierten Erregung der motorischen Nervenzellen eine präzis abgestimmte Innervation der Beinmuskeln, die eine optimale Bewältigung variierender Belastungssituationen (Bergaufläufe) ermöglicht.

Die Festlegung der Steigung bei Bergaufläufen, die unter der Zielsetzung des koordinativen Trainings absolviert werden, erfolgte bisher unter dem Gesichtspunkt, daß nur so steil bergauf gelaufen werden dürfe, daß der Bewegungsablauf, der sich beim Laufen in der Ebene ergibt, nicht verändert wird (Wagner 1978). Man ging bei dieser Annahme davon aus, daß ab einer bestimmten Steigung die Amplituden im Knie- und Fußgelenk Änderungen aufweisen und sich damit ein „Grenzwert" finden läßt, der übereinstimmend mit 15° bzw. 27% Steigung angegeben wird (Herter 1973, Nurmekiwi 1975, Zischke 1976).

Neuere Untersuchungen zur Analyse des menschlichen Gangs lieferten u.a. ein Ergebnis, das auch für unsere Thematik bedeutsam ist. So fanden Pedotti et al. (1980)

Veränderungen im EMG, ohne daß sich diese Modifikationen in Form von Schwankungen der Gelenkswinkel registrieren ließen. Allerdings wurde bei diesen Untersuchungen mit dem Roh-EMG gearbeitet, das in der Regel größere Variationen aufweist.

Kommen wir zurück auf das Problem der Festlegung des größten Steigungswertes, sprechen zwei Ergebnisse gegen das bisher verwendete Verfahren der „visuellen Abschätzung":

1. Lassen sich die Amplituden von Gelenkwinkeln nur auf 5° genau abschätzen, und
2. ist nach den Ergebnissen von Pedotti et al. (1980) anzunehmen, daß den Veränderungen im EMG vorrangige Bedeutung zukommt.

Das Innervationsmuster des M. gastrocnemius zeigt sowohl bei Geschwindigkeits- als auch bei Steigungsvariationen lediglich quantitative Veränderungen. Während der M. rectus f. auf Geschwindigkeitserhöhungen wie der M. gastrocnemius reagiert, ändert sich bei Steigungen über 20% – bzw. 11,3° – die Ausprägung des Innervationsmusters. Die maximalen Amplituden der Arbeitswinkel im Knie- und Fußgelenk weisen demgegenüber in Abhängigkeit von Steigung und Geschwindigkeit nur geringe und mit dem bloßen Auge nicht wahrnehmbare Unterschiede auf.

Diese Ergebnisse konnten einheitlich bei allen Versuchspersonen ermittelt werden. Man muß dabei allerdings beachten, daß die Ergebnisse auf dem Laufband und nicht beim „freien Laufen" gewonnen wurden. Beim M. gastrocnemius könnten sich geringe Änderungen des Innervationsmusters ergeben. Sie müßten dann jedoch bei allen Belastungsstufen auftreten und würden einen konstanten Faktor darstellen. Wie einzelne Vorversuche zeigen, scheint beim M. rectus f. ein Unterschied zwischen „freiem" Laufen und Laufbandlaufen nicht zu bestehen.

Für das Training ergibt sich damit, abweichend von der bisherigen Praxis, eine neue Festlegung des „Grenzwertes" bei Bergaufläufen. *Die maximale Steigung sollte 20% oder ca. 10° nicht überschreiten.* Diese Aussage muß jedoch in Relation zur Trainingsintention gesetzt werden. Sie gilt schwergewichtig, wenn unter koordinativem Aspekt trainiert wird.

Bergaufläufe stellen einen wesentlichen Bestandteil des trainingsmethodischen Inventars dar, das zur Überwindung bzw. Vermeidung der *Geschwindigkeitsbarriere* beim Sprinter angewandt wird (Zaciorskij 1972, Tschiene 1973, Harre 1977). Es gilt dabei, dem Auftreten eines „dynamischen Stereotyps" (Osolin 1970), also einer Automation räumlicher (Schrittlänge) und zeitlicher (Schrittfrequenz) Merkmale entgegenzuwirken bzw. diese abzubauen, damit keine Stagnation der Schnelligkeitsverbesserung auftritt (Grosser 1977). Neben der Verbesserung des Schnellkraftniveaus haben sich u.a. Bergauf- und Bergabläufe beim Sprinter als die geeignetsten Trainingsmittel des „speziellen Schnelligkeitstrainings" herauskristallisiert. Die Festlegung eines Neigungswinkels der Strecke bei Bergabläufen läßt sich ebenfalls mit dem hier vorgestellten Instrumentarium erreichen. Einzelne Vorversuche wurden bereits durchgeführt. Sie zeigen, daß Bahnneigungen mit mehr als 5° starke Veränderungen im Innervationsmuster des M. rectus f. hervorrufen. Übereinstimmend mit Osolin (1970) und Tschiene (1973) muß hier ein Grenzbereich von ca. 3° angenommen werden. Es bedarf jedoch noch ausführlicherer Untersuchungen, um zu einer gesicherten Aussage zu gelangen.

Werden Bergaufläufe mit der primären Intention der *Kräftigung* bei gleichzeitiger Koordinationsschulung der Beinstreckmuskulatur in das Trainingsprogramm aufgenommen (Jonath et al. 1977, Wagner 1978), ergeben sich zwei Aspekte:

1. Bergaufläufe gegen eine Steigung mit mehr als 10° wirken stärker auf den M. rectus f. als auf den M. gastrocnemius und verfälschen das Koordinationsmuster.

2. Bergaufläufe gegen eine Steigung mit 10° oder weniger zwingen die Muskulatur zwar zu stärkerer Aktivierung, sind aber weniger effektiv als ein sprintadäquates Krafttraining, das mit speziellen Übungen (Werschoshanskij u. Semjonow (1972) und höherer Belastung (Schmidtbleicher 1980) im Kraftraum durchgeführt wird.

Bergaufläufe zur Verbesserung der *anaeroben Kapazität* (Bernhard u. Koch 1972, Letzelter 1975) unterliegen ähnlichen Bedingungen. Nurmekiwi (1975) schlug als Trainingseinheit vor: 10 Bergaufläufe mit einer Geschwindigkeit von 4,5 m/s und einer Streckenlänge von 150 m gegen eine Steigung von 15°. Dies reicht nach Keul (1975b) jedoch nicht zur Entwicklung der anaeroben Kapazität aus. Die stärkere Reizsetzung kann realisiert werden, indem steiler und schneller oder mit Zusatzlasten bergauf gelaufen wird. Bei beiden Bedingungen ist streng genommen die koordinative Übereinstimmung der Trainings- und Wettkampfbewegung nicht mehr gegeben. Beläßt man die Steigung bei 10° und erhöht die Streckenlänge, kann dies zwar für den Mittelstreckenläufer sinnvoll sein, für den Sprinter aber ändert sich aufgrund der längeren Laufdauer die angesteuerte Ausdauerkomponente.

Im Sinne einer Ökonomisierung des Trainings erscheint es daher angebracht, sowohl die Kräftigung der Beinstreckmuskulatur als auch die Steigerung der anaeroben Kapazität mit den *effektivsten* Mitteln zu verbessern, die zur Verfügung stehen. Bergaufläufe gegen eine Steigung von 10° können diese Bedingung mit Sicherheit nicht erfüllen. Besteht die Zielsetzung einer Trainingseinheit hingegen in der Verbesserung der koordinativen Prozesse und werden dazu Bergaufläufe gewählt, soll die Steigung nicht mehr als 10° betragen.

Zusammenfassung

Nach Darstellung elektromyographischer (EMG) und anderer moderner Auswerteverfahren für sportmotorische Fragestellungen wird die Erforschung des *Krafttrainings* besprochen.

Neben der bekannten Muskelquerschnittsvergrößerung (Hypertrophie) wird eine *neuronale Anpassung an die Trainingsreize* nachgewiesen. Besondere Bedeutung haben solche Krafttrainingsmethoden, bei denen mit maximalen Krafteinsätzen gearbeitet wird. Ein Vergleich zwischen *konzentrischen* und *exzentrischen* Krafteinsätzen zeigt die überlegene Wirkung des *exzentrischen Maximalkrafttrainings* auf die Verbesserung der Bewegungsschnelligkeit der Explosiv- und Maximalkraft. Die Kraftverstärkung entsteht durch vermehrte Muskelaktivierung durch segmentale Dehnungsreflexe in der nachgebenden Bewegungsphase. Die Differenz zwischen dem exzentrischen Maximalkraftwert und der bei maximaler Willkürkontraktion erreichten Kraft ist ein Maß für die Fähigkeit, das reflektorische Kraftpotential für die Willkürbewegung zu aktivieren (oder in die sportlich gewollte Bewegung einzubauen).

Reaktives Krafttraining erzeugt eindeutige Veränderungen der Innervationsmuster im EMG. Die *Vorinnervation,* d.h. die Aktivierungsdauer des Muskels vor Auftreffen auf den Boden, reduziert sich um ca. 25%. *Vor* der Trainingsperiode zeigt die exzentrische Phase nur einen Aktivitätsgipfel 30–40 ms nach dem Bodenkontakt, und *nach* dem Training kommen *weitere Aktivitätsgipfel* nach 55–65 ms bzw. nach 90–110 ms hinzu. Mögliche Erklärungen dieser Aktivitätsspitzen werden diskutiert.

Tiefsprünge sind die häufigsten Trainingsformen des reaktiven Krafttrainings. Sprünge aus unterschiedlichen Absprunghöhen zeigen folgendes: Der Trainierte hat im Gegensatz zum Untrainierten im EMG der Beugephase eine *reflexinduzierte elektrische Zusatzaktivität* und kann diese in der anschließenden konzentrischen Phase ausnützen. Bei Untrainierten „verpufft" die Reflexaktivität beim Übergang von der nachgebenden zur überwindenden Arbeitsweise. Die Afferenzverschaltung der Beinextensoren sowie die auftretenden *Belastungsspitzen* (das 6- bis 10fache des Körpergewichts auf einem Bein) legen eine „Grenzwertbestimmung" für die Absprunghöhe nahe, die nicht wie bisher von einer „unflexiblen" Absprunghöhe ausgeht. Tiefsprünge sollten so durchgeführt werden, daß die Ferse den Boden gerade nicht berührt. Ein Tiefsprungtraining, das sich an dieser *„Grenzhöhenbestimmung"* orientiert, garantiert die Schulung der reaktiven Fähigkeiten, vermeidet unphysiologisch hohe Belastungsspitzen und kann in Abhängigkeit von Tagesform, Leistungsniveau usw. individuell angepaßt werden.

Fallbewegungen auf unterschiedlich harten *Sportmatten* werden untersucht und dabei das Innervationsverhalten des M. triceps br. analysiert. Es zeigt sich, daß die bereits vor dem Aufprall aktivierten Armstreckmuskeln in Abhängigkeit von der Auftreffunterlage gedehnt werden und dabei Dehnungsreflexaktivitäten auftreten. Diese Reflexe ermöglichen eine wesentlich schnellere und höhere Kraftentwicklung, als dies bei maximaler Willkürkontraktion der Fall ist. Während eine Landung auf der Aufsprungmatte deutliche Reflexaktivitäten auslöst, sind diese auf der Weichbodenmatte, bedingt durch die geringeren Muskeldehnungsgeschwindigkeiten, kaum nachweisbar. Zieht man weitere Eigenschaften der Sportmatten wie Flächenelastizität und Drehfreiheit für die Extremitäten in Betracht, muß im Gegensatz zur bisherigen Sportpraxis in einer Vielzahl sportlicher Situationen die Aufsprungmatte der Weichbodenmatte vorgezogen werden.

Neben den konditionell determinierten motorischen Grundeigenschaften spielt beim spezifischen Krafttraining die *Koordination* eine entscheidende Rolle. Beim Training der koordinativen Prozesse ist für den Trainer von besonderem Interesse, welche Variabilität in den Belastungsgrößen noch tolerierbar ist, ohne daß es zu gravierenden *Veränderungen des spezifischen Innervationsmusters* kommt.

Die Innervationsmuster der Beinstreckmuskulatur (M. rectus f. und M. gastrocnemius) sowie die Veränderung der Fuß- und Kniegelenkswinkel beim Laufen mit Geschwindigkeiten von 6 km/h und 12 km/h gegen Steigungen von 10, 20 und 30% werden erfaßt. Während das Innervationsmuster des M. gastrocnemius sowohl in Abhängigkeit von der Geschwindigkeit als auch von der Steigung lediglich quantitative Veränderungen aufweist, reagiert der M. rectus f. auf Steigungen mit mehr als 20% (bzw. 10°) durch Änderung in der Ausprägung des Innervationsmusters. Die Funktion der beiden teils synergistisch, teils antagonistisch wirkenden Beinstreckmuskeln und die Verschaltung ihrer Afferenzen während einer Stützphase wird diskutiert. Entgegen der bisherigen Trainingspraxis sollte, wenn unter koordinativem Aspekt Bergaufläufe durchgeführt werden, die Steigung nicht größer sein als 10°.

Summary

After introductory remarks about electromyographic analysis and the possible data processing methods (mean rectified EMG), the position of this technique for motor tasks in sports is discussed. Results of research in *strength training* are presented.

The well-known reaction of hypertrophy, as well as the possibility of neuronal adaptation to the stimuli of training, is explained. Special importance is given to the strength-training methods which use high resistance. Maximal eccentric contractions show significantly better results on the improvement of maximum voluntary strength, the rate of rise of tension (power) and the movement speed, compared with maximal concentric contractions. The complete activation of the muscle during the eccentric phase of movement caused by the segmental stretch reflex may explain these findings. The difference between the maximal eccentric and isometric strength values presents an index for the ability to activate the strength potential determined by a cross-sectional area through maximal voluntary effort.

Reactive strength training methods lead to clear changes of innervation patterns. The pre-activation of the muscle before ground contact is shorter by about 25%. At the beginning of the training period only one peak in the EMG activity (30–40 ms after impact) is seen during the eccentric phase. After the training additional peaks in the EMG pattern (55–65 ms and 90–110 ms after ground contact) are observed. Possible reasons for the appearance of the higher electrical activation are discussed.

Skills practised during a training procedure deal mostly with combined eccentric and concentric contractions. Two examples of these reactive forms are hopping in place or drop jumps. The positive and effective integration of stretch reflex activities in the innervation patterns in well-trained athletes in contrast to untrained subjects was observed. Our experiments indicate that trained athletes use the reflex-induced higher EMG for the succeeding concentric work while in untrained athletes the reflex activity is wasted during the transition from the eccentric to the concentric phase. The function of leg extensor muscles which work partly synergistically, partly antagonistically, and the connection of their afferences before and during foot contact on the ground lead to the following thesis: If drop jumps are carried out from such heights that the heel just does not make ground contact, the integration of the reflex in the motor programs is guaranteed and load peaks which reach values between 6 and 10 times body weight on one leg are reduced. Contrary to prevailing training practise, such flexible heights in drop jumps are inducive to growth of muscular performance.

Fourteen subjects falling onto surfaces of varying hardness (an unbroken fall, a soft floor mat, a rebound mat) were studied, and the innervation of their brachial triceps muscles was analysed. It was shown that the extensor muscles, already activated before impact, were stretched to an extent dependent on the type of landing surface, and that reflex extension activities thereby arose. These afferent innervation impulses make possible significantly quicker and greater development of force than is the case for maximum deliberate contraction. Whereas noticeable reflex activities are engendered when landing on the rebound mat, there is hardly any evidence of these with the soft floor mat, where they are conditioned by lower muscle extension speeds.

If further properties of gymnastic mats are considered, such as surface elasticity and freedom of play for the extremities, the rebound mat must be given preference to the soft floor mat in a large number of athletic situations, in contrast to the practice hitherto followed in athletics.

Besides the physical components of motor abilities, coordination plays an important role in motor skills. If training serves coordination purposes, the coach needs detailed knowledge about the range of resistance for which so significant changes of the specific innervation pattern occur.

Innervation patterns of m. rectus f. and m. gastrocnemius, as well as change in the angles of foot and knee joints, were recorded for 15 subjects during running velocities ranging from 6 to 12 km/h against gradients of 10%, 20% and 30%. While the innvervation pattern of m. gastrocnemius shows only quantitative changes in respect of velocity and gradient, m. rectus f. reacts with changes at gradients of more than 20%, i.e. 10°. The function of the leg extensor muscles, which work partly synergistically, partly antagonistically, and the connection of their afferences during the phase of foot contact on the ground are discussed. Contrary to prevailing training practice, the gradient should not exceed 10° if uphill runs serve coordinative purposes.

Literatur

Alston W, Angel R, Fink F, Hoffmann W (1967) Motor activity following the silent period in human muscle. J Physiol 190:189–202

Antoni M, Schmidtbleicher D, Dietz V (1979) Möglichkeiten der schnellen Innervationskorrektur beim Laufen durch den spinalen Dehnungsreflex. Leistungssport 9:428–432

Asmussen E, Hansen O, Lammer O (1965) The relation between isometric and dynamic muscle strength in man. Commun Danish Natl Assoc Infant Paralysis 20:3–11

Bernhard G, Koch K (1972) Motorisches Üben und Trainieren; motorisches Lernen – Üben – Trainieren. In: Beiträge zur Praxis der Leibeserziehung und des Sports, Bd 66. Hofmann, Schorndorf

Boileau R, Massey B, Misner J (1973) Body composition changes in adult men during selected weight training and jogging programs. Res Q 44:158–168

Bosco C, Komi P, Locatelli E (1979) Physiologische Betrachtungen zum Tiefsprungtraining. Leistungssport 9:434–439

Brandell B (1973) An analysis of muscle coordination in walking and running gaits. Med Sport 8/III:278–287

Buller A, Eccles C, Eccles R (1960a) Differentiation of fast and slow muscles in the cat hind limb. J Physiol 150:399–416

Buller A, Eccles C, Eccles R (1960b) Interaction between motoneurones and muscles in respect of the characteristic speeds of their responses. J Physiol 150:417–439

Burke R, Rudomin P, Zajac F (1970) Catch property in single mammalian motor units. Science 168:122–124

Close R (1965) Effects of cross-union of motor nerves to fast and slow skeletal muscles. Nature 206:831–832

Cooper S, Eccles J (1930) The isometric responses of mammalian muscles. J Physiol 69:377–385

Costill D, Coyle E, Fink W, Lesmes G, Witzmann F (1979) Adaptions in skeletal muscle following strength training. J Appl Physiol 46:96–99

Delorme T, Watkins A (1953) Progressive resistance exercises. Appl Century-Crofts, New York

Dietz V, Noth J (1978a) Pre-innervation and stretch responses of triceps brachii in man falling with and without visual control. Brain Res 142:576–579

Dietz V, Noth J (1978b) Spinal stretch reflexes of triceps surae in active and passive movements. Proceedings of the Physiological Society. J Physiol 284:180–181

Dietz V, Schmidtbleicher D, Noth J (1979) Neuronal mechanisms of human locomotion. J Neurophysiol 42:1212–1222

Dietz V, Noth J, Schmidtbleicher D (1981) Interaction between pre-activity and stretch-reflex in human triceps brachii during landing from forward falls. J Physiol 311:113–125

Doss W, Karpovich P (1965) A comparison of concentric, eccentric and isometric strength of elbow flexors. J Appl Physiol 20:351–353

Dubowitz V (1967) Cross-innervated mammalian skeletal muscle: histochemical, physiological ,and biochemical observations. J Physiol 193:481–496

Dufresne J, Gurfinkel V, Soechting J, Terzuolo C (1978) Response to transient disturbances during intentional forearm flexion in man. Brain Res 150:103–115

Edström L, Ekblom B (1972) Differences in sizes of red and white muscle fibers in vastus lateralis of musculus quadriceps femoris of normal individuals and athletes. Relation to physical performance. Scand J Clin Lab Invest 30:175–181

Frenger H, Peper D (1977) Curriculum Unfallverhütung und Sicherheitserziehung. Schulsport. Bundesarbeitsgemeinschaft der Unfallversicherungsträger, Offenbach/M

Gordon E (1967) Anatomical and biochemical adaptions of muscle to different exercise. JAMA 201:755–759

Gottlieb G, Agarwal G (1979) Response to sudden torques about ankle in man: myomatic reflex. J Neurophysiol 42:91–106

Granit R (1956/57) Prinzipien der motorischen Kontrolle. Ber Phys Med Ges Würzburg, NF 68: 81–99

Greenwood R, Hopkins A (1976) Landing from an unexpected fall and a voluntary step. Brain 99:375–386

Grillner S (1972) The role of muscle stiffness in meeting the changing postural and locomotor requirements for force development by the ancle extensors. Acta Physiol Scand 86:92–108

Grosser M (1977) Psychomotorische Schnellkoordination. In: Beiträge zur Lehre und Forschung im Sport, Bd 63/64. Hofmann, Schorndorf

Haberkorn-Butendeich E (1973) Die Kraft des Musculus triceps brachii. Dissertation, Saarbrücken

Hammond P, Merton P, Sutton G (1956) Nervous graduation of muscular contraction. Br Med Bull 12:214–218

Harre D (1977) Trainingslehre, 7. Aufl. Sportverlag, Berlin

Herter H (1973) Zum speziellen Krafttraining des Sprinters. Lehre der Leichtathletik 24:557–558

Hettinger T (1968) Isometrisches Muskeltraining, 3. Aufl. Thieme, Stuttgart

Hill A (1938) The heat of shortening and the dynamic constants of muscle. Proc R Soc Lond [Biol] 126:137–195

Hill A (1939) The transformation of energy and the mechanical work of muscles. Proc R Soc Lond [Biol] 51:1–18

Hoffmann P (1928) Demonstration eines Hemmungsreflexes im menschlichen Rückenmark. Z Biol 70:512–524

Hoffmann P (1934) Die physiologischen Eigenschaften der Eigenreflexe. Ergeb Physiol 36:15–108

Hollmann W, Hettinger T (1980) Sportmedizin. Arbeits- und Trainingsgrundlagen, 2. Aufl. Schattauer, Stuttgart New York

Ikai M, Steinhaus A (1961) Some factors modifying the expression of human strength. J Appl Physiol 16:157–163

Ikai M, Yabe K, Ischii K (1967) Muskelkraft und muskuläre Ermüdung bei willkürlicher Anspannung und elektrischer Reizung des Muskels. Sportartzt Sportmed 18:197–204

Jakowlew N (1975) Biochemische Adaptionsmechanismen der Skelettmuskeln an erhöhte Aktivität. Med Sport (Berlin) 15:132–139

Jonath U, Haag E, Krempel R (1977) Leichtathletik. 1. Laufen und Springen. rororo, Reinbek

Jung R, Dietz V (1976) Übung und Seitendominanz der menschlichen Willkürmotorik. Arch Psychiatr Nervenkr 222:87–116

Kemény P (1979) Zur Statistik der Schülerunfälle 1978. Sicherheit im öffentlichen Dienst, S 4–8

Keul J (1975a) Anpassung und Leistungsfähigkeit. Freiburger Universitätsblätter 49:31–42

Keul J (1975b) Anmerkungen zu den Hügelläufen. Lehre der Leichtatheltik 26:1387–1388

Kleinfelder E (1978) Wie gefährlich ist der Schulsport? Schweizer Turnlehrer Bulletin, S 28–31

Koeze T (1968) The independence of corticomotoneural and fusimotor pathways in the production of muscle contraction by motor cortex stimulation. J Physiol 197:87–105

Koeze T, Phillips C, Sherridan J (1968) Thresholds of cortical activation of muscle spindles and motoneurones of the baboon's hand. J Physiol 195:419–449

Komi P (1975) Faktoren der Muskelkraft und Prinzipien des Krafttrainings. Leistungssport 5: 3–16

Komi P (1979) Neuromuscular performance: Factors influencing force and speed production. Scand J Sport Sci 1:2–15

Koslow J, Stepanow V (1977) Zur Biomechanik von Spezialübungen des Sprinters. Lehre der Leichtathletik, Bd 28, S 737–800

Letzelter M (1975) Sprinteigenschaften, Wettkampfverhalten und Ausdauertraining von 200 m-Läuferinnen der Weltklasse. Czwalina, Ahrensberg

Letzelter M (1978) Trainingsgrundlagen. rororo, Reinbek

Marsden C, Meadows J, Merton P (1971) Isolated single motor units in human muscle and their rate of discharge during maximal voluntary effort. J Physiol 217:12P

Marsden C, Merton P, Morton H (1972) Servo-action in human voluntary movement. Nature 238:140–143

Marsden C, Merton P, Morton H (1976) Stretch reflex and servo-action in a variety of human muscles. J Physiol 256:531–560

Martin D (1977) Grundlagen der Trainingslehre. Teil 1: Die inhaltliche Struktur des Trainingsprozesses. In: Beiträge zur Lehre und Forschung im Sport, Bd 63/64. Hofmann, Schorndorf

Massalgin N, Uschakow J (1979) Anwendbarkeit der Elektromyographie zur Beurteilung des Entwicklungsniveaus zentralnervaler Faktoren, die die Effektivität der Schnellkraftbewegungen beeinflussen. Med Sport (Berlin) 19:364–369

Meerson F (1967) Plastische Versorgung der Funktionen des Organismus. Nauka, Moskau

Meerson F (1973) Mechanismus der Adaption. Wissensch in der UDSSR 7:425

Melvill-Jones G (1973) Is there a vestibulo-spinal reflex contribution to running? Adv Otorhinolaryngol 19:128–133

Melvill-Jones G, Watt D (1971a) Observation on the control of stepping and hopping movements in man. J Physiol 219:709–727

Melvill-Jones G, Watt D (1971b) Muscular control of landing from unexpected falls in man. J Physiol 219:729–737

Mommaerts W, Buller A, Seraydarian D (1969) The modification of some biochemical properties of muscle by cross-innervation. Proc Natl Acad Sci USA 64:128–133

Müller E (1953) Energieumsatz und Pulsfrequenz bei negativer Arbeit. Arbeitsphysiologie 15: 196–200

Nett T (1969) Der Sprint. Training – Technik – Taktik. Bartels & Wernitz, Berlin

Nigg B, Denoth J (1981) Sportplatzbeläge. Juris, Zürich

Nigg B, Denoth J, Unold E (1982) Belastungen des menschlichen Bewegungsapparates bei ausgewählten Bewegungen im Kunstturnen. In: Göhner U (Hrsg) Verletzungsrisiken und Belastungen im Kunstturnen. Schriftenreihe des Bundesinstitutes für Sportwissenschaft 5: 20–38

Nurmekiwi A (1975) Hügelläufe – über welche Streckenlängen? Lehre der Leichtathletik 26: 1385–1386

Osolin N (1970) Die „Geschwindigkeitsbarriere" und Möglichkeiten ihrer Überwindung. Theorie und Praxis der Körperkultur 19:979–984

Pedotti A, Rodano R, Frogo C (1980) Optimization of motor coordination in sport: An analytical and experimental approach. International Symposium of Biomechanics, Köln

Pette D, Smith M, Staudte H, Vrobova G (1973) Effects of long term electrical stimulation on some contractile and metabolic characteristics of fast rabbit muscles. Pflügers Arch 338: 257–272

Pierrot-Deseilligny E, Katz R, Morin C (1979) Evidence for Ib-inhibition in human subjects. Brain Res 166:176–179

Pierrot-Deseilligny E, Morin C, Bergego C, Tankov N (1981a) Pattern of group I fibre projections from ancle flexor and extensor muscles in man. Exp Brain Res 42:337–350

Pierrot-Deseilligny E, Bergego C, Katz R, Morin C (1981b) Cutaneous depression of Ib reflex pathways to motoneurones in man. Brain Res 42:351–361

Rasch P, Pierson WR (1964) One position versus multiple positions in isometric exercise. Am J Physiol Med 43:10–16

Schmid H (1979) Minitrampolin – Eine Unfallanalyse zum Zwecke methodischer Rückschlüsse. Sportunterricht 28:445–449

Schmidtbleicher D (1980) Maximalkraft und Bewegungsschnelligkeit. Limpert, Bad Homburg

Schmidtbleicher D, Dietz V, Noth J, Antoni M (1978) Auftreten und funktionelle Bedeutung des Muskeldehnungsreflexes bei Lauf- und Sprintbewegungen. Leistungssport 8:480–490

Schmidtbleicher D, Bührle M (1980) Vergleich von konzentrischem und exzentrischem Maximalkrafttraining. Berichte aus dem Institut für Sport und Sportwissenschaft der Universität Freiburg 1:1–59

Schmidtbleicher D, Müller K-J, Noth H (1981a) Dämpfungseigenschaften von Sportmatten und ihr Einfluß auf die Ausprägung von Muskeldehnungsreflexen. – Ein Beitrag zur Unfallverhütung im Sport. Sportmedizin 32:95–103

Schmidtbleicher D, Antoni M, Dietz V (1981b) Innervationsmuster der Beinstreckmuskulatur bei Bergaufläufen. Leistungssport 11:350–357

Schmidtbleicher D, Gollhofer A (1982) Neuromuskuläre Untersuchungen zur Bestimmung individueller Belastungsgrößen für ein Tiefsprungtraining. Leistungssport 12:298–307

Schmolinsky G (1971) Leichtathletik. Sportverlag, Berlin

Singh M, Karpovich P (1966) Isotonic and isometric forces of forearm flexors and extensors. J Appl Physiol 21:1434–1437

Smirnov K (1974) Energie und Gaswechsel bei der Muskeltätigkeit. Sportphysiologe. VEB Volk und Gesundheit, Berlin, S 187–218

Steinbrück P, Paeslack G (1978) Trampolin – ein gefährlicher Sport? Med Wochenschr 120:985–988

Stoboy H (1973) Theoretische Grundlagen zum Krafttraining. Schweiz Z Sportmedizin 4:149–164

Thiess G, Schnabel G, Baumann R (1978) Training von A bis Z – Kleines Wörterbuch für die Theorie und Praxis des sportlichen Trainings. Sportverlag, Berlin

Tschiene P (1973) Leichtere Bedingungen im speziellen Schnelligkeitstraining. Lehre der Leichtathletik 24:197–200

Vallbo A (1970) Slowly adapting muscle receptors in man. Acta Physiol Scand 78:315–333

Wagner P (1978) Die Bedeutung der Kraft im Rahmen der Schnelligkeitsentwicklung im 800 m-Lauf der Frauen. Lehre der Leichtathletik 29:1433–1436

Werschoshanskij J, Semjonow W (1972) Zum Krafttraining des Sprinters. Lehre der Leichtathletik 23:737–740

Wilkie D (1950) The relation between force and velocity in human muscle. J Physiol 110:249–280

Wischmann B (1971) Methodik der Leichtathletik. Limpert, Frankfurt/M

Zaciorskij V (1972) Die körperlichen Eigenschaften des Sportlers. In: Trainerbibliothek, Bd 3. Bartels & Wernitz, Frankfurt/M

Zanon S (1974) Plyometrie für die Sprünge. Lehre der Leichtathletik 16:549–552

Zischke W (1976) Probleme der speziellen Ausdauerschulung bei jugendlichen 400 m-Läufern. Leistungssport 6:248–252

Alle Untersuchungen der Kapitel 1–6 wurden durch den Sonderforschungsbereich 70 (Hirnforschung und Sinnesphysiologie) aus Mitteln der Deutschen Forschungsgemeinschaft unterstützt

Sachverzeichnis

Achillessehnenspannung 111, 150
Akinesie 82
Aktivierung
    der Beinmuskeln, reziproke 129
    reflexinduzierte 113
    reziproke 19, 124, 132
    vorprogrammierte 16, 113, 124
Aktivitätsmuster, reziprokes 130
Antagonistenaktivierung 48
Antagonistenhemmung 48
Arbeitsleistung, Laufen 19
Archizerebellum 74, 76
Armbewegung, Körperhaltung 30
Armzielbewegungen 29
Atmung 72
Atrophie cérébelleuse tardive 76
Aufmerksamkeit, Bewußtsein 44
Ausgangsstellung 32
Automatisierung, Training 44

Balancierbewegung 102
Balancieren 108, 112, 114, 144
Balkentransfer 55
Ballwerfen 35, 36
Bereitschaftsinnervation 14, 30, 37
Bereitschaftspotentiale 49, 51
Bergauflauf 176
Bewegung
    Neuronentladung 17
    Steuerung 16
    Stützhaltung 14, 72 ff.
Bewegungsabläufe
    komplexe 87, 127, 128, 130, 136
    Vorwegnahme 42
Bewegungsantriebe 43
Bewegungsaufnahmen
    Gang 8
    Sprung 8, 21
Bewegungsbereitschaft 32
Bewegungsentwurf
    programmierter 30
    Umweltmodell 42
Bewegungsforschung, Methoden 7

Bewegungsmechanik
    Gelenke 9, 10
    Muskeln 9, 10
Bewegungsphysiologie, Entwicklung 7
Bewegungsprogramme 13, 16, 42
    Hirnpotentiale 56
    optimale 38
    Zeitordnung 30
    Zeitsequenz 30
    Zielsteuerung 56
Bewegungsschnelligkeit 161
Bewegungsstart 48
Bewegungssteuerung, vorbereitende 57
Bewegungsstütze
    Bein 13
    Rumpf 13
Bewegungstest, Sprinterstart 19
Bewegungsvorbereitung, Steuerung 30
Bewußtsein, Selektionsfunktion 43
Bewußtseinsauswahl 44
Bewußtseinsenge, Automatisierung 44
Blickziel 31
Bogengangsystem 69

CFP (Center of foot pressure) = Kraftzentrum
    66, 81
CNV (Contingent negative variation) 50
COG (Center of gravity) = Schwerpunkt
    65, 66, 71, 73, 74, 82
corollary discharge 17

Dehnungsgeschwindigkeit 94, 96, 99, 101,
    103
Dehnungsreflexe 28, 79, 81, 93, 97, 101,
    105, 107, 113, 119, 124, 125, 135
    langsame 28
    segmentale 87, 114, 138, 150, 159
    spinale 87, 89, 91, 92, 94, 99, 100, 110,
        111, 112, 166
Dehnungsreflexaktivität 100, 103
    spinale 101, 112
Dysmetrie 75

EEG 49
Efferenzkopie 17
Eigenreflexe 9, 25, 28, 71
    gesteigerte 144
Eigenrhythmik, spinale 27
Elektromyographie 155
EMG-Analyse 8, 9, 87 ff.
    reflexinduzierte 99, 111
    vorprogrammierte 99, 111
EMG-Analyse 8, 9
Entladungsfrequenz 93
Entladungsraten 140
Entwicklung, Gang 23, 119 ff.
Erwartungspotential 50
Erwartungswelle 51
evoked potential 52
Explosionskraft 161
Extremitätenataxie 81

Fahrersteuerung, Maschinenregelung 47
Fallneigung 81
Fauststoß 29, 33
Fortbewegung 18
    Photoanalysen 7

Gang
    Bewegungsaufnahmen 8
    Entwicklung 23, 119, 124, 125
        Kleinkind 24
        Gehirn 26
        Rückenmark 26
Gangstörung, spastische 131
Gehen 18
Gelenkstabilisierung 12
Geschwindigkeitsbarrieren 176, 180
Gleichgewichtskontrolle, Störungen 13, 127 ff.
Gleichgewichtsregelung, bipede 13, 65
Golgi-Organ 68
Golgi-Sehnenorgane 167
Greifen 29, 34
Grundinnervation 48

Haltung 14
    aufrechte 11
    bipede Gleichgewichtsregelung 13, 68
    Körpergleichgewicht 11
    Primat 14
    Stützmotorik 11
Haltungsreflex 82
Haltungsstabilisierung 12
Haltungssynergie 75
Haltungsvorbereitung 73
Handgeschicklichkeit 34
Handlungsintention, Hirnkorrelate 51
Handpräferenz 41

Hemiparese, spastische 132, 145
Hemmungen, neuronale 48
Henneman-Prinzip 88
Hinterstrang 68
Hirnmechanismen
    Hirnpotentiale 55
    und Maschine 47
Hirnpotentiale
    langsame 52
    Schreiben 53
    Sprachverarbeitung 53
Hirnrinde, motorische 56
Hochsprung 20
Hoffmann, Eigenreflexe 9, 71, 166
H-Reflex 78, 79
Hüpfen 28, 170

Ia-Afferenzen 178
Ib-Afferenzen 178
Impuls 74
Informationsfluß
    Bewegung 44
    Wahrnehmung 44
Innervation, reziproke 25, 125, 132
Innervationsfolge 37
Intentionstremor 75

Kleinhirn 74
Kleinhirnhemisphären 74, 75, 81
Kleinhirnläsion 75
Kleinhirnrinde, Spätatrophie 72, 82
Kleinhirnwurm 74
Kleinkind, Gangentwicklung 24, 119 ff.
Koaktivierung 25, 119, 123, 124, 125, 130,
    131, 136, 142, 143, 150
    Agonist 25
    Antagonist 25
Koinnervation, versteifende 25
Kontraktion, exzentrische 159
Kontrolle 10, 43, 45
    äußere 48
    innere 48
    propriozeptive 16
    Stand 13
    zentrale 88
Kontrollpotentiale 50
Koordination 175
    intermuskuläre 175
    Rechts-links- 39, 108, 109, 112, 118,
        148, 149
Körper
    Eigenfrequenz 71
    Schwankung 66, 68, 70
    Schwankungsmessung 66
Körpergleichgewicht, Haltung 11

Korrekturbewegung 105, 106, 107, 108, 112, 123, 143, 147
Korrelationen, motorisch-vegetative 9
Kortex, neuronale Mechanismen 49, 55
Kraftdefizit 162
Kraftschub, bilateraler 37
Krafttraining 157
Kraftverstärkung 37
Kraftzentrum (CFP) 66, 81
Kreuzinnervationsversuch 157
Kugelstoßen 35
    hochtrainiertes 40
    Übungseffekte 38

Labyrinth 69, 81, 82
Lagesinn 68, 71
Laufen 18
    Radfahren 22
Laufgeschwindigkeit, Vorwärtsneigung 20
Leistungen
    trainierte 56
    zielgesteuerte 56
Leistungsintention 42
Lernen
    Hirnstrukturen 49
    motorisches 41
Lobus anterior, Kleinhirn 76
Lokomotion 26
    feed back 27
    feed forward 27
Lokomotionsrhythmen 26
Long-loop-Reflex 72, 79, 81

Massenschubkraft 35
Maximalkraftmethoden 158, 163
Mechanik 71
Meßplattform 66
Methode, plyometrische 163
Mobilisationsschwelle 161
Morbus Parkinson 74, 82
Motorik
    Lernen 41
    Trieb 41
Motorisches Lernen, hirnelektrische Korrelate 56
Motorkortex 56
Muskel
    gastrocnemius 72
    mechanische Eigenschaften 141
    Spindel 68
    tibialis anterior 72
    triceps surae 71
Muskelaktivität
    reflektorische 113
    reziproke 19, 150

vorprogrammierte 110, 113
Muskelatrophie, neurale 143, 150
Muskeldehnung 111
Muskeleigenreflex 164
Muskeleigenschaft, mechanische 111
Muskelfasereigenschaft, mechanische 99, 149
Muskelfasern 88
    Eigenschaften 132
    mechanische Eigenschaften 113, 150
Muskelinnervation, reziproke 19
Muskelquerschnitt 162
Muskelquerschnittsvergrößerung 157
Muskeltonuserhöhung 132, 135, 140, 149
    spastische 138

Neozerebellum 75, 81
Neuronentladung, Bewegung 17

Otolith 69

Paläozerebellum 72, 75, 76, 79
Paraparese, spastische 131, 146
Parese, spastische 149
Parkinson-Syndrom 128, 129
Pathophysiologie 74
Pendel, aufrechtes 74
Plattform-Standanalysen 9
Polyneuropathie 71
Potentialverschiebung, oberflächennegative 51
Programmierung, Zeitkonstanz 45
Proentteniznrezeptor 68
Propriozeptor 68

Radfahren, Laufen 22
Rechts-links-Koordination 151
Reflexe 71
    gesteigerte 131
Reflexaktivität, spinale 96
Reflexkorrekturen 14
Regelung, Bremsung 48
Regulation
    periphere 88
    reflexinduzierte 113
    vorprogrammierte 113
Reserve, autonome 161
Rigor 141, 150
Romberg-Versuch 68
Rückstoßkompensation 37
Rumpfataxie 76

SA (Sway area) 68
Schema, angebotenes 42
Schlag, bewegtes Ziel 46
Schlagmethode 158, 163
Schnellkraft 161

Schreiben, Transfervorgänge 54
Schreibpotentiale 49, 53
Schwerpunkt (COG) 65, 66, 71, 73, 74, 82
Schwingphasendauer 88
Schwungphase 119
Seitendominanz 35, 38
Seitenpräferenz 38
    erlernte 41
SP (Sway path) 66
Spannungsänderung 132, 134, 139
Spannungsentwicklung 97, 99, 111
Spastik 141, 150
Spiel, biologischer Zweck 46
    Sport 41
Spindelafferenz 9, 68, 71
Sport, Spiel 41
Sportleistungen 34, 46
Sportmatten 171
Sportphysiologie 10
Sprachdominanz, hirnelektrische Kriterien
    55
Springen 18, 20
Sprinterstart 19
Sprung, Bewegungsaufnahmen 8
Sprunglandung 22, 23
Sprungleistung 22
Stand
    aufrechter 11, 65 ff.
    Kontrolle 13, 114 ff.
Standbasis 32
Standphase 91, 119, 120, 129
Standphasendauer 88, 92
Standregulation 72, 102, 143, 144, 148
Standvorbereitung 31
Starterfunktion 166
Startkraft 161
Stehen 65
Stereotyp, dynamischer 180
Störungen, Gleichgewichtskontrolle 13
Stoß 34
    Ausgangshaltung 29
Streckerprävalenz 12
Stützhaltung, Bewegung 14
Stützmotorik 14, 16
    Antizipation 16
    Haltung 11
Sway area (SA) 68
Sway path (SP) 66
System, visuelles 70

Tabes dorsalis 68
Tanzen 28
Telemetrie 9
Tiefensensibilität 68
Tiefsprünge 163

Tiefsprungtraining 166
Tonuserhöhung 128, 150
    spastische 130, 131, 136
Tracking-Aufgabe 81
Training 22, 155 ff.
    exzentrisches 158
    isokinetisches 162
    konzentrisches 158
    motorisches 38
    reaktives 158, 163
Tremor 27

Übung, Automatisierung 43
Übungseffekte, Kugelstoßen 38

Versteifung 12
    reziproke 25
Versteifungshaltung 12
Vestibulo-zerebellum 75
Vollzugspotential 50, 52
Voraktivierung 94, 100, 101
    rhythmische 28
Vorbereitungspotential 50
Vorinnervation 164, 177
Vorprogrammierung 16, 34

Wadenmuskeln, mechanische Eigenschaften
    97
Werkzeuggebrauch 45
Wille
    Bewußtsein 43
    Wahl 43
Willensbewegung 48
Willenshandlung
    Zeitsetzung 47
    Zielsetzung 47
Willensintention
    Zeitordnung 57
    Zielerfolg 57
Willküraktivierung 93
Willkürbewegung 72
    zerebrale Korrelate 49
Willkürkontraktion 111
Winkelhistogramm 68
Wurf 34, 36

Zeigen 29, 34
Zeitfolge, übungsabhängige 32
Zerebralparese 124, 135, 138, 142, 150
Zielbewegung 14, 30, 73, 74, 75
    Modellversuch 15
Zielbewegungspotentiale 49, 50, 51, 52
Zielkontrolle 32
Zielmotorik 14, 72
Zwei-Pendel-Modell 71

Namenverzeichnis

Kursive Seitenzahlen beziehen sich auf die Literaturverzeichnisse

Abbink F, s. Woltering H 136, *154*

Abelmasova EA, S. Yusevich YS 136, *154*

Adams RD, s. Victor M 76, *85*

Adrian ED 42, *60*

Adrian ED, Bronk DW 17, *60*

Agarwal G, s. Gottlieb G 96, 101, 103, *117*, 159, 164, 166, *185*

Alajouanine T, s. Marie P 76, *84*

Alexander R McN 9, *60*

Allum JHJ, s. Dichgans J 102, *116*

Alston W, Angel R, Fink F, Hoffmann W 165, *184*

Altena D, s. Geursen JB 71, *84*

Altenburger H 9

Altenmüller E, s. Berger W 119, *126*

Angel R, s. Alston W 165, *184*

Antoni M, Schmidtbleicher D, Dietz V 159, *184*

Antoni M, s. Schmidtbleicher D 89, *118*, 159, 162, 166, 167, 177, *187*

Asmussen E, Hansen O, Lammer O 159, 161, *184*

Baron JB, s. Bessington JC 71, *83*

Bauer J, s. Held R 70, *84*

Baumann R, s. Thiess G 175

Belen'kii VY, Gurfinkel VS, Paltsev YI 9, 13, 16, 22, *60*

Bergego C, s. Pierrot-Deseilligny E 88, 110, *118*, 167, 178 *187*

Berger W 13, 25, 28, 59, 119

Berger W, Altenmüller E, Dietz V 119, *126*

Berger W, Quintern J, Dietz V 119, *126*, 136, 137, 139, *152*

Berger W, s. Dietz V 108, 109, *117*, 123, *126*, 128, 129, 130, 131, 132, 133, 134, 140, *152*, *153*

Bernhard G, Koch K 176, 181, *184*

Bernsdorff N 73, 82, *83*

Bernstein NA 8, 9, 18, 24, *60*

Bernstein NA, Popowa T 46, *60*

Berthoz A, s. Lestienne F *117*

Berthoz A, s. Nashner LM 102, *118*

Bessington JC, Pacifici M, Bizoo G, Baron JB 71, *83*

Bethe A 21

Bizoo G, s. Bessington JC 71, *83*

Bobath B 136, *152*

Boileau R, Massey B, Misner J 164, *184*

Bonnet M, Gurfinkel S, Liphits MI, Popov KE 108, 112, *116*

Bosco C, Komi P, Locatelli E 167, *184*

Bouisset S, Zattara M 73, *83*

Brandell B 179, *184*

Brandt TH, Dichgans J, König E 70, *83*

Brandt TH, Wenzel D, Dichgans J 123, *126*

Brandt TH, s. Dichgans J 70, *84*, 102, *116*

Bremer F 76, *83*

Bronk DW, s. Adrian ED 17, *60*

Brooks VB 10, 17, 55, *60*

Brooks VB, s. Conrad B 29, 48, 56, *60*

Browne JS, 141, *152*

Büdingen HJ, Freund HJ 93, *116*

Büdingen HJ, s. Freund HJ 45, *61*, 88, 93, *117*

Bührle M, s. Schmidtbleicher D 159, 160, 164, *187*

Buller A, Eccles JC, Eccles R 157, *184*

Buller A, s. Mommaerts W 157, *186*

Burke R, Rudomin P, Zajak F 162, *184*

Carrea RME, Mettler FA 76, *83*

Chambers WW, s. Tatton WG 101, *118*

Close R 157, *185*

Connor G, s. Fulton JF 76, *84*

Conrad B, Matsunami K, Meyer-Lohmann J, Wiesendanger M, Brooks V 29, 48, 56, *60*

Cook T, s. Herman R 111, *117*

Cooper S, Eccles J 162, *185*

Cordo PJ, Nashner LM 9, 13, 16, *60*

Cordo PJ, s. Nashner LM 9, 13, 16, *63*

Costill D, Coyle E, Fink W, Lesmes G, Witzmann F 157, *185*

Coyle E, s. Costill D 157, *185*

Cozzen B, s. Herman R 111, *117*

Craik JW 42, *60*

Deecke L, s. Kornhuber HH
30, 50, 51, 52, 56, 62
DeLong MR, Georgopoulos
AP 13, 60
Delorme T, Watkins A 157,
185
Denny-Brown D 10, 60
Denoth J, s. Nigg B 167, 186
Descartes 25
DeWit G, s. Kapteyn TS 84
Dichgans J, Brandt TH, Held
R 84
Dichgans J, Diener HC, Brandt
TH 84
Dichgans J, Held R, Young LR,
Brandt TH 70, 84
Dichgans J, Mauritz K-H,
Allum JHJ, Brandt TH
102, 116
Dichgans J, s. Brandt TH 70,
83, 123, 126
Dichgans J, s. Dietz V 71, 84,
102, 106, 117
Dichgans J, s. Held R 70, 84
Dichgans J, s. Hufschmidt A
9, 13, 16, 17, 62, 70, 84
Dichgans J, s. Mauritz K-H
70, 84
Diener HC, s. Dichgans J 84
Dietz V 13, 59, 88, 116, 166
Dietz V, Berger W 119, 132,
134, 152
Dietz V, Freund H 116
Dietz V, Hillesheimer W,
Freund H-J 117, 127, 140,
152
Dietz V, Mauritz K-H, Dichgans
J 71, 84, 102, 106, 117
Dietz V, Noth J 89, 92, 93,
100, 116, 117, 164, 168,
185
Dietz V, Noth J, Schmidt-
bleicher D 90, 99, 117,
127, 153, 159, 185
Dietz V, Quintern J, Berger W
117, 123, 126, 128, 129,
130, 131, 133, 140, 153
Dietz V, Schmidtbleicher D,
Ledig T, Noth J 88, 92, 93,
117
Dietz V, Schmidtbleicher D,
Noth J 13, 17, 18, 22, 28,
29, 60, 89, 91, 92, 93, 117
124, 126, 127, 153, 159,
164, 166, 167, 185

Dietz V, s. Antoni M 159,
184
Dietz V, s. Berger W 119, 126,
136, 137, 139, 152
Dietz V, s. Freund H-J 88, 93,
117, 127, 140, 153
Dietz V, s. Jung R 9, 13, 32,
34, 35, 37, 38, 40, 62, 175,
186
Dietz V, s. Mauritz K-H 69,
71, 85, 102, 117, 123, 126,
143, 144, 145, 153
Dietz V, s. Schmidtbleicher D
89, 118, 159, 162, 166,
167, 177, 187
Dimitrijevic MR, Nathan PW
127, 153
Doll E, s. Keul J 11, 62
Doss W, Karpovich P 161,
185
Dow RS 76, 84
Dow RS, s. Fulton JF 76, 84
DuBois-Reymond R 10, 60
Dubowitz V 157, 185
Dufresne J, Gurfinkel V,
Soechting J, Terzuolo C
164, 185

Eccles JC, s. Buller A 157, 184
Eccles JC, Ito I, Szentágothai J
17, 60
Eccles JC, s. Cooper S 162, 185
Eccles R, s. Buller A 157, 184
Edström L 141, 153
Edström L, Ekblom B 158,
185
Edwards AS 70, 71, 84
Ekblom B, s. Edström L 158,
185
Engberg J, Lundberg A 28, 60
87, 117, 124, 126, 128, 153
Evarts EV 17, 55, 60
Evarts EV, Tanji J 48, 49, 55,
56, 60
Eviatar A, s. Eviatar L 123,
126
Eviatar L, Eviatar A, Narray I
123, 126
Exner S 10, 60

Fach C, s. Jung R 41, 52, 54,
55, 62
Fay T 136, 153
Feldman AG, s. Gurfinkel VS
84

Fink F, s. Alston W 165, 184
Fink W, s. Costill D 157, 185
Fischer O 9, 10, 60, 61
Foerster O 13, 27, 28, 61
Foix C, s. Marie P 76, 84
Forner SD, s. Tatton WG 101,
118
Forssberg H, Wallberg H 24,
25, 61, 119, 126, 153
Freedman W, s. Herman R
111, 117
Frenger H, Peper D 171, 175,
185
Frenkel 13
Freund H-J 17, 61
Freund H-J, Büdingen H-J
45, 61
Freund H-J, Büdingen H-J,
Dietz V 88, 93, 117
Freund H-J, Dietz V, Wita C,
Kapp H 127, 140, 153
Freund H-J, s. Büdingen NJ
93
Freund H-J, s. Dietz V 116,
117, 127, 140, 152
Frogo C, s. Pedotti A 179,
180, 187
Fulton JF, Connor G 76, 84
Fulton JF, Dow RS 76, 84

Gemba H, s. Sasaki K 49, 56,
63
Georgopoulos AP, s. DeLong
MR 13, 60
Gerstein GL, s. Tatton WG
101, 118
Geschwind N 61
Geursen JB, Altena D, Massen
CH, Verduin M 71, 84
Ghez C, Shinoda Y 101, 117
Gollhofer A, s. Schmidt-
bleicher D 164, 168, 187
Goodwin GM, McCloskey DI,
Mitchell JH 61
Gordon E 157, 185
Gottlieb G, Agarwal G 96,
101, 103, 117, 159, 164,
166, 185
Graham-Brown T 27, 28, 61
Granit R 10, 17, 61, 166, 185
Greenwood RJ, Hopkins AP
87, 111, 117, 159, 164, 185
Grillner S 9, 26, 27, 28, 61,
87, 92, 117, 124, 126,
159, 166, 185

Grözinger B, Kornhuber HH,
Kriebel J 53, 55, *61*
Grosser M 180, *185*
Grünewald G, Grünewald-
Zuberbier E, Hömberg V,
Netz J 50, 51, 53, *61*
Grünewald G, s. Grünewald-
Zuberbier E 50, 51, 53, *61*
Grünewald-Zuberbier E, Grüne-
wald G 50, 51, 53, *61*
Grünewald-Zuberbier E, Grüne-
wald G, Jung R 50, 51, 53,
61
Grünewald-Zuberbier E,
s. Grünewald G 50, 51, 53,
61
Guegen G, Leroux J 66, *84*
Gurfinkel VS 9, 13, 16, *61,*
66, *84*
Gurfinkel VS, Kots YM, Palt-
sev YJ, Feldman AG *84*
Gurfinkel VS, Liphits MJ, Mori
S, Popov KE 103, *117*
Gurfinkel VS, Liphits MJ,
Popov K 9, 16, *61,* 71, *84*
Gurfinkel VS, s. Belen'kii VY
9, 13, 16, 22, *60*
Gurfinkel S, s. Bonnet M 108,
112, *116*
Gurfinkel V, s. Dufresne J
164, *185*
Güth V, s. Wolterding H 136,
154

Haag E, s. Jonath U 176, 181,
186
Haberkorn-Butendeich E 159,
161, *185*
Hagbarth K-E, Hägglund JV,
Wallin EU, Young RR 124,
126
Hagbarth K-E, Young RR,
Hägglund JV, Wallin EU
101, *117*
Hagbarth K-E, Wallin BG,
Löfstedt L 135, *153*
Hagbarth K-E, s. Vallbo AB
135, *153*
Hägglund JV, s. Hagbarth K-E
101, *117,* 124, *126*
Haller M, s. Mauritz K-H 143,
144, 145, *153*
Hammond P 72, *84*
Hammond P, Merton P, Sutton
G 101, *117,* 165, 166, *185*

Hansen O, s. Asmussen E 159,
161, *184*
Harre D 163, 180, *185*
Hartknoch I, s. Herder JG 7
Hassler R, s. Jung R *84*
Held R, Dichgans J, Bauer J
70, *84*
Held R, s. Dichgans J 70, *84*
Hellebrandt FA 66, *84*
Hellebrandt FA, s. Tepper RH
85
Hennemann E *61,* 88, *117*
Herder JG 7, *61*
Herder JG, Hartknoch I 7
Herman R 127, 135, *153*
Herman R, Cook T, Cozzen B,
Freedman W 111, *117*
Herter H 176, 179, *185*
Hess WR 9, 10, 14, 15, 16, 20,
42, 46, *61*
Hettinger T 157, *185*
Hettinger T, s. Hollmann W
11, *62,* 159, *185*
Hill AV 10, 19, 20, 22, *61,*
158, 159, *185*
Hillesheimer W, S. Dietz V
117, 127, 140, *152*
Hoffmann P 8, 9, 28, *61,* 164,
166, *185*
Hoffmann W, s. Alston W 165,
184
Hollmann W, Hettinger T 11,
62, 159, *185*
Holmes G 75, *84*
Holst E von 17, 27, *62*
Hömberg V, s. Grünewald G
50, 51, 53, *61*
Hopkins AP, s. Greenwood RJ
87, 111, *117,* 159, 164,
185
Hornbein TF, s. Landau WM
130, *153*
Hufschmidt A 59, 68, *84,* 141,
153
Hufschmidt A, Dichgans J,
Mauritz K-H, Hufschmidt
M 9, 13, 16, 17, *62,* 70,
84
Hufschmidt A, s. Jung R 53,
54, *62*
Hufschmidt A, s. Mauritz K-H
70, *84*
Hufschmidt M, s. Hufschmidt
A 9, 13, 16, 17, *62,* 70, *84*

Ikai M, Yabe K, Ischii K 162,
186
Ikai M, Steinhaus A 161, *186*
Ischii K, s. Ikai M 162, *186*
Ito I, s. Eccles JC 17, *60*

Jakowlew N 157, *186*
Jonath U, Haag E, Krempel R
176, 181, *186*
Jung R 9, 10, 14, 17, 18, 22,
26, 27, 28, 29, 30, 31, 32,
33, 35, 38, 41, 42, 43, 47,
49, 50, 51, 53, 56, *62*
Jung R, Dietz V 9, 13, 32, 34,
35, 37, 38, 40, *62,* 175,
186
Jung R, Fach C 41, 52, 54,
55, *62*
Jung R, Field J *84*
Jung R, Hassler R 10, 14, 15,
16, *62, 84*
Jung R, Hufschmidt A,
Moschallski W 53, 54, *62*
Jung R, s. Grünewald-Zuberbier
E 50, 51, 53, *61*

Kapp H, s. Freund H-J 127,
140, *153*
Kapteyn TS 71, *84*
Kapteyn TS, DeWit G *84*
Karpovich P, s. Doss W 161,
185
Karpovich P, s. Singh M 159,
187
Katz R, s. Pierrot-Deseilligny
EC 88, *118,* 167, 178, *187*
Kemény P 171, *186*
Keppler D, s. Keul J 11, *62*
Keul J 158, 181, *186*
Keul J, Doll E, Keppler D 11,
62
Kleinfelder E 171, *186*
Knutsson E 128, *153*
Knutsson E, Richards C 131,
153
Koch K, s. Bernhard G 176,
181, *184*
Koeze T 166, *186*
Koeze T, Phillips C, Sherridan
J 166, *186*
Koitcheva V, s. Lestienne F
117
Komi P 159, 166, *186*
Komi P, s. Bosco C 167, 170,
184

König E, s. Brandt TH 70, *83*
Kornhuber HH 56
Kornhuber HH, Deecke L 30, 50, 51, 52, 56, *62*
Kornhuber HH, s. Grözinger B 53, 55, *61*
Koslow J, Stepanow V 176, *186*
Kots YM, s. Gurfinkel VS *84*
Krempel R, s. Jonath U 176, 181, *186*
Kretschmer E 43, *62*
Kriebel J, s. Grözinger B 53, 55, *61*
Krogh A, Lindhard J 10, *62*
Küpfmüller K 44, *62*
Kwan HC, s. Murphy JT 72, *85*

Lammer O, s. Asmussen E 159, 161, *184*
Landau WM, Weaver RA, Hornbein TF 130, *153*
Lännergren J 141, *153*
Ledig T, s. Dietz V 88, 92, 93, *117*
Lee DN, Lishman JR 66, *84*
Lee RG, Tatton WG 72, *84*
Leonardo da Vinci 41, 54
Leroux J, s. Guegen G 66, *84*
Lesmes G, s. Costill D 157, *185*
Lestienne F, Berthoz A, Mascot J-C, Koitcheva V *117*
Letzelter M 163, 176, 181, *186*
Liepmann H 49, *62*
Lindhard J, s. Krogh A 10, *62*
Liphits M-J, s. Bonnet M 108, 112, *116*
Liphits M-J, s. Gurfinkel VS 9, 16, *61*, 71, *84*, 103, *117*
Lisman JR, s. Lee DN 66, *84*
Liu CM, s. Tatton WG 101, *118*
Locatelli E, s. Bosco C 167, 170, *184*
Löfstedt L, s. Hagbarth K-E 135, *153*
Lorenz K 42, 48, *62*
Lundberg A 28, *62*
Lundberg A, s. Engberg J 28, *60*, 87, *117*, 124, *126*, 128, *153*

Magoun HW, Rhines R 136, *153*
Mang L 10, 19, 20, 21, *62*
Mancall EL, s. Victor M 76, *85*
Marey EJ 7, 8, 9, 10, 19, 20, 22, 23, *62*, *63*, 87, *117*
Marie P, Foix C, Alajouanine T 76, *84*
Marsden CD, Meadows J, Merton P 93, 101, *117*, 162, *186*
Marsden CD, Merton PA, Morton HB 9, 16, 28, 29, *63*, 101, 111, *117*, 165, 166, *186*
Marsden CD, s. Traub MM 82, *85*
Martin D 176, *186*
Martin JP 82, *84*
Mascot J-C, s. Lestienne F *117*
Massalgin N, Uschakow J 162, *186*
Massen CH, s. Geursen JB 71, *84*
Massion J, Smith AM 13, *63*
Massey B, s. Boileau R 164, *184*
Matsunami K, s. Conrad B 29, 48, 56, *60*
Mauritz K-H 59, 72, *85*
Mauritz K-H, Dichgans J, Hufschmidt A 70, *84*
Mauritz K-H, Dietz V 69, 71, *85*, 102, *117*, 123, *126*, 144, *153*
Mauritz K-H, Dietz V, Haller M 143, 144, 145, *153*
Mauritz K-H, s. Dichgans J 102, *116*
Mauritz K-H, s. Dietz V 71, *84*, 102, 106, *117*
Mauritz K-H, s. Hufschmidt A 9, 13, 16, 17, *62*, 70, *84*
McCloskey DI 17, *63*
McCloskey DI, s. Goodwin GM *61*
Meadows J, s. Marsden C 93, 101, *117*, 162, *186*
Meerson F 157, *186*
Melvill-Jones G 111, *117*, 164, *186*
Melvill-Jones G, Watt D 87, 90, 111, *118*, 127, *153*, 164, 166, *186*
Melvill-Jones G, Watt DGD 28, *63*

Merton PA, s. Hammond P 101, *117*, 165, 166, *185*
Merton PA, s. Marsden CD 9, 16, 28, 29, *63*, 93, 101, 111, *117*, 162, 164, 165, 166, *186*
Mettler FA, s. Carrea RME 76, *83*
Meyer-Lohmann J, s. Conrad B 29, 48, 56, *60*
Miles WR 66, *85*
Misner J, s. Boileau R 164, *184*
Mitchell JH, s. Goodwin GM *61*
Mommaerts W, Buller A, Seraydarian D 157, *186*
Montserrat S 66, *85*
Mori S, s. Gurfinkel VS 103, *117*
Morin C, s. Pierrot-Deseilligny E 88, 110, *118*, 167, 178, *187*
Morton HB, s. Marsden CD 9, 16, 28, 29, *63*, 101, 111, *117*, 164, 165, 166, *186*
Moschallski W, s. Jung R 53, 54, *62*
Müller E 159, *186*
Müller K-J, s. Schmidtbleicher D 173, *187*
Murphy JT, Kwan HC, Williams A, Wong YC 72, *85*
Murphy JT, Wong YG, Kwan HC 72, *85*
Murray MP, Seireg A, Scholz RC 66, *85*
Muybridge E 8, 35, 36, *63*

Narray I, s. Eviatar L 123, *126*
Nashner LM 85, 102, *118*, 123, *126*
Nashner LM, Berthoz A 102, *118*
Nashner LM, Cordo PJ 9, 13, 16, *63*
Nashner LM, s. Cordo JP 9, 13, 16, *60*
Nathan PW, s. Dimitrijevic MR 127, 135, *153*
Nett T 176, *186*
Netz J, s. Grünewald G 50, 51, 53, *61*
Nigg B, Denoth J *186*

Nigg B, Denoth J, Unold E 167, 172, *186*

Nikiforova NA, s. Yusevich YS 136, *154*

Noth J 101, 135, *153*

Noth J, s. Dietz V 9, 13, 17, 18, 22, 28, 29, *60,* 88, 89, 90, 91, 92, 93, 99, 100, *116, 117,* 124, *126,* 127, *153,* 159, 164, 166, 167, 168, *185*

Noth J, s. Schmidtbleicher D 89, 118, 159, 162, 166, 167, 173, 177, *187*

Nurmekiwi A 176, 179, 181, *187*

Okhnayanskaya LG, s. Yusevich YS 136, *154*

Osolin N 176, 180, *187*

Pacifici M, s. Bessington JC 71, *83*

Paeslack G, s. Steinbrück P 171, *187*

Paltsev YJ, s. Belen'kii YI 9, 13, 16, 22, *60*

Paltsev YJ, s. Gurfinkel VS *84*

Pedotti A, Rodano R, Frogo C 179, 180, *187*

Peper D, s. Frenger H 171, 175, *185*

Pette D, Smith M, Staudte H, Vrobova G 157, *187*

Phillips C, s. Koeze T 166, *186*

Phillips CG 72, *85*

Pierrot-Deseilligny E 179, *187*

Pierrot-Deseilligny E, Bergego C, Katz R, Morin C 88, *118*

Pierrot-Deseilligny E, Katz R, Morin C 167, 178, *187*

Pierrot-Deseilligny E, Morin C, Bergego C, Tankov N 88, 110, *118,* 167, 178, *187*

Pierson WR, s. Rasch P 157, *187*

Piper H 8

Popov KE, s. Bonnet M 108, 112, *116*

Popov KE, s. Gurfinkel VS 9, 16, *61,* 71, *84,* 103, *117*

Popowa T, s. Bernstein NA 46, *60*

Poulton EC 34, *63*

Prochazka A, Schofield P, Westerman RA, Ziccone SP 87, *118*

Prochazka A, Westerman RA, Ziccone SP 87, *118*

Provorova VM, s. Yusevich YS 136, *154*

Quintern J, s. Berger W 119, *126,* 136, 137, 139, *152*

Quintern J, s. Dietz V 108, 109, *117,* 123, 128, 129, 130, 131, 133, 140, *153*

Rasch P, Pierson WR 157, *187*

Richards C, s. Knutsson E 131, *153*

Rines R, s. Magoun HW 136, *153*

Rodano R, s. Pedotti A 179, 180, *187*

Romberg MH 13, 68, *85*

Rothwell JC, s. Traub MM 82, *85*

Rudomin P, s. Burke R 162, *184*

Rushworth G 130, 135, *153*

Sasaki K, Gemba H 49, 56, *63*

Schmid H 171, *187*

Schmidtbleicher D 35, 60, 161, 181, *187*

Schmidtbleicher D, Antoni M, Dietz V 177

Schmidtbleicher D, Bührle M 159, 160, 164, *187*

Schmidtbleicher D, Dietz V, Noth J, Antoni M 89, *118,* 159, 162, 166, 167, 177, *187*

Schmidtbleicher D, Gollhofer A 164, 168, *187*

Schmidtbleicher D, Müller K-J, Noth H 173, *187*

Schmidtbleicher D, s. Antoni M 159, *184, 187*

Schmidtbleicher D, s. Dietz V 9, 13, 17, 18, 22, 28, 29, *60,* 88, 89, 90, 91, 92, 93, 99, *117,* 124, *126,* 127, *153,* 159, 164, 166, 167, *185*

Schmolinsky G 176, *187*

Schnabel G, s. Thiess G 175

Schofield P, s. Prochazka A 87, *118*

Scholz RC, s. Murray MP 66, *85*

Seireg A, s. Murray MP 66, *85*

Semjonow W, s. Werschoshanskij J 176, 177, 181, *187*

Seraydarian D, s. Mommaerts W 157, *186*

Sherridan J, s. Koeze T 166, *186*

Sherrington CS 10, 16, 25, 27, *63*

Shinoda Y, s. Ghez C 101, *117*

Singh M, Karpovich P 159, *187*

Smirnov K 159, *187*

Smith AM, s. Massion J 13, *63*

Smith KU 9, *63*

Smith M, s. Pette D 157, *187*

Soechting J, s. Dufresne J 164, *185*

Staudte H, s. Pette D 157, *187*

Steinbrück P, Paeslack G 171, *187*

Steinhaus A, s. Ikai M 161, 162, *186*

Steinhausen W 9, 10, 11, 18, 21, *63*

Stepanov V, s. Koslow J 176, *186*

Stoboy H 159, *187*

Stuart DG, s. Wetzel MC 88, *118*

Sutton G, s. Hammond P 101, *117,* 165, 166, *185*

Szentágothai J, s. Eccles JC 17, *60*

Tanebe H, s. Tomonaga M 141, *153*

Tanji J, s. Evarts EV 48, 49, 55, 56, *60*

Tankov N, s. Pierrot-Deseilligny E 88, 110, *118,* 167, 178, *187*

Tatton WG, Forner SD, Gerstein GL, Chambers WW, Liu CM 101, *118*

Tepper RH, Hellebrandt FA 85

Terzuolo C, s. Dufresne J
164, 185

Thiess G, Schnabel G,
Baumann R 175, 187

Thomas DP, Whitney RJ 66,
85

Tibbling L 123, 126

Tomonaga M, Tanebe H 141,
153

Torebjörk HE, s. Vallbo AB
135, 153

Traub MM, Rothwell JC,
Marsden CD 82, 85

Trendelenburg W 46, 63

Tschiene P 180, 187

Uchytil B 66, 85

Unold E, s. Nigg B 167, 172,
186

Uschalkow J, s. Massalgin N
162, 186

Vallbo AB 9, 63, 166, 187

Vallbo AB, Hagbarth K-E,
Torebjörk HE, Wallin BG
135, 153

Verduin M, s. Geursen JB 71,
84

Victor M, Adams RD, Mancall
EL 76, 85

Vojta V 136, 153

Vrbova G, s. Pette D 157, 187

Wachholder K 9, 10, 25, 51,
63

Wagner P 176, 179, 181, 187

Wallberg H, s. Forssberg H 24,
25, 61, 119, 126, 153

Wallin BG, s. Hagbarth K-E
117, 135

Wallin BG, s. Vallbo AB 135,
153

Wallin EU, s. Hagbarth K-E
101, 124, 126, 153

Walshe FMR 135, 153

Walter WG 50, 52, 58, 59, 63

Watkins A, s. Delorme T 157,
185

Watt D, s. Melvill-Jones G 87,
90, 111, 118, 127, 153,
164, 166, 186

Watt DGD, s. Melvill-Jones G
28, 63

Weaver RA, s. Landau WM
130, 153

Welford AT 107, 118

Wenzel D, s. Brandt TH 123,
126

Werschoshanskij J, Semjonow
W 176, 177, 181, 187

Westerman RA, s. Prochazka
A 87, 118

Wetzel MC, Stuart DG 88,
118

Whitney RJ, s. Thomas DP
66, 85

Wiesendanger M, s. Conrad B
29, 48, 56, 60

Wilkie D 158, 187

Williams A, s. Murphy JT 72,
85

Wischmann B 176, 187

Wita C, s. Freund H-J 127,
140, 153

Witzman F, s. Costill D 157,
185

Woltering H, Güth V, Abbink
F 136, 154

Wong YC, s. Murphy JT 72,
85

Yabe K, s. Ikai M 162, 186

Young LR, s. Dichgans J 70,
84

Young RR, s. Hagbarth K-E
101, 117, 124, 126

Yusevich YS, Abelmasova EA,
Okhnayanskaya LG, Niki-
forova NA, Provorova VM
136, 153

Zaciorskij V 176, 180, 188

Zajac F, s. Burke R 162, 184

Zanon S 163, 167, 188

Zattara M, s. Bouisset S 73,
83

Ziccone SP, s. Prochazka A
87, 118

Zischke W 176, 188

MIX
Papier aus verantwortungsvollen Quellen
Paper from responsible sources
FSC® C105338

If you have any concerns about our products,
you can contact us on
ProductSafety@springernature.com

In case Publisher is established outside the EU,
the EU authorized representative is:
Springer Nature Customer Service Center GmbH
Europaplatz 3, 69115 Heidelberg, Germany

Printed by Libri Plureos GmbH
in Hamburg, Germany